ebnis Wissenschaft bei WILEY-VCH

retsch, Jürgen (ed.)
chränkte Welt
ination der Quanten
2, ISBN 3-527-40318-3

tels, Cornelia / Göllner, Heike /
lman, Jan / Maser, Edmund / Röhm,
us-Heinrich
letten, Tropfen und Tinkturen
5, ISBN 3-527-30263-8

sley, John
nne, Sex und Schokolade
hr Chemie im Alltag
03, ISBN 3-527-30790-7

nsley, John
rfum, Portwein, PVC ...
emie im Alltag
03, ISBN 3-527-30789-3

msley, John
itten, Fett und Faltencreme
och mehr Chemie im Alltag
004, ISBN 3-527-31147-5

roböse, Gabriele / Froböse, Rolf
ust und Liebe – alles nur Chemie?
004, ISBN 3-527-30823-7

roböse, Rolf
Mein Auto repariert sich selbst
Und andere Technologien von übermorgen
2004, ISBN 3-527-31168-8

Genz, Henning
Nichts als das Nichts
Die Physik des Vakuums
2004, ISBN 3-527-40319-1

Häußler, Peter
Donnerwetter – Physik!
2001, ISBN 3-527-40327-2

Koolman, Jan / Moeller, Hans / Röhm,
Klaus-Heinrich (eds.)
Kaffee, Käse, Karies ...
Biochemie im Alltag
1998, ISBN 3-527-29530-5

Morsch, Oliver
Licht und Materie
Eine physikalische Beziehungsgeschichte
2003, ISBN 3-527-30627-7

Morsch, Oliver
Sandburgen, Staus und Seifenblasen
2005, ISBN 3-527-31093-2

Quadbeck-Seeger, Hans-Jürgen / Fischer,
Axel (eds.)
Die Babywindel und 34 andere Chemiegeschichten
2000, ISBN 3-527-30262-X

Reitz, Manfred
Auf der Fährte der Zeit
Mit naturwissenschaftlichen Methoden vergangene Rätsel entschlüsseln
2003, ISBN 3-527-30711-7

Renneberg, Reinhard / Reich, Jens
Liebling, Du hast die Katze geklont!
Biotechnologie im Alltag
2004, ISBN 3-527-31075-4

Schneider, Martin
Teflon, Post-it und Viagra
Große Entdeckungen durch kleine Zufälle
2002, ISBN 3-527-29873-8

Unger, Ekkehard
Auweia Chemie!
2004, ISBN 3-527-31238-2

Voss – de Haan, Patrick
Physik auf der Spur
Kriminaltechnik heute
2005, ISBN 3-527-40516-X

Zankl, Heinrich
Fälscher, Schwindler, Scharlatane
Betrug in Forschung und Wissenschaft
2003, ISBN 3-527-30710-9

Zankl, Heinrich
Nobelpreise
Brisante Affairen, umstrittene Entscheidungen
2005, ISBN 3-527-31182-3

Patrick Voss–de Haan

Physik auf der Spur

Patrick Voss–de Haan

Physik auf der Spur

Kriminaltechnik heute

WILEY-VCH

WILEY-VCH Verlag GmbH & Co. KGaA

Dr. Patrick Voss–de Haan
Dr.-Rody-Straße 6a
65375 Oestrich-Winkel

Bibliografische Information Der Deutschen Bibliothek
Die Deutsche Bibliothek verzeichnet diese Publikation in der Deutschen Nationalbibliografie; detaillierte bibliografische Daten sind im Internet über <http://dnb.ddb.de> abrufbar.

Gedruckt auf säurefreiem Papier.

Umschlaggestaltung: Himmelfarb, Eppelheim, www.himmelfarb.de
Satz: Steingraeber Satztechnik GmbH, Dossenheim
Druck und Bindung: Ebner & Spiegel GmbH, Ulm

ISBN-13 978-3-527-40516-9
ISBN-10 3-527-40516-X

Für N.A. und S.P.

Inhalt

Physik auf der Spur, Voss–de Haan

ISBN: 3-527-40516-X

Vorwort

Neugierde ist aller Wissenschaft Anfang. »Wie funktioniert das?« ist die Frage, die Forscher genauso antreibt wie Kinder. Unzählige Armbanduhren und Wecker dürften über Generationen hinweg von Kindern auseinander gebaut worden sein, um herauszufinden, wie eine Uhr funktioniert. Inzwischen wird es aber immer schwieriger, auf diese Weise die gesuchten Antworten zu bekommen: Zum einen, wird die Technik immer komplizierter und schwieriger zu durchschauen. Eine Quarzuhr wird man kaum verstehen können, indem man sie auseinander nimmt, und dasselbe gilt für CD-Spieler, Mikrowellenherde, Plasmafernseher und vieles mehr. Zum anderen, wird gleichzeitig immer weniger erklärt. Besonders im Fernsehen gibt es zwar viel zu sehen, aber wenig zu verstehen, sogar wenn es (zumindest dem Titel nach) um Wissenschaft geht. Dabei gibt es kaum einen Menschen, der sich nicht von irgendeiner Facette der Wissenschaft faszinieren lässt, und es gibt kaum eine Facette der Wissenschaft, deren Ideen sich nicht verständlich machen lassen.

Hinter Kriminaltechnik steckt viel faszinierende und doch verständliche Wissenschaft. Trotzdem wird sie uns meist einfach nur zum Staunen präsentiert: Zeigen und ansehen ist »in«, aber erklären und verstehen ist »out«. Gerade viele Fernsehserien bieten oft eindrucksvolle Effekte aber unterschlagen selbst die einfachsten Erklärungen. Wer sich seine Neugier bisher erhalten konnte, bleibt nicht nur mit ihr allein gelassen, er bekommt sie regelrecht abgewöhnt. Es gibt nur noch den technischen Effekt aber keinen Aha-Effekt mehr. Dabei ist es oft einfach möglich, zu staunen *und* zu verstehen.

Warum kann man mit ultraviolettem Licht manche gefälschten Dokumente erkennen? Wie entdeckt man ein Päckchen Sprengstoff in einem Gepäckstück und unterscheidet es von einem Pfund Kaffee? Wie holt man verschwundene Zeichen zurück? Was ist das Besondere an Fingerabdrücken? Wie und warum funktioniert eigentlich eine

Lupe? Warum kann man Atome nicht sehen (oder geht das vielleicht doch)? Wie kann man mit Elektronen und mit Kraft »sehen«? Auf diese und viele andere Fragen verständliche Antworten zu geben – ohne dass dabei das Staunen zu kurz kommt – ist die Absicht, die hinter diesem Buch steckt. Es soll einem neugierigen Leser einen Einblick in viele interessante Tricks und Kniffe der Kriminaltechnik und die Physik dahinter vermitteln, auch wenn er sich mit diesen Gebieten nicht näher auskennt.

Viele haben mir geholfen, diesem Ziel näher zu kommen, speziell die Vorschläge und Hinweise einiger Kollegen waren dabei unschätzbar. Auch ohne Waltraud Wüst, die dieses Buch auf Seiten des Verlags betreut hat und auf jede meiner Fragen immer eine passende Antwort gefunden hat, wäre aus dieser Idee ebenfalls kein Buch geworden. Michael Huth, Alexander Malinowski, Ulrike Ober und Kurt Bußweiler haben jeder einen sehr hilfreichen Blick auf das Manuskript geworfen und mir mit ihren Ideen und Anmerkungen geholfen, dem Text einige seiner Unvollkommenheiten zu nehmen. Der größte Dank gilt allerdings meiner Frau und meiner Familie, insbesondere meiner Mutter, die mich in meiner Neugier nie gebremst hat und von der ich meine ersten Uhren bekommen habe (die natürlich auseinander gebaut wurden).

Oestrich-Winkel, im April 2005

P.S.: Die Quarzuhr funktioniert ganz ähnlich wie eine mechanische Uhr. Eine Pendeluhr »zählt« die Bewegungen des Pendels, meist entspricht dabei eine Schwingung einer Sekunde. Die Unruh einer Armbanduhr schwingt oft fünfmal in der Sekunde, der Sekundenzeiger muss sich also nach jeder fünften Schwingung weiterbewegen. Der Quarzkristall in der Quarzuhr schwingt ebenfalls mit einer ganz bestimmten Frequenz – ähnlich wie eine Stimmgabel, allerdings viel schneller. Die Schwingungen lassen sich elektronisch auslösen und auch zählen. Nach 32.768 Schwingungen ist eine Sekunde vergangen. Da sich diese Frequenz des Kristalls kaum ändert, können Quarzuhren wesentlich genauer gehen als mechanische.

Einleitung

Alles sollte so einfach wie möglich gemacht werden, aber nicht einfacher.

Albert Einstein

Verbrechen haben die Menschen seit ewigen Zeiten gleichzeitig erschreckt und fasziniert. Das Verbrechen selber und seine Aufklärung – beides weckt unsere Neugier und dieser Kampf zwischen Gut und Böse fesselt die Aufmerksamkeit von Menschen jeden Alters und jeglicher Herkunft. Anders können wir kaum erklären, warum Detektivgeschichten und ihre Verwandten zu den am meisten gelesenen Büchern gehören. Trotz Fernseher und Computer tauchen die Geschichten von Arthur Conan Doyle, Agatha Christie, Patricia Highsmith, George Simenon und ihresgleichen bei jeder neuen Generation immer wieder auf den Nachttischen auf. Anders lässt sich kaum erklären, warum Krimis seit der Anfangszeit des Films zum Repertoire gehören und regelmäßig Millionen in die Kinos locken können. Seit Jahrzehnten jagen auch im Fernsehen viele der berühmtesten Serienhelden Kriminelle: Polizisten, Privat- und Hobbydetektive, Gerichtsmediziner und Anwälte und sogar manche Ärzte haben im Fernsehen unentwegt mit Verbrechen zu tun. Anders als mit unserer Faszination für das Verbrechen und den Kampf dagegen ist kaum zu verstehen, warum selbst in den täglichen Nachrichten Morde und Entführungen – aber auch ihre Aufklärung, der Prozess und das Urteil über den Täter – immer eine Meldung wert sind.

Es kann nicht allein darum gehen, der Menschheit zu helfen. Selbst übermenschliche Helden wie Superman, Batman und Spiderman kämpfen gegen das Verbrechen und nicht etwa gegen Hunger, Seuchen oder Armut in der Welt. Der Kampf gegen einen einzelnen Serienmörder, der eine Handvoll Menschen umgebracht hat, beschäftigt uns mehr als der Kampf gegen eine Krankheit, die jedes Jahr hunderttausende Menschen tötet. (Mal im Ernst: Wer von uns hätte jetzt ein Buch in die Hand genommen mit dem Titel »Der

Physik auf der Spur, Voss–de Haan

ISBN: 3-527-40516-X

Grippe auf der Spur« – und doch tötet diese Krankheit jedes Jahr auf der ganzen Welt bis zu einer halben Million Menschen. Und an Lungenentzündung starben im letzten Jahr allein in Deutschland etwa zwanzigmal mehr Menschen als ermordet wurden.) Der Prozess gegen O.J. Simpson, einen ehemaligen Footballstar und Schauspieler in den USA, fesselte rund um den Globus Millionen von Menschen an den Fernseher – über Monate. Es ging damals um zwei Opfer. Wenn hingegen in Afrika zwei Millionen Menschen in einem Jahr an Aids sterben, ist das eine Meldung unter vielen in den Abendnachrichten an vielleicht einem Abend im Jahr.

Was macht Menschen so neugierig auf das Verbrechen? Es gibt wahrscheinlich so viele Antworten auf diese Frage, wie es Psychologen und Soziologen gibt. Von den vielen möglichen Gründen scheinen mir drei besonders wichtig zu sein.

- Das Gefühl, es könnte auch jeden von uns selbst treffen – und natürlich die Freude, dass es uns selbst eben nicht getroffen hat. Spätestens wenn uns mal das Portemonnaie in der Umkleidekabine der Sporthalle geklaut wird, merken wir, wie leicht wir selber Opfer werden können.

- Der Wunsch nach Gerechtigkeit. Wer möchte das nicht? Das Gute soll siegen ... vielleicht, weil jeder von uns Tag für Tag so viel Ungerechtigkeit mitansehen und miterleben muss, sei es in der Schule, im Straßenverkehr, auf der Arbeit oder auch nur in den Nachrichten. Wenigstens einmal soll am Schluss die Welt wieder in Ordnung sein. Wie viele Kinofilme wären auch ohne Happyend erfolgreich?

- Das Abenteuer der Jagd. Die Hunderttausende von Jahren, die unsere Vorfahren als Jäger überlebt haben, sind nicht leicht abzuschütteln. Sie spiegeln sich in Brettspielen wie Schach und Mensch-ärgere-Dich-nicht ... oder eben in der Verbrecherjagd. Dazu kommt noch der Spaß am Lösen von Rätseln und die Freude über einen Sieg. Wenn wir uns mit dem Helden einer Kriminalgeschichte den Kopf zermartern und in spannenden Situationen zittern, dann können wir uns über den »gemeinsamen« Sieg über das Böse freuen, so wie wir uns über den Sieg der eigenen Fußballmannschaft freuen.

Damit die Jagd Erfolg hat und die Verbrecher nicht ungestraft davonkommen – in den Geschichten ebenso wenig wie in der Realität – brauchen wir heute mehr denn je Wissenschaft und Technik. Genauer gesagt: Kriminaltechnik.

Bei allem, was wir (und natürlich alle Verbrecher) tun, überall, wo wir gehen und stehen, hinterlassen wir Spuren. Unsere jagenden Vorfahren suchten nach umgeknickten Ästen oder Abdrücken von Tierpfoten, wenn sie auf der Fährte ihres Abendessens waren. In unserem Alltag heute müssen wir nach ganz anderen Hinweisen suchen. Bei meiner kleinen Tochter sind es vor allem Bausteine und Stofftiere, die verraten, wie sie die letzten Stunden verbracht hat. Aber so schöne Spuren hinterlässt kein Verbrecher am Tatort. Die Hinweise, die dort zurückbleiben, sind oft genug winzig und kaum zu erkennen. Selbst wenn man einen Fingerabdruck oder eine Stofffaser entdeckt, muss man diese Spur erst mal zweifelsfrei mit einem Verdächtigen in Verbindung bringen. Um ihm seine Tat wirklich nachweisen zu können, brauchen Ermittler heute die Hilfe der modernen Wissenschaft und insbesondere der Physik. Schon die Meister der literarischen Verbrecherjagd, von Sherlock Holmes bis Hercule Poirot, schätzten die Beweise, die ihnen die Wissenschaft lieferte. Während die Kriminaltechnik in Krimis aber doch lange Zeit vor allem am Rande auftauchte, bestehen inzwischen manche modernen Krimiserien fast nur noch aus den verschiedensten Spurenuntersuchungen. Lediglich hier und da werden die Szenen in eindrucksvoll beleuchteten Laboren noch von einem Mord, einer Verfolgungsjagd oder einem Verhör unterbrochen.

Diese Serien haben es zweifellos geschafft, den Zuschauern ein wenig von der Bedeutung zu vermitteln, die die Wissenschaft beim Kampf gegen das Verbrechen heute hat. Das eigentliche Ziel der Serien ist aber, das Publikum zu unterhalten. Sie führen einige Tricks vor, ohne uns wirklich eine Chance zu geben, die Tricks auch zu verstehen. Wie bei einem Magier staunen wir, *was* alles möglich ist, ohne aber herauszufinden, *wie* und *warum* es möglich ist. Warum schaffen es Laser und farbige Lampen, Fingerabdrücke und Blutflecken aufleuchten zu lassen? Wie kann die abgefeilte Seriennummer einer Schusswaffe »zurückgezaubert« werden? Warum kann man mit Elektronenmikroskopen Strukturen erkennen, die kaum größer als ein paar Atome sind?

Im Herzen der Wissenschaft und ganz besonders der Physik liegt nicht das Wissen (dass etwas möglich ist), sondern das Verstehen (wie und warum es möglich ist). Viele Ideen der Wissenschaft sind einfach bemerkenswert und zugleich bemerkenswert einfach. Wissenschaftler sind allein von diesen Ideen oft schon fasziniert, während für die meisten anderen Menschen Wissenschaft erst dann wirklich interessant wird, wenn sie mit etwas anderem Faszinierenden zu tun hat. Das können Schwarze Löcher und Dinosaurier sein oder auch die Verbrecherjagd mit Mikroskopen und Lasern. Je mehr wir über Schwarze Löcher und Dinosaurier erfahren und von ihnen verstehen, um so faszinierender werden sie. Dasselbe gilt nach allem, was ich erlebt habe, auch für die Kriminaltechnik. Sie verbindet die Wissenschaft nicht nur mit interessanten Kriminalfällen, sondern muss dabei auch noch auf sehr einfallsreiche Art und Weise auf die gesamte Breite der Physik und aller anderen Naturwissenschaften zurückgreifen.

Die Kriminalfälle und anderen Begebenheiten in diesem Buch haben alle mit der Rolle zu tun, die die Wissenschaft vor allem bei der Aufklärung und Verhinderung von Verbrechen aber auch bei manchen Unfällen, wie dem Absturz des Spaceshuttles Columbia, spielt. Manchmal darf die Physik obendrein auch in solchen Fällen auf Spurensuche gehen, die nun gar nichts mit Verbrechen oder Unfällen zu tun haben. So beschäftigte z. B. die Frage nach der Herkunft des »Grabtuchs von Turin« jahrelang Menschen rund um den Erdball, bis die Wissenschaft sich die Spuren ansah und endlich eine Antwort geben konnte.

Das erste Kapitel zur Historie gibt dabei einen kleinen Einblick in die Geschichte der Verbrechensbekämpfung und möchte zeigen, wie die Wissenschaft überhaupt ins Spiel kam – eine Idee, die überraschend spät aufgetaucht ist, nachdem unsere naturwissenschaftlichen Wurzeln über zweitausend Jahre bis zu den alten Griechen zurückreichen. Hier begegnen uns bereits einige wichtige Köpfe und Ideen, die auch später im Buch wieder auftauchen werden. Die heute in der Öffentlichkeit wohl bekannteste Hilfe bei der Verbrecherjagd ist auch eine der ältesten Methoden: Die Fingerabdrücke werden uns im zweiten Kapitel einen ersten echten Einstieg in die Spurensuche verschaffen. Gleichzeitig werden sie uns auch schon einmal in die Physik hineinschnuppern lassen und uns einen Vorgeschmack auf die vielen naturwissenschaftlichen Methoden in der Kriminaltechnik geben. Nach dieser ersten Begegnung mit der forensischen Wissenschaft, wie die Kriminaltechnik oft auch bezeichnet wird, und bevor es richtig in die Physik hineingeht, wirft das Kapitel »Stumme Zeugen« noch einen Blick darauf, welche Bedeutung der Kriminaltechnik in der Verbrechensbekämpfung zukommt, und warum wir Physik und andere Wissenschaften dabei überhaupt brauchen. Neue und geradezu revolutionäre physikalische Ideen tauchten auf, als das zwanzigste Jahrhundert begann. Sie bereiteten den Weg für den späteren Erfolg der Physik in der Kriminaltechnik und auch für einige der modernsten Methoden, die es dort heute gibt.

Die Methoden der Kriminaltechnik, die in diesem Buch vorkommen, haben fast alle mit »Formen des Verbrechens« zu tun: mit der Form von Spuren. Größe, Farbe, Umriss, Oberfläche – alles kann eine Rolle spielen. Mit den Mustern der Fingerabdrücke fängt es an. Die »Unsichtbaren Zeugen« in nächsten Kapitel – weggefräste aber eben doch nicht ganz verschwundene Seriennummern auf Schusswaffen etwa – sind ein weiteres Beispiel dafür. Nach diesem Kapitel geht es dann zuerst einmal um Spuren, die zwar sichtbar sind aber einfach nicht groß genug für menschliche Augen. Die »Lupe« und das »Mikroskop« sind nur die ersten beiden Schritte und Kapitel auf diesem Weg. Danach geht es auf die Suche nach einer Möglichkeit, auch die kleinsten Formen sehen zu können, die nicht viel mehr als einige Atome groß sind. Dabei werden wir in den Kapiteln »UV- und Röntgenstrahlen« bzw. »Infrarotlicht und Radarwellen« den verschiedensten Strahlen und Wellen begegnen und herausfinden, dass sie eigentlich gar nicht so verschieden sind. Und es wird sich zeigen, dass sie uns leider nicht jenes Mikroskop bringen, das wir suchen. Stattdessen kommen wir mit ihrer Hilfe jedoch ganz anderen Dingen auf die Spur. Im Kapitel »REM und Co.« lernen wir dann aber schließlich ein Mikroskop kennen, mit dessen Hilfe wir auch die winzigsten Spuren von Verbrechen untersuchen können, mit denen wir es zu tun bekommen ... bisher zu tun bekommen. Denn aus Sicht der Wissenschaft geht es schon weiter. Einige Arten von Mikroskopen können inzwischen schon in Atome hineinschauen. Solche Spezialmikroskope und wie sie vielleicht einmal ebenfalls ihren Weg in die Kriminaltechnik finden können, sind – zusammen mit ein paar anderen Aspekten, die in diesem Buch zu kurz kommen müssen – Thema der letzten beiden Kapitel »Sondenmikroskope« und »Ein Blick über den Tellerrand«.

Bei allen diesen Themen hat die Physik ihren Weg in die Kriminaltechnik gefunden. Manche der Methoden sind dabei alt bewährt. Manche sind relativ neu oder werden erst noch erprobt. Einige andere schließlich sind bisher kaum mehr als trickreiche Ideen und Visionen, wie man die neuesten physikalischen Forschungen einmal gegen Verbrechen einsetzen könnte. Sowohl die Themen als auch die (teils sicher ungewöhnlichen) Beispiele, die auftauchen, sind eine ganz persönliche Auswahl. Sie sollen »Nicht-Kriminaltechnikern« einen kleinen Einblick in die Verbrechensbekämpfung mit der Wissenschaft geben. Außerdem sollen sie Ausgangspunkte auch für »Nicht-Physiker« sein, um zu verstehen, wie die Natur hier funktioniert. Nur dann kann man auch verstehen, wie die Physik in der Kriminaltechnik auf Spurensuche geht. Ansonsten bleiben die Kriminaltechnik und die vielen Verbrechen und ihre oft bemerkenswerte Aufklärung nichts anderes als eine Sammlung von Zauberkunststücken. Das kann unterhaltsam sein, aber jemand der neugierig ist, wird sich damit auf Dauer nicht zufrieden geben. Wieso können verschwundene Zeichen scheinbar aus dem Nichts zurückgeholt werden? Warum können wir auch mit den besten Lichtmikroskopen nicht beliebig stark vergrößern, egal wie starke Linsen wir nehmen? Wie können wir mit Elektronen das erreichen, was uns mit Licht nicht gelingt? Wie und warum können wir mit Röntgenstrahlen Sprengstoff von Schokolade unterscheiden? Wie können wir in Atome »hineinsehen«? Die Kriminaltechnik, die so viele verschiedene Themen und Methoden zusammenbringt, ist dabei ein wunderbarer Ausgangspunkt für eine solche Reise durch die Naturwissenschaft.

Die Ideen und Antworten der Physik erscheinen vielen Menschen kompliziert und schwer zu verstehen – oft nicht ganz zu unrecht. Meist liegt das aber weder an den Menschen noch an der Physik, sondern vielmehr an der Art, wie Wissenschaft heute erklärt und präsentiert wird. In Wirklichkeit verstehen die meisten Menschen viel mehr von Physik als sie denken. Wir wenden sie täglich und ganz selbstverständlich in unserem Leben an, allerdings ohne uns dessen immer bewusst zu sein und sie zu verstehen.

Mit einem interessanten Thema und schönen Beispielen ist es viel einfacher, einem Leser die Chance zu geben, etwas zu verstehen. Es müssen auch nicht immer gleich Schwarze Löcher oder Dinosaurier sein. Wo, außer in der Kriminaltechnik, kann man große Wissenschaftler und Genies wie Einstein, Röntgen, Fermat, Planck und ihre

Ideen in einem Buch in Verbindung bringen mit einem orthodoxen Bischof, der Mona Lisa, leuchtendem Bier, der letzten Zarenfamilie, dem Atlantik-Überquerer Charles Lindbergh, Marilyn Monroe, Hitlers (angeblichen) Tagebüchern, einem Mord in San Francisco vor achtzig Jahren, dem KZ-Arzt Josef Mengele, Flughäfen, Schiffscontainern, dem Spaceshuttle, Autorasern, einer mit Creme verschmierten Flasche, Pollen auf einem sechs Jahrhunderte alten Grabtuch und kaputten Autoscheinwerfern?

1
Historie – Wie die Wissenschaft zur Verbrechensbekämpfung kam

Es gibt nichts Neues mehr. Alles, was man erfinden kann, ist schon erfunden worden.

Charles H. Duell (US-Patentamt, 1899)

In der Antike, im Mittelalter und noch viele Jahrhunderte später haben Gerichte zwar immer Urteile, aber selten genug Recht gesprochen. Ob ein Angeklagter schuldig oder freigesprochen wurde, war bis in unsere moderne Zeit hinein häufig weniger eine Frage von Schuld oder Unschuld, sondern vielmehr eine Frage des Geldes, des Standes und vieler zufälliger Umstände. Trotz aller Unzulänglichkeiten, die sich in jedem rechtsstaatlichen System finden, sind wir heute viel weiter. Ein Verdacht bedeutet inzwischen keinesfalls einen automatischen Schuldspruch, wie es bei der Inquisition oft der Fall war, und auf der anderen Seite können Reichtum und Titel einem Täter heute keinen Freispruch mehr garantieren. Was ist die Ursache für diesen Wandel? Vieles spielt eine Rolle, angefangen bei den Grundsätzen unseres modernen Rechtssystems. Die Unschuldsvermutung besagt, dass jeder als unschuldig gilt, bis das Gegenteil bewiesen ist – jahrhundertelang wurde dieses Prinzip oft genug ins Gegenteil verkehrt: Konnte der Angeklagte seine Unschuld nicht beweisen, war er verloren. Auch das Recht, sich zu verteidigen, dafür einen Anwalt zu nehmen, Zeugen zu hören und Beweise vorzulegen war – anders als heute – viele Jahrhunderte lang keine Selbstverständlichkeit. Eines der wichtigsten Prinzipien ist wohl, dass der Beweis der Schuld über jeden vernünftigen Zweifel erhaben sein muss. In dubio pro reo: »Im Zweifel für den Angeklagten« ist ein Grundsatz, der schon im alten Rom formuliert worden, aber für lange Zeit in Vergessenheit geraten war. Zwei Jahrtausende lang beschränkten sich Beweise dabei vor allem auf Zeugenaussagen. Menschen sind jedoch äußerst

Physik auf der Spur, Voss–de Haan

ISBN: 3-527-40516-X

unzuverlässig, mal absichtlich mal unabsichtlich. Neben Aussagen gab es zwar einige »Sachbeweise«, z. B. bei einem Verdächtigen gefundenes Diebesgut oder eine am Tatort zurückgelassene Waffe, die bekanntermaßen einem Verdächtigen gehörte, aber solche Indizien waren nicht nur selten, sondern häufig auch alles andere als eindeutig. Oft genug hatte der wahre Dieb einen Teil der Beute bei einem Unschuldigen platziert, um den Verdacht von sich abzulenken, und die Mordwaffe war nicht selten einem Unschuldigen gestohlen worden, bevor ein anderer die Tat beging.

Heute haben Ermittler und Gerichte ganz andere Möglichkeiten, Verbrechern auf die Schliche zu kommen. Die Spuren, die Kriminaltechniker inzwischen nachweisen und auswerten können, sind häufig so zahlreich und vielfältig, dass die Schwierigkeit weniger darin besteht, überhaupt Spuren zu finden, sondern die Spuren des Verbrechers von der Unzahl belangloser Spuren zu unterscheiden. Sie können vom Opfer oder von gänzlich Unbeteiligten stammen, und sogar die Ermittler selber werden eine Unzahl von störenden Spuren produzieren, wenn sie nicht vorsichtig sind. Fast alle Möglichkeiten dieser Spurensuche sind erst in den letzten hundert Jahren entstanden. Als die modernen Naturwissenschaften sich entwickelten, wurde auf einmal die Untersuchung von Fingerabdrücken, Glassplittern, Pistolenkugeln, genetischem Material und vielen anderen Spuren möglich. In der Hand von Experten liefern winzige Spuren, die unser Auge noch nicht einmal mehr wahrnimmt, inzwischen regelmäßig die fehlenden Hinweise auf den Täter oder die letzten Glieder in der Beweiskette. Bis hierhin war es allerdings ein langer Weg.

Ärzte und Giftmischer

Mediziner dürften die ersten Wissenschaftler gewesen sein, die sich mit Verbrechen beschäftigt haben. Gerade bei Mord und Totschlag ist das nicht weiter verwunderlich, gehören Ärzte doch oft zu den ersten, die den Tatort eines Gewaltverbrechens erreichen. Hinweise auf die frühesten Abhandlungen zur Rechtsmedizin stammen aus China. Ein Werk aus dem sechsten Jahrhundert ist verloren, aber ein anderes Werk aus dem dreizehnten Jahrhundert hat die Zeit überdauert. Das »Hsi Duan Yu«, zu übersetzen etwa mit dem »Wegwaschen von Übeln, beschäftigt sich z. B. damit, wie sich Tod durch Ertrinken oder Erwürgen von natürlichen Ursachen unterscheiden lässt. Ein halbes Jahrtausend später breitete sich die Naturwissenschaft noch ein klein wenig mehr in der Verbrechensbekämpfung aus. Es gab den ersten dokumentierten Kriminalfall, bei dem die Toxikologie, die Lehre von Giften, eine zentrale Rolle spielte, als 1752 Mary Blandy in der kleinen englischen Stadt Henley-on-Thames wegen des Mords an ihrem Vater angeklagt wurde. Weil er ihrer Hochzeit mit William Cranstoun, einem adligen aber armen Offizier, nicht zustimmen wollte, hatte sie ihm ein Pulver in das Essen gemischt. Sie behauptete vor Gericht, das Pulver, das sie von Cranstoun bekommen hatte, sollte die Stimmung ihres Vaters verbessern und so die Heirat möglich machen. Nach der übereinstimmenden Aussage von vier Ärzten, die sowohl die inneren Organe des Toten als auch Reste des Pulvers untersucht hatten, handelte es sich bei dem Pulver allerdings um Arsen – schon ein zehntel Gramm dieses Gifts kann zum Tod durch Herzversagen führen. Die Analysen der Ärzte damals waren alles andere als wissenschaftlich eindeutig und würden heute vor keinem Gericht mehr standhalten – einer von ihnen erwärmte das Pulver mit einem heißen Eisen und roch einfach an den entstehenden Gasen. Insofern war dieser Prozess nur ein kleiner Schritt für die Naturwissenschaft, aber doch ein wichtiger Schritt für die Kriminaltechnik. Nachdem auch Zeugenaussagen die Schuld der Angeklagten zu bestätigen schienen, befanden die Geschworenen Mary Blandy nach nur fünf Minuten Beratung für schuldig. Sie wurde zum Tode verurteilt und bald darauf hingerichtet [1, 2].

Es ist kein Wunder, dass die Toxikologie der erste »florierende« Zweig der Rechtsmedizin und Kriminaltechnik wurde. Jahrhundertelang wurden Giftmorde nur selten erkannt, und selbst wenn ein Verdacht bestand, war die Gefahr, entdeckt und bestraft zu werden, für einen Giftmischer sehr gering. Gifte hatten so Reichen und Mächtigen lange Zeit die Gelegenheit geboten, ihre Streitigkeiten unblutig und vor allem diskret zu »lösen«, was einige französische und italienische Herzöge, Könige und Päpste zu spüren bekamen. Inmitten von Pest, Grippe und einer Unzahl anderer im Grunde unverstandener Krankheiten, fiel ein plötzliches Ableben nicht weiter auf – auch dann nicht, wenn es die Erbfolge für so manchen bemerkenswert günstig beeinflusste.

Lange Zeit wurde spekuliert, ob Napoleon Bonaparte ebenfalls mit Arsen vergiftet wurde, nachdem man nach seinem Tod in seinen Haaren hohe Konzentrationen von Arsen fand. Wahrscheinlicher erscheint heute aber, dass nicht ein Mörder, sondern die damals verwendete arsenhaltige Tapetenfarbe die Quelle des Gifts war.

Der Bedarf für einen Nachweis von Gift war groß, speziell für das »Erbschaftspulver« Arsen (genauer: Arsenik bzw. Arsentrioxid), das auch damals leicht zu beschaffen und einfach zu verabreichen war. Um 1790 fand der Chemiker Johann Metzger eine Methode, mit der sich Arsen-Verbindungen in Pulvern nachweisen ließen. Das konnte jedoch bestenfalls helfen, wenn ein Mörder auf frischer Tat mit seinem Gift ertappt wurde, aber nicht bei der Untersuchung eines Toten. Den Durchbruch schaffte James Marsh, ein Chemiker aus London. 1836, knapp achtzig Jahre nach dem Fall Mary Blandy, gelang es ihm, eine Analysemethode zu entwickeln, mit der sich geringe Spuren von Arsen sowohl in Pulvern als auch in menschlichem Gewebe nachweisen lassen. Dieser Test, der in etwas verfeinerter Form auch heute noch genutzt wird, und viele andere analytische Methoden der Chemie und Physik erlauben es inzwischen, auch die winzigsten Mengen der unterschiedlichsten Gifte zu entdecken [2].

Daguerre, Bertillon und Doyle

Etwa zur Zeit von Marshs Entdeckung, kam es zu einem ganz anderen Fortschritt in der Kriminaltechnik. Der französische Maler Louis Jacques Daguerre erfand 1837 die »Daguerrotypie«, einen Vorläufer der Fotografie. Zusammen mit den Verfahren von William Talbot, Joseph Niépce und Antoine Balard bildete die Fotografie den ersten Ansatz zur Identifizierung von Verbrechern. Schon 1843 fing die belgische Polizei an, Daguerrotypien von Kriminellen aufzunehmen, und innerhalb weniger Jahre folgten andere Staaten, wie Frankreich und die USA, dem Beispiel. Allerdings sind Fotos, trotz aller Vorteile gegenüber Zeichnungen und Beschreibungen durch Zeugen, alles andere als eindeutig. Falsche Identifizierungen und versehentliche Festnahmen aufgrund von Fotos waren an der Tagesordnung. Der Londoner Adolph Beck wurde 1896 fälschlich als der gesuchte Betrüger William Thomas identifiziert und inhaftiert. 1904 wurde er dann wieder verwechselt, als Thomas verhaftet und entging nur durch Zufall – weil der echte Thomas zur selben Zeit festgenommen und richtig identifiziert wurde – einem zweiten Gefängnisaufenthalt. Um die Identifizierung von Personen eindeutiger zu machen, entwickelte der Franzose Alphonse Bertillon um 1880 ein anthropometrisches System (von griech. *anthropos* für »Mensch« und *metron* für »Maß«). Die Bertillonage, wie das System bald genannt wurde, wollte einen Menschen im Wesentlichen durch elf Körpermaße eindeutig identifizieren, u. a. die Körpergröße (stehend und sitzend), die Länge und Breite des Schädels, die Länge des linken Fußes und Mittelfingers und des rechten Ohrs. Bertillons Idee, Menschen so auch nach langer Zeit eindeutig identifizieren zu können, beruhte auf den Annahmen, dass zum einen diese Körpermaße sich bei einem Erwachsenen nicht mehr ändern und zum anderen die Kombination so vieler Werte für jeden Menschen so gut wie einmalig sei. Beide Vermutungen stimmen – zumindest annähernd. Die Wahrscheinlichkeit, dass zwei Menschen dieselben Maße haben, berechnete der Franzose damals mit 1 : 300 Millionen. Tatsächlich erwies sich die Anthropometrie als sehr erfolgreich – in einem Jahr erkannte man mit der Bertillonage allein in Frankreich über dreihundert Kriminelle als Wiederholungstäter, die den Polizisten nicht aufgefallen waren. Entsprechend schnell verbreitete sie sich in Europa und Amerika. Sie hatte aber auch zwei Nachteile: Die elf Messungen durchzuführen, war sehr umständlich und darüber hinaus auch fehleranfällig. Selbst bei großer Sorgfalt kam es schnell zu kleinen Abweichungen in den Messungen. Nach kaum zwei Jahrzehnten wurde dieses System daher von etwas abgelöst, das heute jedes Kind kennt: Fingerabdrücke. Wie sich Fingerabdrücke nachweisen und vergleichen lassen, warum sie sich in der Verbrechensbekämpfung gegenüber Bertillons Körpermessungen durchsetzen konnten – und was etwa die Mona Lisa damit zu tun hatte – , wird uns im nächsten Kapitel noch ausführlich beschäftigen. Etwa zur selben Zeit, als Anfang des zwanzigsten Jahrhunderts die Polizeien fast aller Industriestaaten anfingen, sich sehr schnell auf diese neue Methode umzustellen, hatte noch eine ganz andere Entwicklung begonnen. Auf den ersten Blick hatte sie wenig mit der wirklichen Polizeiarbeit zu tun [3].

Allzu viel Realität hätte den damals aufkommenden Kriminalromanen und Detektivgeschichten sicher geschadet. Aber durch die richtige Mischung aus Realismus und Phantasie gelang es Schriftstellern wie Arthur Conan Doyle gegen Ende des neunzehnten Jahr-

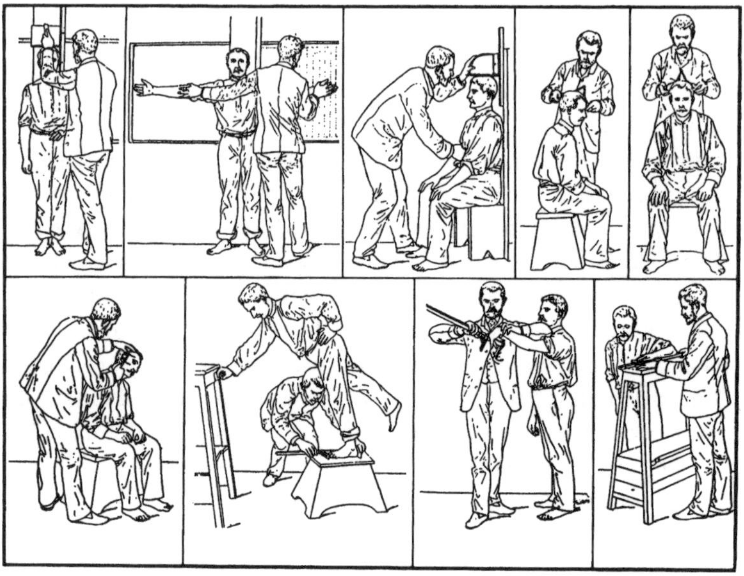

Abbildung 1.1: Am Ende des neunzehnten Jahrhunderts war die »Bertillonage« in Europa und Amerika sehr verbreitet, ein System bei dem ein Mensch anhand verschiedener charakteristischer Maße seiner Körperteile identifiziert wurde. Die Abbildung aus dem späten neunzehnten Jahrhundert zeigt einige der Messungen (aus: Joe Nickell, John F. Fischer, Crime Science. Methods of Forensic Detection. University Press of Kentucky, Lexington/KY, USA).

hunderts ein für damalige Zeiten riesiges Publikum zu fesseln. Die zutiefst naturwissenschaftlichen Methoden von Sherlock Holmes haben einen solchen Eindruck bei vielen Lesern hinterlassen, dass nicht nur zu seinen »Lebzeiten« immer wieder Menschen tatsächlich seine Hilfe suchten, sondern auch heute noch Briefe an die Baker Street 221 B gerichtet werden (obwohl es diese Hausnummer in der berühmten Straße gar nicht gibt). Der Pfeifenliebhaber mit der charakteristischen Hakennase und seine Kollegen sind meist viel berühmter geworden als jeder echte Ermittler – obwohl sie nie einen echten Fall lösten. Trotzdem hatten die Literaturhelden einen wichtigen Effekt auf den wirklichen Kampf gegen das Verbrechen. Sie machten die Methoden der Wissenschaft, das analytische Denken und die Bedeutung von Indizien und Sachbeweisen überhaupt einer breiten Öffentlichkeit bekannt und damit akzeptabel. Zu ihrer Leserschaft gehörten natürlich auch Polizisten und Wissenschaftler, von denen sich einige durch die Ideen inspirieren ließen.

Überall Spuren – Locards Prinzip

Nicht lange nachdem Sherlock Holmes den Höhepunkt seines detektivischen Schaffens überschritten hatte, formulierte Edmond Locard eine sehr einfache Regel, die für Kriminaltechnik und Verbrechensbekämpfung insgesamt von enormer Bedeutung ist. Locard war einer der Pioniere der Kriminaltechnik, gründete 1910 in Lyon das erste europäische Labor für Kriminaltechnik und stellte fest: »Jede Berührung hinterlässt eine Spur.« Etwas Farbe, ein Holzsplitter, ein Haar, der Abdruck eines Fingers oder einer Schuhsohle, ein paar Körperzellen ... wann immer wir ein Objekt berühren, hinterlassen wir eine Spur auf dem Objekt oder es bleibt etwas vom Objekt an uns zurück. Das gilt mit und ohne Handschuhe, bei Kugelschreibern und Kaffeetassen, bei Türklinken und Fußböden. Die Spuren, die zwischen uns und dem Objekt ausgetauscht werden, sind oft nur äußerst schwer zu entdecken, aber sie sind immer da. Locards »Austauschprinzip« bildet die Grundlage für einen großen Teil aller naturwissenschaftlichen Methoden in der Verbrechensbekämpfung. Fasern von Kleidungsstücken, Erde vom Tatort, kleinste Glas- oder Lacksplitter, Schweiß auf den Fingerspitzen, Blut oder Haare eines Opfers. Alles mögliche kann vom Opfer und dem Tatort auf den Täter oder umgekehrt übertragen werden. Der Kriminaltechniker muss diese Spuren entdecken, ihren Ursprung herausfinden und sie dann mit einem Verdächtigen in Verbindung bringen – oder aber diese Verbindung ausschließen. Was mit modernen Analysemethoden der Physik und Chemie heute oft zur Routine wird, konnte zu Locards Zeiten eine echte Herausforderung sein. Mit kaum mehr ausgerüstet als einem einfachen Mikroskop mussten Kriminaltechniker damals viel Kreativität entwickeln. Aus diesem Einfallsreichtum entstanden dann oft genug Methoden und Werkzeuge, die in der einen oder anderen Form bis heute überlebt haben – wie etwa das Vergleichsmikroskop, das uns später noch begegnen wird [1, 3].

Eine der Spuren, die bei den meisten Gewaltverbrechen auftaucht, war Blut und entsprechend wichtig waren Blutflecken für die Ermittler. Allerdings konnte sich jeder Angeklagte, auf dessen Kleidung

Blutspritzer zu finden waren, einfach rausreden, es sei sein eigenes Blut. Dann standen die Ermittler, die keine Möglichkeit hatten, das Blut von Opfer und Täter zu unterscheiden, wieder mit leeren Händen da. Nachdem aber Karl Landsteiner, ein Professor an der Universität von Wien, 1901 entdeckt hatte, dass die Zellen des menschlichen Bluts in verschiedene Gruppen einzuteilen sind (heute als A, B, AB und 0 bekannt), gelang es Leon Lattes, einem Professor für Rechtsmedizin in Turin, 1915 die Blutgruppe von getrocknetem Blut nachzuweisen. So ließen sich Verdächtige oft als Verursacher der Blutflecken ausschließen, wenn die Blutgruppen nicht übereinstimmten. Passte das Blut aber zur Gruppe des Opfers, dann hatte der Ermittler zwar noch keinen Schuldbeweis, aber der Verdächtige hatte etwas zu erklären. Mehr noch als die Kriminaltechniker dürfte sich ein Mann über diese Entdeckung gefreut haben, dem zur Zeit von Lattes Entdeckung ein Mord vorgeworfen wurde. Lattes untersuchte damals die Blutflecken auf dem Mantel des Verdächtigten und konnte so dessen Unschuld beweisen [3, 4].

Seitdem entstand eine Unzahl anderer Untersuchungsmethoden, die sich mit gefälschten Dokumenten, Schusswaffen und ihrer Munition, Haaren und anderen menschlichen Hinterlassenschaften, Glas, Klebebändern, Sprengstoffen und Brandbeschleunigern, pflanzlichen Pollen, zerbrochenen Werkzeugen, illegalen Drogen und vielem anderen beschäftigen, was sich an einem Tatort oder überhaupt im Zusammenhang mit einem Verbrechen finden kann. Die Liste ist schier endlos. Alles kann zu einem Beweis werden, solange man den Zusammenhang erkennt und das richtige Werkzeug für eine Analyse hat, die keine vernünftigen Zweifel offen lässt. Viele der Werkzeuge kamen aus der Physik. Mit fast jeder neuen Entdeckung fand sich irgendwann auch eine Möglichkeit, sie bei der Verbrechensbekämpfung einzusetzen. Die Frage war selten, *ob* die Kriminaltechnik eine Methode einsetzen kann, sondern viel öfter wie viel Zeit und Geld der Einsatz kostet.

Verräterische Zellen – DNA und Mikroskope

Eine der heute bekanntesten Methoden hat ihre Wurzeln ebenfalls am Anfang des zwanzigsten Jahrhunderts. Lange Zeit rätselten Wissenschaftler, wie und wo genau die Erbinformationen eines

Menschen stecken. Zuerst wurden die vier »Buchstaben« des genetischen Codes entdeckt (die vier Basen Adenin, Cytosin, Guanin und Thymin, meist abgekürzt durch A, C, G und T), aus denen sich die »Desoxyribonucleinsäure« (DNS, oft auch mit dem englischen DNA abgekürzt) zusammensetzt. Die Reihenfolge von Millionen dieser »Buchstaben« bestimmt die Erbinformationen aller Lebewesen. Zwei Jahrzehnte nach dieser Entdeckung der Bausteine der Gene enträtselten die beiden britischen Biochemiker J.D. Watson und Francis Crick 1950 auch die inzwischen berühmte Struktur der DNA in den Zellkernen, die wie eine Doppelhelix aussieht, also einer Wendeltreppe ähnelt. 1962 erhielten Watson und Crick, zusammen mit Maurice Wilkins, den Medizin-Nobelpreis für ihre Arbeit. Jedoch erdachte erst um 1985 ein anderer Brite eine Methode, mit der es auch möglich war, diese an vielen Stellen einzigartige Reihenfolge der »Buchstaben« im genetischen Code von zwei verschiedenen Zellproben zu vergleichen. Alec Jeffreys ging es dabei weniger um Verbrechen als um Biochemie. Aber kurz nachdem er die Methode entwickelt hatte, kam die Polizei der Grafschaft Leicestershire, wo er lebte und arbeitete, auf ihn zu und bat ihn um Hilfe bei der Aufklärung von Sexualmorden an zwei jungen Mädchen. Die Gewalttaten hatten großes Aufsehen erregt und die Polizei war unter großem Erfolgsdruck. Sie hoffte nun, den Hauptverdächtigen mit einer DNA-Analyse zu überführen. Zur Überraschung der Polizei bewies Jeffreys' Analyse zuerst einmal, dass der verdächtige junge Mann nicht der Mörder sein konnte. Wieder bei Null angekommen entschlossen sich die Behörden schließlich, alle männlichen Einwohner zwischen 16 und 34 Jahren einem Massentest zu unterziehen. Allen wurde Blut abgenommen und ihre genetischen Informationen mit den Spuren an den Opfern verglichen. Obwohl der Täter sich dem Test zuerst hatte entziehen können, wurde er schließlich doch durch seine DNA gefasst. Heute ist die DNA-Analyse eine Standardmethode der Kriminaltechnik rund um den Globus. Dabei reichen schon winzigste Gewebereste des Täters am Tatort oder am Opfer aus und sogar mit ausgefallenen Haaren, die jeder Mensch unentwegt verliert, lassen sich DNA-Tests inzwischen durchführen [1, 2, 3].

Die Entwicklung immer besserer Mikroskope war ein ganz wichtiger Bereich für die Untersuchung auch kleinster Spuren. Inzwischen können spezielle Mikroskope nicht nur Strukturen erkennen, die aus wenigen Atomen bestehen, sie können sogar bereits in einzelne Atome hineinsehen. (»Sehen« ist dabei allerdings nicht mehr im herkömmlichen Sinn gemeint.) In der Physik wird diese Anstrengung zweifellos weitergehen. Auch wenn sich in der Kriminaltechnik bisher noch keine Spur gefunden hat, die solch ein Werkzeug verlangt, so wird sich in ein paar Jahren – oder vielleicht erst in ein oder zwei Jahrzehnten – auch für dieses Mikroskop und seine Nachfolger eine Anwendung finden. Auch als die ersten Laser in den 1960er Jahren entwickelt wurden, dachte niemand daran, sie im Kampf gegen das Verbrechen einzusetzen – außer vielleicht als Waffe in Science-Fiction-Romanen oder einigen militärischen Rüstungsphantasien. Trotzdem haben sie ihren Weg in die Kriminaltechnik gefunden, genauso wie viele andere Strahlungsquellen, von Radiowellen bis zu Röntgenstrahlen, von denen uns einige in den nächsten Kapiteln begegnen werden.

2
Daktyloskopie – Von Fingern und Spuren

Reue ist der feste Vorsatz, beim nächsten Mal keine Fingerabdrücke zu hinterlassen.

Marcel Achard

Der Fall »Valerian Trifa«

Am 21. Januar 1941 begann in Bukarest und anderen Gebieten Rumäniens ein Pogrom an den dort lebenden Juden – vierzig Jahre später sollte ein einzelner Fingerabdruck helfen, einem der noch lebenden Täter auf die Schliche zu kommen. Zu der Anzahl der Menschen, die in jenem Januar getötet wurden, gibt es unterschiedliche Angaben – die meisten gehen von einigen Hundert aus. Sicher ist hingegen, dass im Wesentlichen die faschistische »Eiserne Garde« für die Ausschreitungen verantwortlich war. Viele Mitglieder dieser Organisation flohen noch vor dem Kriegsende aus Rumänien. In der Nachkriegszeit versteckten sie sich in Ländern, in denen oft auch jene rumänischen Flüchtlinge Zuflucht gefunden hatten, die gerade vor diesen Verbrechern geflohen waren. In den 1950er Jahren bekam die Einbürgerungsbehörde der USA die ersten Hinweise von Exilrumänen, die in einem Bischof in Detroit einen Nazi-Sympathisanten und Anführer des Pogroms in Bukarest erkannt haben wollten. Viorel Trifa, ein Geistlicher der rümänisch-orthodoxen Kirche, war im Juli 1950 in die USA eingereist, hatte aufgrund der Verfolgung durch die Nazis, von der er berichtete, eine unbegrenzte Aufenthaltserlaubnis bekommen und sich in Detroit niedergelassen. Dort stieg er in der Hierarchie der Kirche bereits 1952 zum Bischof auf. Er änderte seinen Vornamen in Valerian und erhielt 1957 die amerikanische Staatsbürgerschaft. Mitte der 1970er Jahre schließlich, zwei Jahrzehnte nachdem die ersten Hinweise aufgekommen waren, strengte das Justizministerium ein Verfahren wegen des Verdachts falscher Angaben im Zusammenhang mit seiner Einbürgerung gegen Valerian

Physik auf der Spur, Voss–de Haan

ISBN: 3-527-40516-X

Trifa an. Trifa, der inzwischen Erzbischof geworden war, stritt jedoch alle Vorwürfe ab. 1980 gab er zwar zu, Mitglied der Eisernen Garde gewesen zu sein, leugnete jedoch weiterhin, jemals Kontakte zu hochrangigen Nazis gehabt zu haben. Um den Fall zu lösen, brauchte die US-Regierung einen handfesten Beweis. Dieser Beweis kam in Form von Dokumenten, die die Regierung der Bundesrepublik Deutschland den amerikanischen Behörden im Jahr 1982 zur Verfügung stellte. Unter diesen Dokumenten war eine Postkarte vom 14. Juni 1942, unterschrieben von Viorel Trifa und adressiert an Heinrich Himmler, den »Reichsführer SS« und Chef der Gestapo, der wesentlich mitverantwortlich für den millionenfachen Mord an den Juden war. Trifa bestritt jedoch, die Karte geschrieben zu haben. Nun musste die Kriminaltechnik helfen, genauer gesagt: die Physik. Man vermutete auf der Postkarte einen Fingerabdruck des Schreibers konnte ihn aber nicht mit den üblichen Methoden, z. B. mit speziellem Puder oder Flüssigkeiten, sichtbar machen, weil die deutsche Regierung die Dokumente keinesfalls beschädigt sehen wollte. Mithilfe eines Lasers konnten Mitarbeiter des FBI jedoch den vierzig Jahre alten Fingerabdruck zum Leuchten bringen und fotografieren, ohne dabei die Postkarte in Mitleidenschaft zu ziehen. Sie fanden den Fingerabdruck des linken Daumens von Erzbischof Valerian Trifa – jenem Viorel Trifa, der 1941 am Massenmord in Bukarest beteiligt war. Trifa gab daraufhin seinen Widerstand auf, verlor seine amerikanische Staatsbürgerschaft, verließ 1984 die USA und verbrachte den Rest seines Lebens in Portugal. Wie ein Laser das ansonsten unsichtbare Muster sichtbar machen konnte, wird uns später noch beschäftigen. Zuerst sollten wir uns die Eigenschaften von Fingerabdrücken noch etwas näher ansehen. Die drei – aus kriminaltechnischer Sicht – wichtigsten Eigenschaften sind: Fingerabdrücke sind unveränderlich, sie sind einzigartig, und wir können sie klassifizieren [1, 2].

Ein Erbe der Evolution

Vor Jahrmillionen haben sich die Rillen auf unseren Händen und Füßen entwickelt, mit denen wir auch heute noch Fingerabdrücke hinterlassen. So wie das Profil von Autoreifen oder Schuhsohlen uns hilft, z. B. auf einer nassen Straße nicht wegzurutschen, so halfen diese Leisten auf Fingern und Handflächen, Zehen und Fußsohlen un-

Abbildung 2.1: Teil des Fingerabdrucks eines Menschen. Die Strukturen bilden sich bereits vor der Geburt und bleiben bis zum Tod des Menschen unverändert, sodass sie von einem Experten wiedererkannt werden können.

seren Vorfahren, besser und vor allem sicherer zuzugreifen. Gerade solange man auf Bäumen lebte, war das ein nicht zu unterschätzender evolutionärer Vorteil. Insofern überrascht es auch nicht, auf den Händen und Füßen von Schimpansen und anderen heute lebenden Primaten ebenfalls solche Rillen zu finden. Dass wir auf unseren Fingerspitzen zufällige Muster finden und keine regelmäßigen Profile wie auf Autoreifen, ist auch nicht weiter verwunderlich, wenn wir uns in der Natur etwas genauer umsehen. Überall sind solche zufälligen Strukturen zu finden. Zebras, Tiger, Fische und sogar Hausstaubmilben, aber auch Kakteen zeigen ähnliche Muster. Erstaunlich ist dabei höchstens, wie ähnlich die Verzweigungen, Enden und Schlaufen ihrer Muster denen unserer Fingerabdrücke sein können. Sogar unbelebte Dinge wie Sanddünen können uns beim genaueren Hinsehen an unsere Fingerkuppen erinnern. Sanddünen sind allerdings im Gegensatz zu Fingerabdrücken sehr vergänglich.

Die feinen Strukturen auf unseren Fingerspitzen bilden sich lange vor unserer Geburt. Schon im dritten Monat der Schwangerschaft nehmen die »Papillarleisten« – jene Erhebungen, aus denen die Muster auf unseren Fingern, Händen, Zehen und Füßen bestehen – ihre Form an. Merkmale wie die Haar- oder Augenfarbe bilden sich häufig erst nach der Geburt eines Menschen oder wandeln sich sogar bis zu seinem Tod. Die Strukturen auf den Fingeroberflächen aber bilden sich nicht nur sehr früh, sie bleiben das ganze Leben und selbst über den Tod hinaus erhalten. Oft verschwinden die Muster erst, wenn sich der Körper selbst auflöst. Sogar bei viertausend Jahre alten ägyptischen Mumien konnte man noch Papillarleisten nachweisen Selbst wenn die obersten Hautschichten zerstört werden, etwa durch Abschürfungen bei einem Unfall, wachsen später dieselben individuellen Muster in allen Einzelheiten wieder nach. Um dieser Unveränderlichkeit ihrer Fingerabdrücke zu entgehen, haben Kriminelle immer wieder versucht, die Muster auf ihren Fingern mit chirurgischen Methoden oder gar mit Säure zu entfernen – allerdings ohne den gewünschten Erfolg. Auch John Dillinger, der in den 1930er Jahren vom FBI zum ersten »Staatsfeind Nr. 1« erklärt wurde, versuchte, seine Fingerabdrücke zu verändern. Es half ihm wenig. Zum einen hatte er danach eine mindestens ebenso charakteristische Vernarbung der Fingerspitzen und zum anderen war immer noch genug der alten Strukturen übrig geblieben, um die Abdrücke wiederzuerkennen. Obwohl unser Körper sich also in jedem Detail an die Form der Leisten auf den Fingern erinnern kann, ist sie nicht genetisch festgelegt. Die feinen Strukturen, die bereits im Mutterleib entstehen, werden dort durch Druck und andere zufällige Faktoren bestimmt. Die gleichen Details wie auf der Außenseite der Finger- und Handflächen, finden sich auch in den tieferen Hautschichten. An diesen ursprünglichen Mustern kann sich die darüber nachwachsende Haut immer wieder ausrichten, ohne dass genetische Informationen beteiligt sind [3, 5].

Für die Verbrecherjagd ist es sogar in mancher Hinsicht günstig, dass Fingerabdrücke nicht vererbbar sind. Vererbte Ähnlichkeiten bei Verwandten oder gar übereinstimmende Abdrücke bei eineiigen Zwillingen könnten die Ermittlungen der Polizei und die Wahrheitsfindung vor Gericht behindern oder sogar verhindern. Je zufälliger diese Strukturen sind, desto besser erlauben sie es, Menschen zu unterscheiden. Auch wenn man es natürlich nicht praktisch überprüfen kann, so gilt es schon lange als gesichert, dass bei keinen zwei Menschen auf der Welt die Leisten an den Fingern exakt dieselbe Struktur haben oder hatten. Ohne diese Einzigartigkeit könnte man keinem Straftäter mithilfe seiner Fingerabdrücke, die er am Tatort hinterlassen hat, die Tat nachweisen.

Trotz dieser enormen Vielfalt an unterschiedlichen Fingerabdrücken gibt es aber doch eine Reihe von Grundmustern und Merkmalen, die es erlauben, Abdrücke nach einem System zu sortieren und zu vergleichen. Das Wissen um die Unveränderlichkeit und Einzigartigkeit des Abdrucks bringt uns nur dann weiter, wenn wir einen Abdruck vom Tatort auch mit dem eines Verdächtigen genau vergleichen können. Unter Umständen müssen wir sogar die Spur vom Tatort mit vielen Tausenden von Abdrücken bekannter Straftäter vergleichen, um überhaupt erst auf einen Verdächtigen zu stoßen. Die Klassifizierbarkeit war daher vor über einhundert Jahren eine Voraussetzung für den Siegeszug der Daktyloskopie, das »Beschauen« (griech.: *skopein*) der Finger (griech.: *daktylos*), in der Verbrechensbekämpfung. Zusammen mit der Unveränderlichkeit und Einzigartigkeit macht diese Vergleichbarkeit der Form der Papillarleisten es grundsätzlich möglich, einen Menschen immer, auch nach Jahrzehnten, anhand seiner Fingerabdrücke wiederzuerkennen und gleichzeitig sicher zu sein, dass man nicht irgendwann einmal den Falschen erwischt. Aus der polizeilichen Arbeit ist diese Methode heute nicht mehr wegzudenken. Trotzdem hat es überraschend lange gedauert, bis überhaupt jemand auf die Idee kam, die Abdrücke unserer Finger systematisch zur Identifikation von Personen und zur Aufklärung von Verbrechen einzusetzen [1, 3].

Wie die Kriminalisten schließlich doch auf die charakteristischen Linien aufmerksam wurden, nachdem sie einen Anstoß aus sehr weiter Ferne bekamen, und was die Mona Lisa mit Fingerabdrücken zu tun hat, ist Thema des nächsten Abschnitts. Danach werden wir uns noch einmal mit den Fingerabdrücken und ihren Eigenschaften beschäftigen und herausfinden, was genau sie für einen Daktyloskopen noch einzigartiger macht als jedes Gesicht. In den weiteren Abschnitten des Kapitels geht es dann um die eigentliche Herausforderung: Fingerabdrücke an einem Tatort, auf Diebesgut oder sogar auf einem Opfer überhaupt erst einmal zu finden und sichtbar zu machen. Hier kommt die Physik ins Spiel. Obwohl sie in der Theorie scheinbar wenig miteinander zu tun haben, kommt die Daktyloskopie in der Praxis nicht ohne die Naturwissenschaften aus. Diese Punkte, an denen sich Daktyloskopie und Physik berühren, werden uns einen Vorgeschmack auf die übrigen Kapitel des Buchs geben, wo wir uns dann näher mit den Erklärungen für die physikalischen Effekte beschäftigen können.

Ahnungen und Symbolisches – Fingerabdrücke im Wandel der Zeit

Die Spur der Fingerabdrücke zieht sich quer durch die Geschichte der Zivilisation, wenn auch anfangs noch sehr unauffällig. Archäologen haben Fingerabdrücke auf Funden wie Töpferwaren von sehr frühen Zivilisationen entdeckt, z. B. auf Tonziegeln der fünftausend Jahre alten zweiten Dynastie von Ur. Etwa zweitausend Jahre vor unserer Zeitrechnung wurden Verträge im Babylon des Königs Hammurabi mit Fingerabdrücken besiegelt. Chinesische Tonsiegel, die ebenfalls Fingerabdrücke zeigen, stammen aus dem zweiten oder dritten Jahrhundert vor Christi Geburt. Quintilianus berichtet, dass im ersten Jahrhundert nach Christus sogar ein Verdächtiger in Rom aufgrund seines Handabdrucks freigesprochen wurde – allerdings nicht wegen der Linienmuster, sondern lediglich aufgrund der Größe seiner Hand. Auch als in China Fingerabdrücke im siebten Jahrhundert unter der T'ang Dynastie schließlich gezielt als Beweis für die Echtheit von rechtlichen Dokumenten eingesetzt wurden, dürfte dies doch mehr symbolischen Charakter gehabt haben. Schon die schlechte Qualität der Abdrücke hätte hier in den meisten Fällen jedem potenziellen Daktyloskopen einen dicken Strich durch die Rechnung gemacht. Selbst wenn die Abdrücke einmal gut erkennbar waren, fehlte immer noch jede Systematik zum Vergleich. Bis zum Beginn der wirklichen Erforschung und Nutzung der Fingerabdrücke sollte noch ein weiteres Jahrtausend vergehen.

Als das siebzehnte Jahrhundert zu Ende ging, beschrieb Nehemiah Grew als erster in einem wissenschaftlichen Bericht für die Royal Society in London die Papillarleisten und Poren der Hände und Füße. Zwei Jahre später, 1686, untersuchte Marcello Malpighi, ein Professor für Anatomie an der Universität von Bologna, die Strukturen zum ersten Mal unter dem gerade erst erfundenen Mikroskop. Aber beide erkannten nicht, was hinter diesen Linien steckte. Es dauerte noch einmal eineinhalb Jahrhunderte bis 1823 der erste wesentliche Schritt getan wurde. Damals entwickelte und veröffentlichte Johannes Purkinje, ein preußischer Professor an der Breslauer Universität, ein System zur Klassifizierung von Fingerabdrücken – wohlgemerkt noch in lateinischer Sprache. Mit den neun Arten von Grundmustern, die er beschrieb und für deren Zuordnung er Regeln aufstellte, schuf er bereits eine Grundlage für die heutige Daktyloskopie. Doch dass es möglich ist, Menschen anhand von Fingerabdrücken zu identifizieren, darauf kam auch er nicht. Diese Idee wurde erst in der zweiten Hälfte jenes Jahrhunderts geboren [1, 3, 5].

Ein indischer Pionier

William Herschel, ein Enkel des britischen Astronomen Sir William Herschel, war Polizeioffizier und Beamter der Zivilverwaltung in der indischen Provinz Bengalen. Dort hatte er damit zu kämpfen, dass Einheimische sich unter falschem Namen häufig Pensionen und Zahlungen der britischen Krone erschlichen. Um dem einen Riegel vorzuschieben, ließ er die Finger- bzw. Handabdrücke der Einheimischen in die Verträge aufnehmen und bei Bedarf vergleichen. Außerdem untersuchte er die Unveränderlichkeit von Fingerabdrücken, indem er seine eigenen Abdrücke über mehrere Jahrzehnte verglich, veröffentlichte aber seine Erkenntnisse noch nicht. Etwas später, 1880, publizierte Henry Faulds, ein schottischer Missionsarzt am Tsukiji Krankenhaus in Tokio, in der Wissenschaftszeitschrift »Nature« eine Arbeit über die »Hautfurchen« der Hände. Unabhängig von Herschel hatte auch er erkannt, dass die Absonderungen der Haut »latente«, also unsichtbare, Abdrücke der Furchenmuster auf fast allen Oberflächen hinterlassen, die wir anfassen, und wie diese Spuren mit geeignetem Pulver sichtbar gemacht werden können. Aufgrund der Vielfältigkeit und Unveränderlichkeit der Strukturen wies er in seinem Artikel zum ersten Mal auf die Möglichkeit hin, Verbrecher anhand von Fingerabdrücken am Tatort identifizieren zu können. Diese Erkenntnisse nutzte Faulds sehr bald auch, um die Unschuld eines des Raubes beschuldigten Mannes zu beweisen. Er zeigte, dass die Fingerabdrücke, die an einem Fenster am Tatort zu finden waren, nicht von dem beschuldigten Mann stammen konnten. Der wahre Täter wurde kurz darauf gefasst.

Noch vor seiner Veröffentlichung hatte Faulds an Charles Darwin geschrieben, weil er auch Fingerabdrücke von Affen genommen hatte und Bezüge zu Darwins Arbeiten zur Evolution der Arten sah. Darwin beschäftigte sich zwar nicht näher mit dem Thema, gab den Brief aber an seinen Cousin weiter, Francis Galton. Das sollte sich als Glücksfall herausstellen. Galton begriff die Bedeutung und das Potenzial der Fingerabdrücke. Als erfahrener Wissenschaftler und Forscher ging er das Thema systematisch an und untersuchte, ob sie vererbt werden, ob sie einzigartig und unveränderlich sind, aber auch wie sie sich sichtbar machen lassen und wofür man sie überhaupt nutzen kann. Mit seinen systematischen Studien, die er 1892 im Buch »Finger Prints« veröffentlichte, begann die Daktyloskopie. Trotzdem fehlte auch in Galtons System noch eine wirkliche Klassifizierung, die über den rudimentären Ansatz des Preußen Purkinje hinausging. In der Praxis der Polizei waren die Fingerabdrücke so noch immer nicht zu gebrauchen. Zur selben Zeit hatte aber Juan Vucetich in Argentinien eine praktikable Klassifizierung für Fingerabdrücke entwickelt, die auf Galtons Arbeit aufbaute. Durch seine Arbeit konnte zum ersten Mal auf der Welt ein Mordfall mithilfe von Fingerabdrücken geklärt werden [1, 2, 3, 5].

Ein argentinischer Mord

Im Juni 1892 wurden in Necochea, einer Stadt an der argentinischen Atlantikküste, zwei kleine Kinder in ihrem Schlafzimmer brutal erschlagen. Die alleinstehende Mutter, Francesca Rojas, beschuldigte einen abgewiesenen Verehrer, die Tat begangen zu haben, der die Morde jedoch vehement abstritt. Nachdem die örtliche Polizei keine schlüssigen Beweise hatte finden können, bat sie das Hauptquartier in La Plata um Hilfe. Dort leitete ein Immigrant aus Dalmatien den Bereich der Personenidentifizierung: Juan Vucetich. Einer seiner Mitarbeiter kam nach Necochea und fand im Haus von Francesca Rojas einen blutigen Fingerabdruck auf der Schlafzimmertür. Die Spur war identisch mit dem Daumenabdruck der rechten Hand der Mutter. Mit diesem Beweis konfrontiert, gestand Francesca Rojas, ihre beiden Kinder ermordet zu haben, um für einen anderen Mann frei zu sein, der sie lediglich wegen ihrer Kinder nicht heiraten wollte. Einige Zeit nach diesem Erfolg führte Argentinien offiziell die Daktyloskopie zur Identifizierung von Personen ein, gab sie aber aus politischen Gründen nach kurzer Zeit erst einmal wieder auf. Trotzdem stammen noch heute viele daktyloskopische Systeme in Südamerika weitgehend von Vucetichs Arbeit ab. In weiten Teilen Europas und Nordamerikas setzte sich aber parallel ein anderes, von Edward Henry entworfenes System durch. Henry hatte wie Herschel in Indien gearbeitet, kannte dessen Arbeiten und entwickelte auf dieser Basis ein System der Klassifizierung. 1897 schlug er in Indien die offizielle Einführung der Daktyloskopie vor, und 1901 übernahm

Scotland Yard für ganz England und Wales das »Henry-System«, auf dem die meisten modernen Klassifizierungen basieren [2, 3, 5].

Die Konkurrenz versagt

Die Fingerabdrücke seien »ein unvergleichlich viel sichereres Kriterium der Identität als jede andere körperliche Eigenschaft«, sagte Francis Galton (»an incomparably surer criterion of identity than any other bodily feature.«). Das ist ein hoher Anspruch, und Galton war als Mitbegründer der Daktyloskopie sicher nicht ganz unvoreingenommen. Trotzdem konnte, nicht zuletzt aufgrund der möglichen Klassifizierung, in der Tat keine der anderen damaligen Methoden mit diesen unscheinbaren Spuren konkurrieren. Im einundzwanzigsten Jahrhundert haben wir zwar mit dem »genetischen Fingerabdruck« und der Iris- und Spracherkennung einige sehr starke Konkurrenten, aber vor über hundert Jahren war die einzige Alternative die Bertillonage, die wir schon im ersten Kapitel kennen gelernt haben. Bis zum Siegeszug der Fingerabdrücke war sie die dominante Methode in der Strafverfolgung. Ein ungewöhnlicher Vorfall und kurz darauf ein – nicht nur für damalige Zeiten – spektakuläres Verbrechen, der Diebstahl der Mona Lisa, sollten aber die Schwächen der Bertillonage und die Vorteile der Fingerabdrücke auf drastische Weise klar machen. Denn generell – wie auch in diesen beiden Fällen, die wir gleich kennen lernen werden – vergleicht man Fingerabdrücke oder andere individuelle körperliche Merkmale zu zwei unterschiedlichen Zwecken: Der *gezielte Vergleich* soll einen Verdächtigen überführen, wohingegen die *ungezielte Suche* erst einen Verdächtigen liefern soll. Der Unterschied mag klein erscheinen, hat aber wichtige Konsequenzen. Für den einen Zweck eignet sich die Bertillonage zumindest bedingt, für den anderen Zweck ist sie allerdings denkbar ungeeignet.

Ein gezielter Vergleich und die zwei Will Wests

In einem (dem einfacheren) Teil der Fälle glaubt man zu wissen, wen man vor sich hat, und möchte mit Vergleichsfingerabdrücken die Identität des Menschen bestätigen – oder widerlegen. In den USA wurden vor Beginn des zwanzigsten Jahrhunderts in vielen Gefängnissen mit Bertillons Methode die Körpermaße von Gefängnisinsassen registriert. So sollte im Zweifel überprüft werden, ob ein Verurteilter sich durch jemand anderen »vertreten« ließ, um die Strafe nicht selber absitzen zu müssen, oder ob er vielleicht schon einmal verurteilt worden war, die Strafe aber nicht abgesessen hatte und inzwischen unter einem anderem Namen lebte.

Aus dem Gefängnis Leavenworth im Bundesstaat Kansas wird von einem Fall berichtet, der die Unzulänglichkeit der Bertillonage verdeutlicht und ihr Ende einläutete. Am 1. Mai 1903 wurde ein junger Schwarzer unter dem Namen Will West in dieses Gefängnis eingeliefert. Nachdem seine Bertillon-Maße genommen waren, fand der Beamte eine Karte mit fast denselben Maßen, einem ausgesprochen ähnlichen Foto und dem Namen William West. Dieser William West hatte eine Strafe wegen Mordes abzusitzen. Der junge Mann beteuerte jedoch hartnäckig, nicht dieser William West zu sein. Schließlich fand man heraus, dass es tatsächlich einen Will West und einen William West gab, die sich ähnelten wie Zwillinge, auch wenn sie behaupteten, nicht miteinander verwandt zu sein. Die Berichte von diesem »Fall der zwei Will Wests« enden oft mit dem Hinweis, das Gefängnis Leavenworth sei »am nächsten Tag« von der Bertillonage zum Fingerabdrucksystem gewechselt, weil die Bertillonage, die auf Messungen und Fotos beruhte, die beiden Männer nicht unterscheiden konnte, die Fingerabdrücke aber leicht und eindeutig zu unterscheiden waren.

Welche Details dieser – zugegebenermaßen sehr anschaulichen und einprägsamen – Geschichte der Wirklichkeit entsprechen, ist schwer nachzuvollziehen. Manche Quellen weisen etwa darauf hin, dass die beiden Männer tatsächlich Zwillinge gewesen seien, andere ziehen in Frage, ob die Geschichte wirklich jemals so stattgefunden habe. Letztlich ist der Wahrheitsgehalt der Geschichte, ob die Geschichte genau so passiert ist oder ob hier vielleicht einige »dichterische Freiheiten« ins Spiel kamen, aber unwesentlich für unser Verständnis von Bertillonage und Daktyloskopie. In jedem Fall zeigt sich, dass die Daktyloskopen Anfang des zwanzigsten Jahrhunderts Oberwasser bekamen. Zum einen konnten sie auch Personen unterscheiden, die sich äußerlich so ähnlich waren wie eineiige Zwillinge. Zum anderen gab es mit der Daktyloskopie weniger Unsicherheiten beim Aufnehmen der Daten. Ein Fingerabdruck schlechter Qualität kann auch einem Laien auffallen und schnell wiederholt

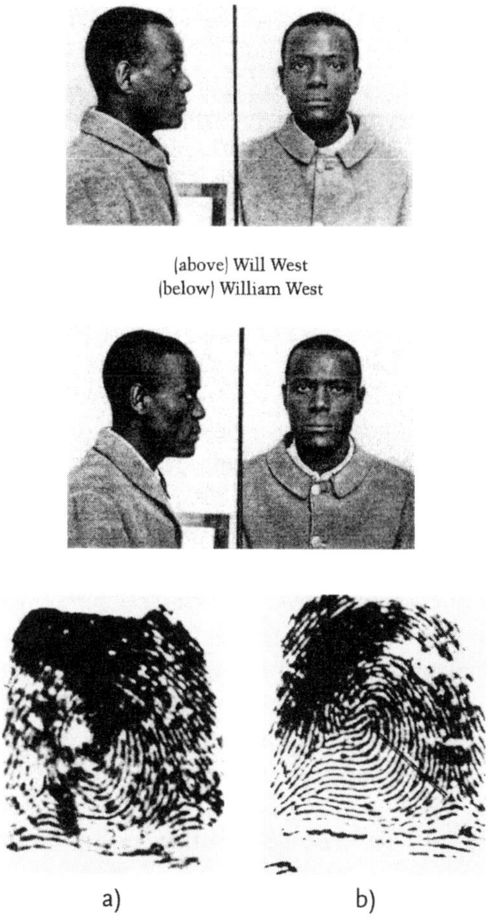

Abbildung 2.2: Will West und William West waren um 1900 gleichzeitig im Leavenworth Gefängnis in den USA. Beide hatten fast identische Namen, sahen sich sehr ähnlich und auch anhand ihrer (hier nicht gezeigten) Bertillonage-Maße waren sie kaum auseinander zu halten. Ihre Fingerabdrücke jedoch waren leicht zu unterscheiden (aus: Harris Hawthorne Wilder und Bert Wentworth, Personal Identification: Methods for the Identification of Individual, Living or Dead, Boston, 1918, 31–32).

werden, eine schlechte Messung bei der Bertillonage ist jedoch nur zu erkennen, wenn man genau nachmisst. Wie wir oben gesehen haben, hatte Faulds schließlich darüber hinaus schon gezeigt, wie sich solche Identifikationen mit Fingerabdrücken auch unter schwierigen

Bedingungen durchführen ließen. Selbst wenn ein Abdruck etwa von einem Objekt wie einem Fensterrahmen und nicht von der Person selbst genommen wurde, war die Methode erfolgreich. Hier eröffneten sich durch die Daktyloskopie Möglichkeiten, die die Bertillonage nicht bieten konnte [3, 6].

Eine ungezielte Suche und die Mona Lisa

Außer der fehlenden Eindeutigkeit hatte das System der Körpermaße ein weiteres grundlegendes Problem. Zwar konnten die Karten z. B. bei der Identifikation eines festgenommenen Verbrechers helfen, der einen falschen Namen benutzte, da man seine Körpermaße einfach ermitteln und dann vergleichen konnte. Auch Leichen konnten so identifiziert werden. Bei der Suche nach dem unbekannten Urheber eines Verbrechens, wie bei dem Fall, den Faulds gelöst hatte, sah es aber ganz anders aus. Da ein Täter am Tatort kaum sein Foto oder seine Körpermaße zurücklässt, konnte die ursprüngliche Bertillonage bei der Aufklärung von Verbrechen nicht zum Zuge kommen. Bertillon hatte dies erkannt und daher begonnen, Fingerabdrücke in seine Methode zu integrieren – wenn auch widerwillig. Gleichwohl favorisierte, wie der Franzose selbst, ein Teil der Strafverfolger in Europa und auf dem amerikanischen Kontinent immer noch die Bertillonage. Die Mona Lisa, genauer gesagt ihr Diebstahl aus dem Louvre am 21. August 1911, und die Suche nach dem Täter sollten jedoch endgültig das Ende dieser Ära einläuten. An diesem Fall wurde sehr deutlich, dass die Bertillonage, auch mit integrierten Fingerabdrücken, einen weiteren großen Nachteil gegenüber der reinen Fingerabdruckmethode hat.

Der Dieb der Mona Lisa hatte, als er sie aus ihrem Rahmen schnitt, einen klaren Fingerabdruck hinterlassen. Trotzdem konnte Bertillon ihn auch nach monatelanger Suche in seinen Karteien nicht finden – weder auf der Karte eines Verdächtigen, Vicenzo Perugia, der zur fraglichen Zeit im Louvre gearbeitet hatte, bereits vorbestraft und inzwischen verschwunden war, noch auf den Karten aller anderen Straftäter. Das mag nicht weiter überraschen, da die Karteien sicher nicht alle Kunstdiebe enthielten und es ja auch nicht unbedingt ein Wiederholungstäter sein musste. Nach zwei Jahren, in denen die Mona Lisa verschwunden war, wurde jedoch der Dieb in Florenz bei dem Versuch gefasst, das Gemälde einem Kunsthändler zu verkaufen. Zu

Bertillons Erstaunen stellte sich heraus, dass der Täter sehr wohl Vicenzo Perugia war, dessen Karte und Fingerabdrücke Bertillon besaß. Was war passiert? Bertillon hatte sich, als er die Fingerabdrücke in die Bertillonage integrierte, auf die *rechte* Hand beschränkt. Der Abdruck am Rahmen der Mona Lisa war jedoch von Perugias *linker* Hand. Bertillon hatte nie eine Chance gehabt, ihn mit seiner Kartei zu erwischen [3].

Zuerst einmal war das nur Pech – wenn auch sehr ärgerlich für Bertillon. Trotzdem hätte er die fehlenden linken Hände einfach noch in das System aufnehmen können. Das eigentliche Problem lag jedoch an ganz anderer Stelle: Die Bertillonage kannte keine Klassifizierung der Muster. Die braucht man aber, um in einer großen Menge von Daten gezielt und schnell suchen zu können – und zwar nicht nur bei einzelnen Fingerabdruckspuren vom Tatort, sondern auch bei kompletten Sätzen, die man einem Verdächtigen abnimmt. Es war bei der Bertillonage so, als ob man eine bestimmte Telefonnummer kennt und versucht, in einem Telefonbuch den Namen des Anschlussbesitzers zu finden: In einer kleinen Stadt mit wenigen Einwohnern, hat man Chancen; in einer Großstadt ist es entweder hoffnungslos oder Glücksache – beides keine gute Voraussetzung für kriminalistische Arbeit. Bertillon brauchte damals »nur« Monate, um seine vergleichsweise kleine Kartei zu durchsuchen. Bei US-amerikanischen Polizeibehörden sind inzwischen weit über vierhundert Millionen Fingerabdrücke gespeichert. Ein Daktyloskop wäre viele Jahrzehnte damit beschäftigt, nur einen Bruchteil all dieser Abdrücke zu untersuchen. Als 1985 in Los Angeles ein Massenmörder – der von den Medien als »Nightstalker« getaufte Richard Ramirez – gefasst wurde, der im Jahr zuvor dreizehn Menschen umgebracht hatte, gelang dies nur mithilfe eines neuen Computersystems. Dieses System konnte einen Fingerabdruck vom Tatort in den damals ca. 1,7 Millionen Fingerabdruckblättern der Polizei von Los Angeles wiederfinden. Schätzungen gingen davon aus, dass eine manuelle Suche nach einem einzelnen solchen Fingerabdruck in dieser riesigen Sammlung einen einzelnen Experten ca. 67 Jahre gekostet hätte. Ein Satz von den Abdrücken aller zehn Finger ist jedoch mit einer guten Klassifizierung auch in riesigen Sammlungen ohne Computer sehr schnell wiederzufinden. [2, 3, 7]

Abbildung 2.3a: Das einfachste und gleichzeitig auch seltenste Grundmuster bei Fingerabdrücken ist der Bogen. Die linke Abbildung zeigt einen einfachen »Bogen«, die rechte eine »Tanne« (aus: Brian H. Kaye, Science and the Detective. © VCH-Verlagsgesellschaft mbH, Weinheim).

Muster und Minutien

Wenn man sich seine eigenen Fingerabdrücke einmal ansieht, dann scheint es auf den ersten Blick schwierig bis hoffnungslos, diese ziemlich unüberschaubaren Strukturen systematisch beschreiben zu wollen, geschweige denn sie später unter Tausenden oder gar Millionen anderer Abdrücke wiederzufinden. Auf den zweiten Blick sind die Fingerabdrücke relativ einfach in drei Grundmuster oder Klassen, also quasi in Schubladen, und einige Unterklassen, also in verschiedene Kästchen in den Schubladen, einzuordnen. Jeder Fingerabdruck lässt sich immer genau einem dieser verschiedenen Grundmuster zuordnen.

Das einfachste aber auch das seltenste der drei Grundmuster ist der Bogen. Bei einem solchen Fingerabdruck liegen alle Papillarlinien übereinander, und verlaufen alle von der einen Seite des Fingers zur anderen, wobei sie in der Mitte nach oben gewölbt sind (etwa wie der Querschnitt eines Hügels). Eine Abart des Bogens ist das Tannenmuster (engl.: *tented arch*, »zeltförmiger Bogen«). Bei diesem Muster läuft mindestens eine der Linien in der Mitte des Fingers senkrecht nach oben und endet unterhalb der darüber liegenden Wölbung. Beide Bogenmuster machen zusammen nur etwa 5 % aller Fingerabdrücke aus.

Mehr als zehnmal so oft kommen hingegen Schleifen vor. Mit etwa 60 % sind sie das häufigste Grundmuster. Bei einer Schleife beginnt, wie beim Bogen, mindestens eine Papillarlinie an der einen Seite des

Abbildung 2.3b: Schleifen sind das häufigste Grundmuster und machen mehr als die Hälfte aller Abdrücke aus (aus: Brian H. Kaye, Science and the Detective. © VCH-Verlagsgesellschaft mbH, Weinheim).

Fingers und läuft zur Mitte und nach oben, kehrt dann aber um und läuft wieder zur selben Seite des Fingers zurück. An dieser Seite ist die Öffnung der Schleife. Man unterscheidet Schleifen danach, ob sie ihre Öffnung links oder rechts bzw. zur Seite des kleinen Fingers oder des Daumens an der jeweiligen Hand haben. (Die Öffnung zur Seite des kleinen Fingers ist übrigens viel häufiger als die Öffnung zum Daumen.) Ein Schleifenmuster zeichnet sich durch zwei charakteristische Bereiche aus. Am zentralen Punkt oder Kern einer Schleife machen eine oder mehrere Linien eine Kehrtwende. Dieser Bereich liegt etwa in der Mitte des Musters. Während die Schleife so vom Kern zur einen Seite des Fingers läuft, liegt auf der anderen Seite ein »Delta«, um das Linien in drei Richtungen in Form eines Dreiecks verlaufen: von links unten nach oben, von oben nach rechts unten und von links unten nach rechts unten.

Das dritte Grundmuster, der Wirbel, hat im Kern mindestens eine umlaufende, also ovale oder kreisförmige Linie, die oft an eine Zielscheibe erinnert, und zwei Deltas, je eines links und rechts unterhalb dieser Zielscheibe. Beim Wirbel kennt die Daktyloskopie eine Reihe von komplizierten und nicht nur schwer zu erklärenden, sondern auch für Daktyloskopen nicht immer ganz einfach zu unterscheidenden Unterklassen. Alle Wirbelmuster zusammen machen die noch fehlenden 35 % der Fingerabdrücke aus.

Jeder kann mit diesen – natürlich stark vereinfachten – Beschreibungen der Grundmuster seine eigenen zehn Finger einmal in Schleifen, Wirbel und Bögen »klassifizieren«. Beschränken wir uns darauf, nur diese fünf verschiedenen Muster (die Wirbel und je zwei

Abbildung 2.3c: Wirbel sind das dritte Grundmuster. Etwa ein Drittel aller Fingerabdrücke gehört zu dieser Klasse (aus: Brian H. Kaye, Science and the Detective. © VCH-Verlagsgesellschaft mbH, Weinheim).

Arten von Schleifen und Bogen) zu unterscheiden, dann kommen wir schon auf 5^{10}, also fast 10.000.000 verschiedene mögliche Kombinationen [1, 3, 5, 8].

Eine daktyloskopisch exakte Behandlung eines solchen Satzes von Fingerabdrücken ist natürlich wesentlich komplizierter und beruht auch auf noch viel detaillierteren Definitionen der Muster. Zum einen muss wirklich jedes, auch das ungewöhnlichste und verworrenste Muster, von jedem Daktyloskopen immer die gleiche Klassifizierung bekommen. Zum anderen betrachtet ein Daktyloskop außer der Unterscheidung in Bogen, Schleife und Wirbel auch noch viele weitere Eigenschaften der Muster, z. B. die Zahl der Papillarlinien zwischen charakteristischen Punkten des Musters, um möglichst viele (aber trotzdem gleichmäßig gefüllte) unterschiedliche »Schubladen« zu schaffen, in die er die Millionen Sätze von Fingerabdrücken ablegen kann.

Jede Schublade enthält genau all jene Sätze von Fingerabdrücken, die eine bestimmte Kombination von Mustern und anderen Merkmalen an den verschiedenen Fingern zeigen. Möchten wir einen festgenommenen Verdächtigen etwa in der Kartei wiederfinden, dann ermitteln wir »seine« Schublade anhand der Abdrücke, die wir ihm jetzt abnehmen. Dann müssen wir in der entsprechenden Schublade nach einem Satz suchen, der ihm früher einmal abgenommen wurde, beispielsweise bei einer Verhaftung. Jetzt wird auch klar, warum die exakte und immer gleiche Klassifizierung so wichtig ist: Wurde der erste Satz in die falsche Schublade gelegt, dann werden wir ihn wohl nie wiederfinden.

Somit bleibt die Frage, wie wir denn die Sätze in einer Schublade, die alle dieselbe Musterkombination besitzen, noch weiter unterscheiden können. Außerdem müssen wir eine Möglichkeit finden, auch einen *einzelnen* Fingerabdruck, etwa eine Spur auf der Tatwaffe, seinem Besitzer zuzuordnen, denn für einen einzelnen Fingerabdruck (bei dem wir vielleicht noch nicht einmal wissen, von welchem Finger er stammt) nützt uns die Kategorisierung aller zehn Finger wenig.

Eine Antwort findet sich in den Unregelmäßigkeiten der Papillarlinien. Sie gabeln sich, beginnen oder enden unvermittelt, haben Haken und Verästelungen, manchmal sogar Punkte und Augen. Ein Daktyloskop unterscheidet elf verschiedene Arten solcher anatomischer Merkmale, die er als »Minutien« bezeichnet (lat.: *minutia* »Kleinigkeit«). Wer die Leisten seiner Finger einmal nach diesen Besonderheiten absucht, kann oft mehr als hundert davon auf einem Finger finden. Anhand dieser anatomischen Merkmale lässt sich jeder Fingerabdruck *eindeutig* identifizieren. Da sie sich in Art, Ort und (Aus-)Richtung unterscheiden und es so viele verschiedene mögliche Kombinationen gibt, ist jeder Fingerabdruck einzigartig. Die Minutien verändern sich ebenso wenig wie die Wirbel-, Schleifen- und Bogenmuster, deshalb ist jeder Fingerabdruck auch nach Jahrzehnten noch wiederzuerkennen. Soll ein Experte nun die Fingerabdrücke eines Verdächtigen mit der Kartei vergleichen, etwa um zu sehen, ob jener schon einmal festgenommen wurde, dann klassifiziert er die Muster und wird in der entsprechenden Schublade suchen, ob dort ein Satz identische Abdrücke zeigt. Das ist relativ einfach und – selbst wenn er sehr viele Karten in dieser Schublade finden sollte – längst nicht so zeitraubend wie das Durchsuchen aller Schubladen bei der Bertillonage [5].

Es gibt natürlich auch noch einige andere »biometrische« Methoden zur Identifikation von Personen, z. B. Gesichts-, Stimmen- oder Iriserkennung. Gesicht und Stimme auf der einen Seite kommen an die Klarheit und Eindeutigkeit von Fingerabdrücken nicht heran. Die Iris eines Menschen auf der anderen Seite ist zwar ebenso einmalig wie sein Fingerabdruck, aber der Vergleich ist viel aufwändiger. Hinzu kommt der für die Aufklärung von Verbrechen doch beträchtliche Nachteil, dass ein Täter nur sehr selten ein Bild seines Gesichts oder eine Aufnahme seiner Stimme am Tatort hinterlässt – und schon gar nicht ein Abbild seiner Iris.

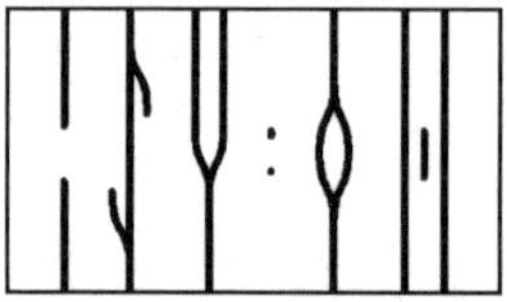

Abbildung 2.4: Daktyloskopen unterscheiden eine Reihe von anatomischen Merkmalen (Minutien), die in den Papillarlinien auftauchen und einen Fingerabdruck erst einzigartig machen. Man unterscheidet ein knappes Dutzend verschiedener Minutien, u. a. Beginn und Ende von Linien, Haken, Gabelungen, Punkte, Inseln und eingelagerte Linien (von links).

Deutlich schwieriger als ein Zehnfingervergleich ist es, zu einem einzelnen Fingerabdruck – vielleicht sogar nur einem schlecht erkennbaren kleinen Ausschnitt – den passenden Vergleichsabdruck in einer Menge von Millionen zu finden. Auch wenn nicht alle Verbrecher Handschuhe tragen, so sind doch die wenigsten so rücksichtsvoll, gleich einen kompletten Satz aller zehn Fingerabdrücke zu hinterlassen, mit dem die »richtige« Schublade zu finden wäre. Für jede Spur eines einzelnen Fingers gibt es immer noch Hunderte oder Tausende von Schubladen, in denen ein solcher Abdruck vorkommen kann – mal als Zeigefinger, mal als Ringfinger usw., vor allem aber in Kombination mit den unterschiedlichsten Mustern an den anderen Fingern. Klassifizierung und das z. T. sehr beeindruckende Erinnerungsvermögen einiger Daktyloskopen, die bisweilen sogar bestimmte einzelne Fingerabdrücke aus dem Gedächtnis wiedererkennen können, helfen hier angesichts der enormen Zahl von Vergleichsabdrücken nur wenig. Wenn sich die Suche nicht wenigstens auf eine Gruppe von Verdächtigen (z. B. eine bestimmte Gruppe von Einwohnern im Umkreis des Tatorts) einschränken lässt oder es andere, zusätzliche Hinweise gibt, hat ein Mensch ohne (die inzwischen vorhandenen) Computersysteme in solchen Fällen kaum Hoffnung auf Erfolg.

Maschinelle Hilfe

In den späten 1960er Jahren wurde eine aus heutiger Sicht umständliche aber sehr kreative Methode vorgeschlagen, die Daktyloskopen beim Vergleich von Fingerabdrücken unterstützen sollte. Während die meisten anderen technischen Hilfen vor allem von der Bildbearbeitung mit dem Computer abhängen, beruhte diese Idee auf dem physikalischen Prinzip der Beugung. Möglich wurde sie durch den damals gerade erst entwickelten Laser.

Wellen werden an Hindernissen gebeugt, die ihnen im Weg stehen, d. h. ihre ursprüngliche Ausbreitungsrichtung wird verändert. Das gilt für Wasserwellen genauso wie für Licht- oder Schallwellen. Beobachten kann man den Effekt an einem See oder im Schwimmbad, wenn das Wasser einigermaßen ruhig ist. Lässt man einen Stein ins Wasser fallen, dann laufen von dort aus kreisförmige Wellen über die Wasseroberfläche. Steht eine Person, ein Boot oder ein anderes Objekt den Wellen im Weg, dann laufen sie, dort wo sie können, links und rechts an diesem Objekt vorbei. Man möchte eigentlich annehmen, dass es einen klaren »Schatten« gibt, d. h. dass hinter dem Objekt das Wasser ruhig bleibt und die Wellen nur seitlich weiter laufen. Aber das stimmt nicht ganz, denn diese Wellen laufen hinter dem Hindernis umso weiter in den Schatten hinein, je weiter sie das Hindernis hinter sich gelassen haben – sie werden »gebeugt«. Schließlich überlagern sie sich und bilden in einiger Entfernung hinter dem Hindernis ein eigentümliches Muster. Diese Überlagerung nennt man Interferenz. Mit den physikalischen Ideen, die hinter Beugung und Interferenz stecken, werden wir uns später noch etwas ausführlicher beschäftigen. Für den Vergleich von Fingerabdrücken soll uns im Moment das Wissen genügen, dass Wellen, wenn sie auf Hindernisse treffen, ganz eigene Muster bilden können. Wichtig ist dabei, dass alle Wellen möglichst dieselbe Wellenlänge haben (bei Licht bezeichnet man das als »monochromatisch«, vom griechischen Wort für »einfarbig«) und dass diese Wellenlänge des Wassers bzw. des Lichts sich nicht zu sehr von der Größe des Hindernisses unterscheidet.

Bei der Suche nach einem bestimmten Fingerabdruck nutzt man nun aus, dass unterschiedliche Hindernisse, die im Weg der Wellen stehen, auch unterschiedliche Interferenzmuster produzieren. Schickt man also Licht durch die Aufnahme eines Fingerabdrucks auf fotografischem Film, dann erzeugen die Papillarlinien als Hindernisse ein für dieses Fingerabdruckmuster charakteristisches Interferenzmuster. Als monochromatische Lichtquelle benutzt man dafür Laser. Damit die Größe der Hindernisse auch zur Wellenlänge passt, muss man die Fingerabdrücke bei der fotografischen Aufnahme noch verkleinern. Zuerst wollte man auf diese Weise die Musterklassen von Fingerabdrücken erkennen, also Schlaufe, Wirbel usw. anhand ihrer typischen Beugungsmuster unterscheiden. Es wurden aber auch Maschinen konstruiert, die das in seiner Gesamtheit einzigartige Beugungsmuster eines individuellen Fingerabdrucks in weniger als einer Minute mit den Mustern von einer halben Million gespeicherten Abdrücken vergleichen sollten. In der Praxis konnten sie sich allerdings nie durchsetzen [8].

Neue Computersysteme haben inzwischen die Möglichkeiten jener Beugungsmustervergleiche weit hinter sich gelassen. Sie können ähnliche Fingerabdrücke innerhalb weniger Sekunden unter Millionen von gespeicherten Spuren und Fingerabdruckblättern entdecken – ohne fotografischen Film. Viele Staaten haben ihre Polizeien mit einem solchen »Automatisierten Fingerabdruck-Identifizierungssystem« (AFIS) ausgestattet. Dank der Rechenleistung moderner Computersysteme ist es so möglich, auch jede einzelne Abdruckspur, bei der man keinen Hinweis auf einen möglichen Täterkreis hat, mit allen gespeicherten Abdrücken zu vergleichen. Genauso können die frisch aufgenommenen Fingerabdrücke »neuer« Straftäter mit all denen aus alten, ungeklärten Fällen verglichen werden. Der Computer liefert dabei die ähnlichsten Abdrücke, die er in seiner Datenbank finden kann. Danach aber überprüft ein Mensch diese Vorschläge und stellt fest, ob man hier wirklich einen Treffer hat. Denn auch wenn der Computer viel schneller ist, kommt er an die Fähigkeiten des Daktyloskopen beim Vergleich nicht heran. Die Identität zweier Abdrücke muss immer noch vom Experten und nicht von einer Maschine festgestellt werden[3, 5].

Handschuhe und Fußabdrücke

Ob nun mit oder ohne Computersysteme – natürlich wissen Verbrecher schon lange, wie ihnen ihre Fingerabdruckspuren leicht zum Verhängnis werden können. Man könnte also meinen, dass sich jeder zu schützen wisse und die Daktyloskopie inzwischen eine brotlose Kunst geworden sei. Aber das ist ein Irrtum.

In der zweiten Hälfte des zwanzigsten Jahrhunderts tauchten bei einer Reihe spektakulärer Fälle Fingerabdrücke auf: Auf einem Gewehr, das nach der Ermordung von John F. Kennedy gefunden wurde, fand sich ein Handabdruck von Lee Harvey Oswald; Fingerabdrücke von James Earl Ray auf der Tatwaffe führten zu seiner Verhaftung wegen Mordes an Martin Luther King Jr.; die Identität von Sirhan Bishara Sirhan, der später wegen Mordes an Robert F. Kennedy verurteilt wurde, konnte ebenfalls durch Fingerabdrücke festgestellt werden; selbst bei der Verfolgung und Bekämpfung des Terrorismus der Roten Armee Fraktion in den 1970er Jahren in Deutschland spielten Fingerabdrücke immer wieder eine Rolle. Nachdem inzwischen auch jedes Kind um die Bedeutung von Fingerabdrücken weiß, könnte man vermuten, solche Spuren seien inzwischen seltener geworden, weil die Vorteile von Handschuhen inzwischen vom Profi bis zum ungeübten Gelegenheitsverbrecher allen bekannt sein müssten. Aber die Bedeutung der Daktyloskopie bei der Verbrechensbekämpfung ist ungebrochen. Zum einen haben viele Täter keine Handschuhe dabei, weil sie das Verbrechen nicht geplant hatten, oder Handschuhe verbieten sich einfach, weil sie z. B. das Opfer eines Scheckbetrügers misstrauisch machen könnten. Zum anderen werden die Methoden der Kriminaltechnik immer ausgefeilter und selbst Handschuhe können einen Täter überführen. So können sich z. B. auf der Innenseite von Einmalhandschuhen die Fingerabdrücke des Trägers wiederfinden. Lässt der Täter die Handschuhe am Ort des Verbrechens zurück, dann könnte er anhand seiner Abdrücke identifiziert werden; behält er sie aber bei sich, dann könnte man Spuren vom Tatort oder vom Opfer (z. B. Fasern der Kleidung oder Blut) auf den Handschuhen finden, was ihn ebenfalls überführen kann. *Im O.J. Simpson Fall, der nicht nur in den USA, sondern fast in der ganzen Welt für Aufsehen sorgte, spielte ein Paar Handschuhe vom Tatort eine Rolle, auf dem Blut der Opfer gefunden wurde. Allerdings gelang es der Staatsanwaltschaft damals nicht, die Jury davon zu überzeugen, dass dies die Handschuhe des Angeklagten O.J. Simpson seien.* Viele Handschuhe, insbesondere Lederhandschuhe, können außerdem selber charakteristische Abdrücke hinterlassen, die von der Spurensicherung später sichtbar gemacht und identifiziert werden können. Wenn sowohl Fingerabdrücke als auch Handschuhspuren fehlen, dann können in manchen Fällen die Muster der Handflächen oder sogar der Fußsohlen helfen.

Als 1955 in England eine Frau ermordet auf einem Golfplatz gefunden wurde, fand sich auf der daneben liegenden Tatwaffe, einer eisernen Markierungsstange (»iron tee marker«), ein blutiger Abdruck – vermutlich von der Handfläche des Mörders. Die Polizei der

Grafschaft hatte keine Kartei von Handabdrücken und auch keinen konkreten Verdächtigen, konnte aber die Gruppe der Verdächtigen ein wenig einschränken: Von den knapp 9000 Abdrücken, die die Ermittler von Bewohnern der Umgebung nahmen, führte sie einer tatsächlich zum Täter. In Israel überlistete sich 1968 ein Verbrecher gewissermaßen selber, bei dem Versuch, bei einem Einbruch solche verräterischen Finger- und Handabdrücke zu vermeiden. Der Täter hatte sich damals die größte Mühe gegeben, seine Hände zu schützen und keine Fingerabdrücke zu hinterlassen. Umso überraschter war er, als die Polizei ihm doch mit Spuren vom Tatort auf die Schliche kam. Der Einbrecher hatte zwar keine Handschuhe dabei gehabt, aber ihm kam der geniale Einfall, schnell seine Socken über die Hände zu ziehen. Die Idee war gut, weil er wirklich keine Fingerabdrücke hinterlassen hatte, aber nicht gut genug, weil seine Fußabdrücke, die er im ganzen Haus verteilt hatte, ihn überführten. Auf die Idee, barfuß in seine Schuhe zu steigen, war er nicht gekommen [3, 9, 10].

Von sichtbaren und verborgenen Abdrücken

Aber wie findet man an einem Tatort Fingerabdruckspuren – oder auch Hand- und Fußabdrücke? Und was hat das alles überhaupt mit Physik zu tun? Um das zu verstehen, muss man wissen, dass man bei der Spurensuche am Tatort sichtbare, plastische und latente Fingerabdrücke unterscheidet. Sichtbare Abdrücke sind am einfachsten zu erkennen. Mit Tinte an den Fingern kann man besonders schöne Exemplare produzieren. Aber auch wenn Öl, Blut, Staub oder andere Substanzen auf dem Finger oder dem angefassten Gegenstand sind, ist das Muster für das bloße Auge sichtbar und einfach zu fotografieren. Auch um plastische Fingerabdrücke bzw. -eindrücke zu entdecken, braucht man meist keine Tricks aus der Physik. Sie können entstehen, wenn ein Finger in ein weiches, verformbares Material wie Wachs, Farbe, Kitt oder auch in Käse, Schokolade oder Seife gedrückt wird.

Eine solche plastische Fingerspur half vor fast hundert Jahren, einen Mordfall in Chicago aufzuklären. Im September 1910 erschoss ein Einbrecher einen Familienvater, von dem er nachts bei seinem Raubzug entdeckt wurde. Der Mörder konnte fliehen, aber in der Nähe des Tatorts wurde kurz darauf – unabhängig von dem Mord – ein gewisser Thomas Jennings festgenommen. Ein glücklicher Zufall, wie sich herausstellen sollte. Als der Täter durch das Küchenfenster in das Haus eingestiegen war, hatte er einen Zaun angefasst, der daneben stand. Der Familienvater hatte genau diesen Zaun noch kurz vor seinem Tod gestrichen, und der Täter hatte mit seinen Fingern vier klare Eindrücke in der noch nicht ganz getrockneten Farbe hinterlassen. Die vergrößerten Fotos zeigten, dass sie exakt mit den Abdrücken von Jennings übereinstimmten. Jennings wurde daraufhin zum Tode verurteilt. Sein Fall war der erste Mordprozess in den USA, bei dem Fingerabdrücke als Beweismittel zugelassen wurden. In einem etwas moderneren Fall wurde einmal bei einer Razzia in einem illegalen Glücksspielclub von der deutschen Polizei ein verdächtiger Roulettekessel sichergestellt. Bei der genaueren Untersuchung entdeckte ein Kriminaltechniker des Bundeskriminalamts, dass der Kessel mit Elektromagneten und einer Fernsteuerung manipuliert war. Gewissermaßen als Zugabe fand er tief im Inneren des Kessels auch noch einen Fingerabdruck in der Fugenmasse, mit der eine der Spulen befestigt war – der Konstrukteur hatte ungewollt seine Visitenkarte hinterlassen. Leider sind die einfach zu entdeckenden sichtbaren Abdrücke und Eindrücke an Tatorten aber eher die Ausnahme – oft gibt es nun einmal weder Tinte noch Wachs am Ort eines Verbrechens, und wer lässt auch schon freiwillig eine für jeden sichtbare Visitenkarte in Blut zurück [2, 3]?

Viel häufiger sind die latenten Fingerabdrücke, die ihre Bezeichnung vom lateinischen Wort für »verborgen« bekommen haben. Mit dem bloßen Auge sind sie nicht ohne Weiteres zu entdecken. Aber wer schon mal die glänzende Seite einer CD, einen Spiegel oder ein frisch gewaschenes Weinglas angefasst hat, weiß natürlich, dass Anfassen sehr wohl Spuren hinterlässt, die nicht immer völlig verborgen bleiben. Zum Ärger des CD-Freunds und der Hausfrau aber zur Freude des Kriminalisten reichen oft schon die richtige Beleuchtung oder der richtige Blickwinkel aus, um sie zu entdecken. Wenn nicht, dann ist die Kreativität des Naturwissenschaftlers gefragt.

Dass wir überhaupt solche Fingerabdrücke hinterlassen, lässt sich mit Locards Austauschprinzip erklären, nach dem es bei jedem Kontakt zu einem Austausch von Material kommt. Oft werden diese Spuren nicht ganz präzise als »Fettfinger« bezeichnet. In Wirklichkeit bestehen sie zu 98 % aus Wasser, in dem Salze, Fette, Aminosäuren und winzige Mengen anderer Substanzen gelöst sind, die sich in Schweiß und somit auch auf den Fingerspitzen finden. Berührt ein Finger eine Türklinke, dann werden kaum mehr als einige Millionstel Gramm dieser Mischung auf die Klinke übertragen. Obwohl diese Menge für unser Alltagsverständnis verschwindend klein ist, kann das Muster, das sie hinterlässt, trotzdem ausreichen, um die Anwesenheit des Täters am Tatort zu beweisen und ihn zu überführen.

Zuerst müssen wir diese geringen Spuren, die latente Fingerabdrücke entstehen lassen, natürlich erst einmal finden. Danach müssen wir sie sichtbar machen, damit sie fotografiert und schließlich verglichen werden können. Chemie, Physik und Biologie tauchen in allen Phasen auf, und in einigen Fällen hilft auch noch die Mathematik. Im Arsenal der Kriminaltechniker finden sich inzwischen die ungewöhnlichsten Mittel, die verborgene Fingerabdrücke sichtbar machen oder entwickeln können. Die Palette reicht von Rußpulver über Laserstrahlen bis hin zu Bakterienkolonien und radioaktiven Gasen [3, 5, 8].

Leuchtende Spuren

Beim Aufspüren der latenten Abdrücke ist das Auge eines erfahrenen Spurensuchers zwar kaum zu übertreffen, aber es kann Hilfe gebrauchen. Lupe und Taschenlampe sind natürlich die Standardwerkzeuge für diese Suche. Das Vergrößerungsglas, das schon zum Markenzeichen von Sherlock Holmes wurde, ist zwar kein Hightech-Werkzeug, aber bei der Fingerabdrucksuche ist es unersetzlich. Im übernächsten Kapitel werden wir einen genaueren Blick darauf werfen, wenn wir anfangen, uns mit der Physik des Lichts zu beschäftigen. (Ein solcher Blick mag zuerst profan erscheinen, aber er lohnt sich – denn wer denkt schon beim Blick durch eine Lupe daran, dass ihre Funktionsweise mit der Lichtgeschwindigkeit zu tun hat?) Oft aber sind die Hinterlassenschaften der Finger trotz starker Lupen und bester Beleuchtung nicht zu entdecken. Es gibt viele Möglichkeiten, den latenten Abdrücken doch noch auf die Spur zu kommen. Bei einer Methode hat, wie so oft in der Wissenschaft, der Zufall geholfen und die Kriminaltechniker auf die richtige Fährte gebracht. In den späten 1970er Jahren klagte ein Kopiergerätetechniker in Kanada einmal einem Bekannten sein Leid, dass sehr oft Fingerabdrücke auf den Bauteilen im Inneren von Kopierern durch das starke Licht zum Leuchten gebracht würden und so die Kopien beeinträchtigten. Zufälligerweise bekam ein Polizist das mit. Er begriff, dass die leuchtenden Abdrücke für den Kopiertechniker zwar ein Problem waren, diese »Lumineszenz« für Kriminalisten aber eine lang gesuchte Lösung sein könnte. Aber wieso können Fingerabdrücke leuchten [8]?

Transmission, Reflexion und Absorption

Wenn Licht auf einen Gegenstand fällt, dann können drei Dinge passieren: Die Lichtstrahlen können reflektiert, absorbiert oder transmittiert werden. Bei durchsichtigen Materialien wie Glas, Kristall oder vielen Kunststoffen sind die Transmission (lat.: *transmittere:* »hindurchlassen«) so groß und Absorption und Reflexion so klein, dass wir durch sie hindurch sehen können. Undurchsichtige Gegenstände hingegen reflektieren oder absorbieren das Licht hauptsächlich. Wenn z. B. eine Tinte rotes, gelbes und grünes Licht absorbiert, dann wird nur der blaue Anteil reflektiert, sodass wir sie blau sehen. *(Weißes Papier reflektiert alle Farben, schwarze Oberflächen hingegen reflektieren (fast) gar kein Licht.)* Für die Lumineszenz ist vor allem die Absorption wichtig. Dabei verschluckt ein Atom zuerst ein Lichtteilchen, ein »Photon«, um dann kurze Zeit später wieder eines abzugeben. Verschlucktes und abgegebenes Licht müssen überraschenderweise nicht dieselbe Farbe haben, sodass ein Gegenstand, der mit weißem oder grünem Licht angestrahlt wird, z. B. gelb oder rot leuchten kann. Die genaueren Abläufe zwischen Licht bzw. Strahlung und Materie werden uns im Kapitel zur Röntgenstrahlung begegnen. So detailliert brauchen wir es jetzt noch nicht. Für unsere Zwecke reicht es im Moment, wenn wir wissen, dass jedes Lichtteilchen eine kleine Menge Energie repräsentiert. Da eines der grundlegenden Prinzipien der Physik besagt, dass Energie weder geschaffen noch vernichtet – sondern nur von einer Form in eine andere umgewandelt – werden kann, bleibt die Energie des Photons auch dann erhalten, wenn es von einem Atom absorbiert wird. Die Energie des Lichtteilchens erhöht die Gesamtenergie des Atoms und bringt es in einen »höherenergetischen« Zustand. Allerdings sind Atome immer bemüht, solche Zustände so schnell wie möglich wieder zu verlassen und in ihren »Grundzustand« mit einer möglichst geringen Energie zurückzukehren. (Etwa so wie eine Kugel in einer

Schale immer zur tiefsten Stelle rollt und nur da sicher liegen bleibt.) Eine der einfachsten Möglichkeiten für das Atom, die zusätzliche Energie wieder loszuwerden, ist die Luminiszenz: Es sendet einfach wieder ein oder mehrere Lichtteilchen aus, es »emittiert« Photonen. Ein einzelnes emittiertes Photon kann dabei dieselbe Energie haben wie das vorher absorbierte Photon oder auch nur einen Teil davon. Auch in diesem Fall wird die restliche Energie früher oder später vom Atom wieder abgegeben, als weiteres Photon, in Form von Wärme oder durch Stöße mit anderen Atomen. Wichtig ist die Energie der Photonen, weil sie die Frequenz und Wellenlänge und damit die Farbe des Lichts bestimmt. Da also ein wenig der Energie des einfallenden Lichts verloren gehen kann, können absorbiertes und emittiertes Licht unterschiedliche Farben haben [11]. *Absorption und Emission unterscheiden sich ganz wesentlich von der Reflexion, bei der die Photonen mit ihrer ursprünglichen Energie, also mit derselben Farbe, einfach zurückgeworfen werden. Objekte, wie z. B. das oben erwähnte Papier, erscheinen in weißem Licht blau, nicht etwa weil sie die Energie der einzelnen Photonen verändern, sondern weil sie lediglich »blaue« Photonen reflektieren und alle Photonen der anderen Farben absorbieren, ohne danach aber Photonen zu emittieren. Bei Glühbirnen kommt die Emission von Licht ähnlich zustande. Auch hier geben energetisch angeregte Atome im Glühfaden Photonen ab, allerdings haben sie ihre überschüssige Energie natürlich nicht durch einfallendes Licht bekommen, sondern durch den elektrischen Strom, der durch den Faden fließt.*

Phosphoreszenz und Fluoreszenz

Diesen Effekt, dass sich die Farbe von einfallendem und ausgesandtem Licht bei der Lumineszenz ändert, können die meisten sogar bei sich zu Hause gut beobachten: Die Zeiger und auch die Punkte für die Stunden auf Zifferblättern vieler analoger Uhren leuchten im Dunkeln, wenn sie vorher mit Licht bestrahlt wurden. Unabhängig davon, welche Farbe das Licht der Lampe hatte, sieht man die Zeiger und Stunden der Uhr nachts aber immer in derselben gelb-grünlichen Farbe. Der Grund ist, dass die emittierten Photonen nur bestimmte, für die jeweilige Art von Atomen charakteristische Energien haben können. Die Abstrahlung von Licht einer bestimmten Wellenlänge, nachdem zuvor Licht absorbiert (also nicht reflektiert) wurde, nennt der Physiker allgemein Lumineszenz. Dabei unterscheidet er zwischen Phosphoreszenz und Fluoreszenz. Im Dunkeln können wir die Uhr natürlich nur dann lesen, weil das Licht erst mit einiger Verzögerung nach der Absorption wieder ausgesandt wird. Benannt ist dieses verzögerte Leuchten, die Phosphoreszenz, nach dem Element Phosphor (obwohl das Leuchten des weißen Phosphors im Dunkeln eigentlich auf einem etwas anderen Mechanismus beruht). Fernseher (genauer gesagt: Röhrenfernseher), benutzen einen ähnlichen Effekt, um ihre Bilder zu erzeugen. Angeregt wird die Phosphorschicht auf der Innenseite des Bildschirms zwar nicht durch Licht, sondern durch einen Elektronenstrahl, aber es sind ebenfalls energetisch angeregte Atome, die danach in charakteristischen Farben (blau, grün und rot) Licht abgeben. Alle angeregten Punkte der Bildröhre setzt unser Gehirn dann zum Fernsehbild zusammen. Der Unterschied zur leuchtenden Uhr besteht vor allem in der Dauer des Nachleuchtens. Während die Uhr viele Stunden noch zu sehen ist, klingt das Fernsehbild in wenigen Hundertsteln einer Sekunde fast vollständig ab. *Man kann das Nachleuchten aber trotzdem auch bei vielen älteren Fernsehern beobachten: Leuchten im Zimmer keine anderen Lampen mehr, dann kann man nach dem Ausschalten des Fernsehers den Bildschirm noch als etwas helleren Fleck im dunklen Zimmer wahrnehmen. Die Intensität der emittierten Strahlung sinkt nicht linear auf null (z. B.: 90 % nach 1 Millisekunde (ms), 50 % nach 5 ms und 0 % nach 10 ms), sondern sie fällt exponentiell. Nach der Halbwertszeit ist somit jeweils nur noch die Hälfte der Intensität übrig: z. B. 50 % nach 1 ms, 25 % nach 2 ms, 12,5 % nach 3 ms und etwa 0,1 % nach 10 ms.* Das Gegenstück zum verzögerten Leuchten der Phosphoreszenz ist die schon erwähnte Fluoreszenz. Der wesentliche Unterschied zwischen diesen beiden Typen der Lumineszenz besteht dabei in der Zeitspanne, in der die Photonen nach der Absorption emittiert werden. Während das Licht bei der Phosphoreszenz über Bruchteile von Sekunden, viele Stunden oder sogar Monate abgegeben wird, geschieht dies bei der Fluoreszenz in weniger als einer hundertmillionstel Sekunde – sei es bei Fingerabdrücken in Kopierern oder, wenn man es geschickt macht, am Tatort.

Zum Glück für den Kriminaltechniker kommt Fluoreszenz recht häufig vor, viel häufiger als die sehr seltene Phosphoreszenz. Viele Substanzen, mit denen wir im täglichen Leben in Berührung kommen, Tinten, Öle, Farben und sogar Bier, können fluoreszieren. Bleiben auch nur geringe Mengen davon an den Fingerspitzen haften, dann sind sie auch in den Fingerabdrücken zu finden und können diese zum Leuchten bringen. Nun ist die Fluoreszenz aber leider bei weitem nicht so einfach nachzuweisen wie die Phosphoreszenz: Denn wenn man etwas beleuchtet und dann das Licht ausmacht, kann man phosphoreszierende Stoffe sehen, aber die Fluoreszenz ist in jenem Moment schon längst vorüber. Was kann man also tun? Der Schlüssel zur Lösung liegt in der Farbänderung, die bei der Lumineszenz auftreten kann.

Eben haben wir erfahren, wie einfallendes und ausgesandtes Licht unterschiedliche Farben haben können. Im täglichen Leben können wir aber die Fluoreszenz trotzdem nicht beobachten – denn wer sieht schon sein Bier leuchten? Der Grund ist recht einfach: Nur ein kleiner Teil des einfallenden Lichts wird absorbiert und führt zu einer (noch schwächeren) Fluoreszenz. Das übrige, reflektierte Licht ist viel stärker und verdeckt dieses Leuchten. Solange Lampen an sind, sehen wir ja schließlich auch nicht die phosphoreszierenden Punkte auf dem Zifferblatt einer Uhr leuchten. Sie sind nur zu bemerken, wenn die Umgebung dunkel genug ist. Die Lösung für unser Problem ist ähnlich einfach: Wir setzen eine Brille mit Filtergläsern auf, die nur die Farbe des Fluoreszenzlichts durchlassen und möglichst alles andere Licht stoppen, bevor es unsere Augen erreicht. Wenn wir zusätzlich den Raum abdunkeln und eine Lichtquelle benutzen, die nur Licht einer anderen Farbe als das Fluoreszenzlicht abgibt, dann wird durch die Brille – oder den Filter eines Fotoapparats – überhaupt nur die Fluoreszenz sichtbar sein: Die Fingerabdrücke werden aus dem dunklen Raum geradezu ins Auge stechen. Als Lichtquelle kann man hierfür Laser oder sehr starke Lampen, z. B. Xenon-Lampen mit entsprechenden Filtern, benutzen. Beide geben nur Licht in einem sehr engen Wellenlängenbereich ab. Auch Ultraviolett(UV)licht-Lampen werden für diese Methode eingesetzt. Dieses Licht nehmen unsere Augen nicht wahr. Atome lassen sich sogar zur Luminiszenz anregen, wenn man sie mit Röntgenstrahlen oder gar mit Teilchen beschießt, wie wir noch sehen werden. Diese Methoden haben ihre Vorteile, beim Fingerabdrucknachweis sind sie aber zum Glück nicht notwendig.

Leider gibt es nicht allzuviele körpereigene Substanzen, die häufig auf Fingern zu finden sind und stark genug fluoreszieren, um sie leicht und gut erkennen zu können. Blut kann zwar auch fluoreszieren, aber blutige Fingerabdrücke sind eher selten. Allerdings hilft die Fluoreszenz von Blut den Spurensuchern, die Überreste von Blutspritzern und -flecken an Tatorten aufzuspüren. Bei Fingerabdrücken funktioniert die Lumineszenz-Methode dann besonders gut, wenn der Täter mit den richtigen Substanzen in Kontakt gekommen ist. Dabei muss der Kontakt nicht immer rein äußerlich sein, denn die fluoreszierenden Substanzen, die man z. B. mit einem getrunkenen Bier aufnimmt, kann der Körper wieder ausschwitzen. Ein Bier zur falschen Zeit wird daher nicht nur die Reaktionen verlangsamen und das Autofahren gefährlicher machen, es kann womöglich genauso die Fingerabdrücke zum Leuchten bringen [5, 12, 13].

Mit Infrarotlicht auf der Suche

Außer im sichtbaren Bereich des Spektrums leuchten unsere Fingerabdrücke auch im Infraroten, im Bereich der Wärmestrahlung. Mit dieser speziellen Form von Licht werden wir uns später noch einmal genauer beschäftigen. Bei der Suche nach Fingerabdruckspuren kann sie uns helfen, weil unser Körper mit 37 °C wärmer ist als fast alle Objekte unserer Umgebung. Wenn wir nun eine Türklinke anfassen, dann hinterlassen wir dort nicht nur etwas Material von unseren Fingerspitzen, sondern es bleibt auch etwas von unserer Körperwärme auf der kälteren Türklinke. (Wenn wir eine kalte Türklinke nur lange genug berühren, dann wird der nächste, der die Tür öffnet, die Erwärmung sogar fühlen können.) Objekte mit unterschiedlichen Temperaturen bzw. wärmere und kältere Bereiche auf demselben Objekt, wie z. B. der Türklinke, strahlen unterschiedliche Mischungen von Infrarotlicht ab. Unsere Augen können dieses infrarote Licht zwar nicht wahrnehmen und daher auch die Temperaturunterschiede nicht erkennen (es sei denn, etwas ist so extrem heiß, dass es glüht und auch sichtbares Licht abgibt). Mit unserer wärmeempfindlichen Haut hingegen können wir zumindest starke Temperaturunterschiede manchmal »sehen«, so wie wir auch aus einiger Entfernung die Wärme eines Backofens oder einer Heizung spüren. Anders als unsere menschlichen Sinne erkennen Wärmekameras jedoch auch noch winzige Temperaturunterschiede, bis zu einem tausendstel Grad Celsius. Sie können daher im Prinzip die »Wärmeabdrücke« von Händen auf verschiedenen Objekten sichtbar machen. Die Spur ist dabei umso leichter zu erkennen, je weniger

Zeit seit dem Kontakt vergangen ist (je weniger sich das Objekt also abkühlen konnte) und je länger der Kontakt selber gedauert hat (je mehr Wärme dabei von der Hand übertragen wurde). Sollten Wärmeabdrücke von Händen oder Fingern an einem Tatort mit der Wärmekamera zu erkennen sein, dann könnte es sich lohnen, diese Stellen danach mit anderen Methoden genauer auf Fingerabdrücke zu untersuchen. In der Realität sind Ermittler allerdings selten schnell genug an einem Tatort, um auf diese Weise nach Spuren suchen zu können.

Trotzdem kann Infrarotlicht sehr hilfreich sein. Nachdem ein Kriminaltechniker einen latenten Fingerabdruck einmal entdeckt hat, muss er ihn »festhalten«, am besten fotografisch, damit ein Daktyloskop das Muster und die Minutien später untersuchen kann. Auch das lässt sich mit infraroter Strahlung machen. Allerdings geschieht es nicht durch die »Wärme« des Abdrucks, die beim Kontakt übertragen wurde, sondern indem der Kriminaltechniker den vermuteten Fingerabdruck mit Infrarotlicht bestrahlt. So wie Objekte verschiedene Farben haben, also unterschiedliche Anteile des sichtbaren Lichts reflektieren (mal blaues, mal rotes Licht ...), genau so wird auch infrarote Strahlung von unterschiedlichen Materialien auf unterschiedliche Weise reflektiert. Die Schweiß- und Talgspuren des Abdrucks »leuchten« im infraroten Wellenlängenbereich häufig anders als der Untergrund, auf dem sie zu finden sind, auch wenn beide im sichtbaren Licht nicht zu unterscheiden waren. Mit einer Infrarotkamera lassen sich die Papillarlinien dann im Bild festhalten. Diese Methode kann bei empfindlichen Objekten helfen, weil sie die Oberfläche nicht beschädigt. Wie wichtig das sein kann, haben wir eingangs dieses Kapitels am Fall von Valerian Trifa sehen können, aber auch bei Gemälden und anderen Kunstwerken kann eine schonende Spurensuche wichtig sein. In anderen Fällen erzwingt weniger der Wert des Objekts diese Infrarotuntersuchung als vielmehr ein Muster auf der Oberfläche, auf der sich der Fingerabdruck befindet. Bei gefälschten oder verfälschten Bankschecks können die Linienmuster der Vordrucke die Arbeit des Daktyloskopen und des Computers massiv stören oder gar unmöglich machen. Auch starke Hell-Dunkel-Kontraste, z. B. auf bedruckten Plastiktüten aus Supermärkten und Kaufhäusern, können ein echtes Problem für den Daktyloskopen bedeuten, weil die Fingerabdruckspur entweder nur auf dem hellen oder nur auf dem dunklen Bereich sichtbar ist, aber nicht gleichzeitig auf beiden. Unter Infrarotlicht, »verschwinden«

die feinen gedruckten Linien und kontrastreichen Muster allerdings oft, weil sie infrarote Strahlung genauso reflektieren wie der restliche Untergrund. Die Papillarlinien des Fingerabdrucks heben sich dann gut sichtbar vom einheitlichen Hintergrund ab. Auch die Lumineszenz, die uns bisher vor allem bei der schnellen »Ortung« von Fingerabdrücken am Tatort begegnet war, bietet die Möglichkeit, solche Spuren für die spätere Untersuchung fotografisch festzuhalten. Sie hat dabei ganz ähnliche Vorzüge wie die Thermografie. Beide Methoden sind allerdings weder die einzigen noch die verbreitetsten Methoden, um einen gefundenen Fingerabdruck für den Daktyloskopen sichtbar zu machen und zu fotografieren. Die Qualität des Bilds ist dabei wichtig, um die besten Chancen zu haben, den Besitzer des Fingers in der Sammlung von Abdrücken wiederzufinden und ein Gericht von seiner Identität zu überzeugen. Um die besten Ergebnisse zu erzielen, werden ganz unterschiedliche Methoden verwendet, die möglichst genau auf das Alter des Abdrucks abgestimmt sind und auf den Untergrund (Lack, Holz, Papier etc.), auf dem sich die Spur befindet. Mindestens eine der Methoden dürfte jedem bekannt sein.

Pulver und magnetische Pinsel

Als Henry Faulds Ende des neunzehnten Jahrhunderts in seiner Veröffentlichung bereits die Möglichkeit erwähnte, latente Fingerabdrücke durch Pulver sichtbar zu machen, hat er sich wohl kaum träumen lassen, dass hundert Jahre später in jedem zweiten Fernsehkrimi ein Polizist sich am Tatort über ein Möbelstück, eine Türklinke oder ein Messer beugt und sie mit einem Pinsel einpudert. Pulver sind zweifellos die einfachste Methode solche Spuren zu sichern. Je nach Farbe der Oberfläche benutzt man häufig ein dunkles Ruß- oder ein helles Titanoxidpulver. Es gibt aber noch viele andere Pulver, die Abdrücke auf verschiedensten Materialien und Oberflächen sichtbar werden lassen. Manche der Pulver sind zusätzlich auch fluoreszierend, damit man die eingepinselten Muster durch die Lumineszenz-Methode noch klarer und kontrastreicher aufnehmen kann. Unabhängig von der Art des Pulvers muss man bei Pinseln aber immer darauf achten, die sehr empfindlichen Spuren nicht beim Sichtbarmachen zu zerstören – anders als manche Fernsehkommissare, die den Fingerabdruck mit dem Pinsel scheinbar abkratzen wollen. Für einige besonders empfindliche Exemplare benutzt man daher spezielle metallische Pulver. Man nimmt sie mit einem magnetischen Pinsel auf, wobei sich die typischen langen Fasern des Pinsels aus den Staubkörnern selbst bilden. *Einen ähnlichen Effekt kann man beobachten, wenn man mit einem Magneten in die Nähe von Nägeln oder Büroklammern kommt. Auch wenn der Magnet nur ein oder zwei Klammern berührt, bildet sich eine ganze Schlange von Klammern, weil jede von ihnen selber magnetisch wird und andere Klammern anzieht. Genau dasselbe passiert mit den Pulverkörnern.* Dieser »Pinsel« aus Metallpulver hat also keine Borsten oder Haare im üblichen Sinn, die den Abdruck beschädigen könnten. Genauso wie andere Pulver bleiben auch die magnetisierten Staubpartikel an den winzigen Hinterlassenschaften unserer Finger auf der Oberfläche haften und machen sie sichtbar. Außer mit magnetischen Kräften lässt sich das Pulver aber auch durch elektrostatische Anziehung aufbringen [5, 12, 13].

Pulver können den Fingerabdruck sichtbar machen, weil sie an den Schweiß- und Talgresten hängen bleiben, die die Papillarleisten zurückgelassen haben, nicht aber an der sauberen Oberfläche zwischen den Linien. Je nachdem wie klebrig diese Hinterlassenschaften der Finger noch sind, bleibt mehr oder weniger Pulver haften. Bringen wir das Pulver häufiger mit den Linien in Kontakt, dann kann mehr Pulver haften bleiben und die Abdrücke deutlicher machen. Mit einem Pinsel kann man dabei aber auch schon haftendes Pulver wieder abreiben oder gar den Abdruck selbst verwischen. Mit dem, was wir im Alltag als »statische Elektrizität« bezeichnen, lässt sich das Pulver auch ohne Pinsel immer wieder mit dem Abdruck in Kontakt bringen.

Statische Elektrizität erleben wir, wenn wir mit bestimmten Schuhsohlen über Kunststoffböden laufen oder länger im Auto sitzen und danach, etwa an einer Türklinke, »eine gewischt bekommen«. (In diesem Moment ist die Elektrizität übrigens alles andere als »statisch«!) Wir sind elektrisch aufgeladen worden, mit einigen tausend Volt, und bei der Berührung mit einem metallischen, vorzugsweise auch geerdeten Gegenstand, entlädt sich die Elektrizität, indem ein Funke überspringt und die elektrische Ladung abführt. *Diese statische Aufladung lässt sich nicht immer ganz vermeiden, aber den schmerzhaften Funken kann man umgehen: Bevor man irgendetwas anderes berührt, nimmt man einen metallischen Gegenstand, z. B. den Kopf eines Schlüs-*

sels, fest zwischen die Finger und berührt dann mit der Spitze des Schlüssels die Türklinke. Der Funke springt dann zwischen Schlüssel und Klinke über, und die Finger spüren nichts. Der Strom fließt zwar auch zwischen Finger und Schlüssel, aber er verteilt sich dort über eine größere Fläche zwischen Finger und Schlüssel, was man – im Gegensatz zum Funkenüberschlag – kaum wahrnimmt. Weniger schmerzhaft begegnet uns die statische Aufladung beim Haare kämmen. Streicht man ein paar Mal mit einem Kamm durch die (trockenen) Haare, dann werden die Haare danach oft vom Kamm wie magisch angezogen. Mit Magie hat es natürlich nichts zu tun, weil Kamm und Haare lediglich unterschiedlich elektrisch geladen sind und sich daher anziehen, so ähnlich wie die unterschiedlichen Pole von Magneten. Auch Papierschnipsel oder andere leichte Objekte kann man so mit einem Kamm »schweben« lassen.

Möchte man eine Fingerabdruckspur immer wieder mit Pulver in Kontakt bringen, damit möglichst viel Pulver hängen bleibt und die Spur gut zu sehen ist, dann lässt sich das mit statischer Elektrizität bewerkstelligen. Man verwendet dafür einen sogenannten Plattenkondensator, der dasselbe Prinzip nutzt, das den Kamm die Haare anziehen lässt. Der Kondensator besteht aus zwei parallelen Platten in einem Abstand von wenigen Zentimetern. An der Unterseite der oberen Platte ist z. B. ein Stück Papier mit dem Fingerabdruck befestigt; ihm gegenüber, auf der unteren Platte, befindet sich das Pulver. Lädt man die obere Platte positiv auf und die untere negativ, dann werden auch das Blatt positiv und das Pulver negativ aufgeladen. Danach werden die Pulverkörner von der positiv geladenen oberen Platte bzw. dem dort befestigten Papier angezogen und fliegen darauf zu. Beim Auftreffen geben sie ihre negative Ladung ab und werden positiv geladen. Sind sie dabei mit dem Fingerabdruck in Kontakt gekommen, dann bleiben sie (vielleicht) daran haften. Sind sie aber auf andere Teile des Papiers oder auf die Platte getroffen, dann bleiben die inzwischen positiv geladenen Teilchen nicht haften, sondern werden nun von der unteren Platte angezogen. Hier angekommen werden sie wieder negativ aufgeladen und erneut von der oberen Platte angezogen. Bei jedem Zyklus wird ein Teil des Pulvers auf den Fingerabdruck treffen und zumindest ein kleiner Teil davon wird kleben bleiben. Nach und nach ist die Spur so immer besser zu erkennen, ohne dass sie durch einen Pinsel oder andere Werkzeuge zerstört werden könnte [8].

Chemie und Klebstoff

Pulver sind schnell und leicht anzuwenden, besonders bei frischen Spuren, in denen noch viel Feuchtigkeit enthalten ist. Aber bei vielen älteren Spuren, aus denen das Wasser so gut wie vollständig verdunstet ist, geraten Pulver, selbst mit Unterstützung durch Magnetismus und Elektrizität, an ihre Grenzen. Je nachdem, wie die Oberfläche genau beschaffen und wie alt der Abdruck ist, muss man dann zu etwas ausgefeilteren und aufwändigeren Methoden aus den verschiedensten Bereichen der Chemie und Physik – und manchmal auch der Biologie – greifen.

Die Chemiker haben dabei eine ganze Reihe von Stoffen gefunden oder entwickelt, die nicht nur wie Pulver auf der Spur kleben bleiben, sondern mit den verschiedenen Substanzen in Fingerabdrücken reagieren. Ein Mittel, das heute auf der ganzen Welt zur Spurensicherung verwendet wird, kennt jeder, der schon einmal kaputte Porzellanteller, Glasvasen oder Plastikspielzeuge repariert hat. Während wir aber Sekunden- oder Superkleber eher daher kennen, dass er auch gerne unsere Finger zusammenklebt, fanden Ende der 1970er Jahre Mitarbeiter der japanischen Polizei heraus, dass der wesentliche Bestandteil dieses Klebstoffs, Cyanacrylat, Fingerabdruckspuren auch sichtbar machen kann. Damit das Cyanacrylat, Fingerabdruckspuren auch sichtbar machen kann. Damit das gelingt, tropft man den Klebstoff nicht etwa auf die Spur, sondern bringt das zu untersuchende Objekt in einem luftdicht abgeschlossenen Behälter mit den Dämpfen des Klebers in Kontakt. Die leicht flüchtigen Bestandteile des Cyanacrylats polymerisieren am Wasser in Rückständen der Fingerabdrücke, d. h. sie verbinden sich dort zu einer festen Substanz. Wie stark diese Dämpfe aus Cyanacrylat austreten, merkt man daran, wie schnell sich der intensive Geruch im gesamten Zimmer verbreitet, wenn man eines der Fläschchen öffnet. Wenn es sein muss, wird um ein zu untersuchendes Auto auch mal ein ganzes Zelt aufgebaut, unter dem die Klebstoffgase mit allen Fingerabdrücken am und im Auto reagieren können. Die dabei auf den Spuren entstehende weiße, kunststoffartige, dreidimensionale Kruste ist gut zu erkennen und kann mit den verschiedensten Mitteln noch deutlicher sichtbar gemacht werden.

Silbernitrat ist im Gegensatz zum Cyanacrylat eines der ältesten Mittel für die Entwicklung von Fingerabdrücken. Es wurde schon

1891 benutzt, als die Daktyloskopie noch in ihren Anfängen steckte. Besonders auf porösen Oberflächen wie Papier wurden Abdrücke oft mit einer Silbernitrat-Lösung behandelt, die mit dem Chlor im Salz der Schweißrückstände Silberchlorid bildet. Fotografen kennen diese Chemikalie, die auch in Filmen und Fotopapieren zu finden ist und sich schwarz färbt, wenn sie mit Licht in Kontakt kommt. Allerdings ist die Abbildungsqualität dieser Methode nur begrenzt, sodass sie heute kaum noch eingesetzt wird. Mitte des letzten Jahrhunderts hat man aber mit dem Ninhydrin-Test eine Alternative aus der Biochemie gefunden. Anders als Silbernitrat, reagiert das Ninhydrin nicht mit dem Chlor sondern mit den Aminosäuren, die sich in den Fingerabdrücken finden. Durch die pupurrote Färbung, die es nur auf den Papillarlinien annimmt, kann man schon ein sehr gutes Abbild des Fingerabdrucks bekommen. Wenn der Kontrast noch nicht ausreicht, kann man die Spur zusätzlich noch mit Zink- oder Cadmium-Verbindungen behandeln. Dadurch werden die Linien fluoreszierend und können, ähnlich wie oben bereits beschrieben, mit einem Laser oder anderen Lichtquellen zum Leuchten angeregt werden [1, 5, 12, 13].

Strahlende Abdrücke

Eine ganz andere aber wesentlich physikalischere Methode, manche schwer erkennbare Spur doch noch gut sichtbar zu machen, ist die Autoradiografie. Auch wenn es sich verdächtig danach anhört, hat sie nichts mit Autoradios zu tun. Autoradiografie bedeutet hier, dass der Fingerabdruck durch Radioaktivität, also den Zerfall von Atomkernen, ein Bild von sich selbst produziert. Zu den ersten Beobachtungen an radioaktiven Stoffen gehörte, dass sie elektromagnetische Strahlung abgeben, in manchen Fällen sogar sichtbar strahlen und im Dunkeln sanft »glühen«. Wie bei der Absorption wird die Radioaktivität uns im Kapitel zur Röntgenstrahlung noch einmal etwas ausführlicher begegnen. Wichtig ist für uns hier nur, dass radioaktive Stoffe manchmal sichtbares Licht, aber öfter noch Röntgenstrahlen aussenden, die fotografisches (also lichtempfindliches) Material sogar durch Verpackungen hindurch schwärzen können. Das Prinzip kennt jeder von Röntgenuntersuchungen beim Arzt und im Krankenhaus: Eine fotografische Platte in einem lichtdichten Kästchen wird z. B. unter den gebrochenen Fuß gelegt, der danach von oben mit Röntgenstrahlen bestrahlt wird. Die Strahlen, die nicht durch Knochen aufgehalten werden, durchdringen auch den Schutz um die fotografische Platte und schwärzen diese. (Deswegen sehen die Knochen nach der Entwicklung der Platte hell aus, während der übrige Bereich stärker geschwärzt ist.) Oft haben auch die Röntgenstrahlen der älteren Gepäckscanner am Flughafen auf diese Weise immer wieder viele Urlaubsbilder geschwärzt, weil sie die noch nicht entwickelten Filme im Gepäck durch die Kleidung und Filmdosen hindurch komplett belichteten. Die Autoradiografie von Fingerabdrücken unterscheidet sich aber vom medizinischen Röntgen, weil wir die Muster nicht durch eine Strahlenquelle »beleuchten« und dann ihr Schatten auf dem Papier erscheint. Vielmehr wird z. B. ein Stück Stoff, auf dem man einen Fingerabdruck vermutet, der aber mit anderen Methoden nicht sichtbar zu machen war, speziellen radioaktiven Gasen, wie radioaktivem Ioddampf oder Schwefeldioxid, ausgesetzt. Haben sich die radioaktiven Atome des Gases am Ende der Behandlung mit den Ablagerungen des Fingerabdrucks verbunden, dann sind genau die Papillarlinien radioaktiv geworden, während die übrigen Bereiche dazwischen unverändert bleiben. Wird das Stoffstück dann auf einen fotografischen Film aufgebracht, können die Linien des Fingerabdrucks den Film schwärzen wie ein Stempelabdruck ein Blatt Papier [1, 12].

Kunst, Biologie und Bakterien

Einen Spurenträger radioaktiv zu behandeln ist natürlich eine sehr extreme und daher entsprechend seltene Methode. Aber auch viele gewöhnlichere Werkzeuge, wie Pulver oder die Dämpfe des Sekundenklebers, sind oft auf die eine oder andere Weise zerstörerisch. Der Besitzer eines gestohlenen wertvollen Kunstobjekts wäre wohl von Überresten solcher Mittel auf seinem Gemälde kaum begeistert, wenn er es zurückbekommt – egal wie gut Ruß, Sekundenkleber oder radioaktive Gase den Fingerabdruck des Diebs sichtbar machen konnten. Für einige besonders anspruchsvolle Oberflächen bietet die Biologie eine Lösung, die mindestens ebenso ungewöhnlich wie die Autoradiografie ist, aber viel schonender.

Wie gut Schimmel und andere Pilze zu sehen sind – obwohl die einzelnen Sporen für das menschliche Auge viel zu klein sind – erfahren wir, wenn wir eine Packung Toastbrot zu lange an der Luft liegen lassen. Auch Bakterien sind ohne Mikroskop nicht zu sehen, es sei denn, sie bekommen so viel Nahrung, dass sie sich stark genug vermehren können. Dann ist die ganze Kolonie zu sehen, so wie man aus einem Flugzeug zwar einzelne Menschen am Erdboden kaum sehen kann, sehr wohl aber eine große Menschenmenge (z. B. bei einer Massendemonstration oder in einem Fußballstadion). Aber was wächst schon auf Fingerabdrücken?

Die britische Polizei hat in den 1980er Jahren nach einem geeigneten Bakterium gesucht und *Acinetobacter calciacatieus* gefunden. Vertreter dieser Art wachsen auf Proteinen, die sich in den Rückständen von Fingerabdrücken finden. Diese Bakterien werden daher für die Spurensicherung gezüchtet und in einem speziellen gefriergetrockneten Gel aufbewahrt. Sollen Fingerabdrücke auf einem Ölgemälde sichtbar gemacht werden, dann können die Bereiche mit dem Gel bestrichen werden. Nur dort wo die Bakterien auf Proteinen zu liegen kommen – also auf den Abdrücken der Papillarleisten – werden sie sich vermehren und zu Kolonien heranwachsen. Ist ihre Zahl nach einem Tag stark genug gewachsen, kann die Spur fotografiert werden. Danach lässt sich das für den Kunstschatz unschädliche Gel ohne Rückstände oder Schäden wieder entfernen [8].

Allerdings muss man nicht nur für die verschiedensten Oberflächen unterschiedliche Methoden entwickeln – z. T. muss man sogar für verschiedene geografische Regionen unterschiedliche Mittel entwickeln. Wie die chemische Zusammensetzung der Schweißabsonderungen von dem abhängt, was man isst und trinkt, haben wir schon am Beispiel des Biers gesehen. Offensichtlich hat aber auch die Gegend, in der wir leben, einen Einfluss auf die Spuren, die wir legen. (Die regional unterschiedliche Art der Ernährung wird dabei eine wichtige aber sicher nicht die einzige Ursache sein.) Deutlich wurde dies, als deutsche Kriminaltechniker für Tests von der israelischen Polizei ein selbst entwickeltes Mittel erhielten. Es wollte einfach nicht gelingen, irgendwelche Fingerabdrücke damit sichtbar zu machen – obwohl alles genau nach Anleitung gemacht wurde und das Mittel in Israel ausgezeichnet funktionierte. Schließlich stellte sich heraus, dass in Deutschland einfach jene Substanzen, auf die dieses Mittel reagiert, nicht – oder zumindest nicht ausreichend – im Schweiß vorhanden waren.

Fouriers Idee

Außer bei der Lokalisierung von Fingerabdrücken am Tatort und beim optimalen Sichtbarmachen der Spuren kann die Wissenschaft auch bei der Analyse der Abdrücke helfen, wenn es regelmäßige »Störungen« im Muster gibt. Solche Störungen können z. B. übereinander liegende Fingerabdrücke sein. Dabei stören die Linien des einen Abdrucks jeweils bei der Analyse des anderen. Aber auch bei einzelnen Fingerabdrücken, die in Zeitungen, Magazinen oder Büchern gefunden werden, kann es solche Störungen geben, wenn sich der Abdruck etwa auf einem gerasterten Foto befindet. Die vielen zwar unterschiedlich großen aber doch insgesamt regelmäßigen Punkte der Rasterung werden auch auf einem Foto des Fingerabdrucks erscheinen und insbesondere jede Analyse durch Computer erschweren oder unmöglich machen. Es gibt aber eine Methode der Mathematik, die auch in der Physik sehr verbreitet ist und oft angewendet wird, wenn es um Frequenzen geht: die Fourier-Transformation.

Diese mathematische Methode geht auf den Franzosen Jean-Baptiste Fourier, einen der Begründer der theoretischen Physik, zurück. Ein Mathematiker sagt, dass die Fourier-Transformation den Ortsraum und den Frequenzraum aufeinander abbilden kann. Einem normalen Menschen bringt das herzlich wenig, da er meist keine Vorstellung vom Ortsraum geschweige denn vom Frequenzraum hat. Es steckt aber im Grunde ein recht einfaches Prinzip dahinter. Misst man z. B. die Entfernung von Wellenbergen auf der Wasseroberfläche, dann könnte man finden, dass alle 50 cm voneinander entfernt sind. Das Bild, das wir von den Wellen sehen, wäre der »Ortsraum«. Zur Transformation in den »Frequenzraum« fragen wir uns lediglich, wie oft solche Wellen auftauchen. Da zwei Wellenberge pro Meter kommen, wollen wir das im Frequenzraum als die Frequenz 2 betrachten. (Dies ist keine Frequenz im üblichen Sinn, die sich auf Wellen pro Zeit bezieht. Ganz genau genommen müssten wir daher auch die Geschwindigkeit der Wellen berücksichtigen. Für Fouriers Methode macht das aber in unserem Beispiel keinen Un-

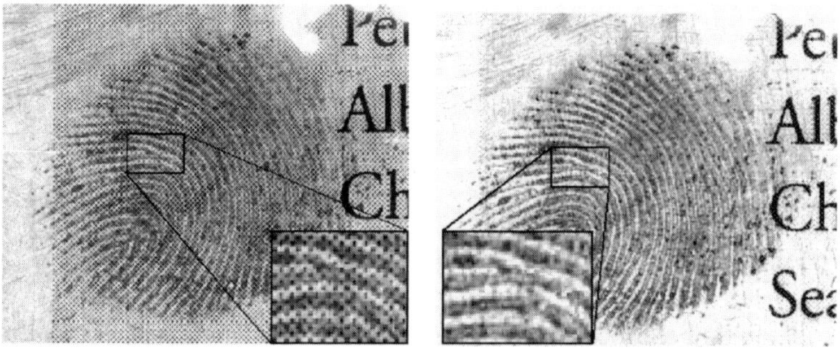

Abbildung 2.5: Das linke Bild zeigt das Foto eines Fingerabdrucks, der auf der Seite einer Illustrierten gefunden wurde. Die Ausschnittvergrößerung zeigt die störenden Punkte des gerasterten Bilds. Auf dem rechten Bild hat die Fourier-Transformation die störenden aber sehr regelmäßigen Punkte herausgefiltert, und der Fingerabdruck ist in der Vergrößerung klar zu erkennen (Quelle: Bundeskriminalamt).

terschied.) Betrachten wir stattdessen die Papillarlinien eines Fingerabdrucks, dann könnten 20 auf 1 cm kommen. Im Ortsraum sind diese Wellen viel kleiner und näher beisammen. Im Frequenzraum ist daher die Frequenz viel höher: 20 Linien auf 1 cm entsprechen 2000 Linien auf 1 m, also einer Frequenz von 2000. Bei zwei übereinander liegenden Fingerabdrücken kann die Frequenz der Linien bei beiden Mustern leicht unterschiedlich sein, was im »Ortsraum« (wenn man sich also einfach nur die Muster ansieht) sehr verwirrend ist. Im Frequenzraum ließe sich ein kleiner Unterschied aber schon viel leichter erkennen: Hätte der eine Abdruck eine Frequenz 20 und der andere vielleicht nur 19, dann sind beide Abdrücke sehr einfach und klar auseinander zu halten. Nach diesem Prinzip kann man überlagerte Muster unterschiedlicher Frequenzen trennen und unter bestimmten Bedingungen auch mehrere Fingerabdrücke voneinander oder von den gerasterten Punkten eines gedruckten Fotos. Dieses Prinzip bezeichnet man als »Fourier-Filterung«, weil damit gezielt Muster bestimmter Frequenzen unterdrückt (also herausgefiltert) werden können, ohne Muster anderer Frequenzen zu stören. Fouriers Methode taucht an den unterschiedlichsten Stellen der Physik auf, wann immer es um Wellen und Schwingungen geht – aber eben auch in der Verbrechensbekämpfung bei Fingerabdrücken. Die Ergebnisse können so gut sein, dass in dem gefilterten Bild sogar die Schweißporen in den Papillarlinien erkennbar sind. *Die Analyse der*

Poren stellt eine weitere bzw. ergänzende Möglichkeit der Identifizierung dar. Das Prinzip ist im Grunde dasselbe wie bei den Minutien der Papillarlinien: Sie sind zufällig angeordnet und somit charakteristisch für ihren Träger wie die Minutien seiner Fingerabdrücke [1].

Ähnlich und doch anders: DNA

Die DNA-Analyse könnte nicht nur ein eigenes Kapitel, sondern ein ganzes Buch füllen. Auch gehört sie natürlich vielmehr in den Bereich der Biologie als zur Physik. Trotzdem sollte dieser Verwandte der Daktyloskopie auch in einem Kapitel über Fingerabdrücke nicht ganz fehlen. DNA steht für »deoxyribonucleic acid« und ist die englische Abkürzung für die deutsche »Desoxyribonucleinsäure« (DNS). Diese speziellen Moleküle sind im übertragenen Sinn die Sprache für die Erbinformationen unseres Körpers. Oft wird der Ausdruck DNA dabei auch gleichzeitig für die Gesamtheit dieser Erbinformationen eines Menschen benutzt.

In Zeitungen und im Fernsehen ist bei Berichten über Verbrechen inzwischen regelmäßig von der DNA-Analyse die Rede, wobei die Palette der Verbrechen von Mord, Vergewaltigung und Kindesmissbrauch bis hin zu terroristischen Anschlägen reicht. Ein Teil dieser Fälle ist aktuell, wie z. B. Mitte der 1990er Jahre der O.J. Simpson-Prozess, in dem DNA-Spuren eine wichtige Säule der Anklage waren. Andere Verbrechen liegen Jahrzehnte zurück, und die Ermittlungen waren häufig schon eingestellt worden, weil man die Hoffnung aufgegeben hatte, den Fall zu lösen. Nicht selten lassen sich DNA-Proben auch nach langer Zeit noch untersuchen und dort, wo solche Spuren nach dem Verbrechen gesichert wurden, gibt es dann eine neue Chance, die Fälle noch zu klären. Oft werden dabei Schuldige nach Jahrzehnten schließlich überführt – oder Unschuldige entlastet, nachdem sie manchmal jahrzehntelang zu Unrecht im Gefängnis saßen. Die DNA-Analyse wird aber nicht nur zur Klärung der Schuldfrage eingesetzt. Wie Fingerabdrücke können die genetischen Muster ebenfalls helfen, unbekannte Leichen zu identifizieren. Gerade nach Flugzeugabstürzen und anderen Katastrophen mit vielen Toten, können die Opfer manchmal nur noch anhand ihrer Fingerabdrücke, Zähne oder, wenn das nicht hilft, anhand ihrer DNA identifiziert werden.

Der letzte Zar

Einer der bisher ältesten und auch ungewöhnlichsten Fälle dürfte die Familie des letzten russischen Zaren sein. Wenn man den geschichtlichen Aufzeichnungen glauben darf, dann wurden Zar Nikolaus II., seine Frau Alexandra, ihre fünf Kinder und vier ihrer Begleiter am 16. Juli 1918 im Keller eines Hauses in Sibirien (Jekaterinburg, das zwischenzeitlich Swerdlowsk hieß) von den Bolschewisten ermordet. Die Überreste der Familie Romanow waren lange Zeit verschwunden und die sowjetischen Behörden waren zu den damaligen Geschehnissen und zum Verbleib der Zarenfamilie alles andere als gesprächig. Manche Zeitgenossen waren daher geneigt, den geschichtlichen Aufzeichnungen nicht zu glauben, und so kam es zu Gerüchten, der Kronprinz Alexej und seine Schwester Anastasia hätten das Morden überlebt. Zu diesen Gerüchten passte, dass 1920 in Berlin eine junge Frau mit dem Namen Anna Anderson auftauchte, die behauptete, in Wirklichkeit Anastasia, die jüngste Tochter des letzten Zaren, zu sein. Bis zu ihrem Tod 1964 hatte sie viele Menschen, sogar einige entfernte Verwandte der königlichen Familie, überzeugen können. Sie wurde aber nie offiziell als die verschwundene Prinzessin anerkannt – zurecht, wie sich 1994 zeigte.

Die Leichen der Zarenfamilie waren inzwischen gefunden worden und konnten nach dem Zusammenbruch der Sowjetunion in den 1990er Jahren untersucht werden. Eine DNA-Analyse bestätigte bereits, dass es sich bei fünf der neun Skelette um Mitglieder einer Familie handelte, ein Mann, eine Frau und drei Kinder. Mehr konnten die Experten wegen des Alters und des schlechten Zustands der Überreste mit der konventionellen Methode aber nicht heraus finden. Durch die Untersuchung der mitochondrialen DNA, einer speziellen Erbinformation, die immer von der Mutter auf die Kinder übertragen wird, kamen sie aber weiter. Sie erhielten eine Blutprobe von Prinz Philip, Ehemann von Königin Elisabeth II. von Großbritannien und ein direkter Nachkomme von Zarin Alexandras Schwester. Die Übereinstimmung mit seiner DNA bewies, dass es sich bei den Toten tatsächlich um die Familie der Romanows handelte.

Interessanterweise waren aber nur drei der fünf Kinder gefunden worden, und somit die Gerüchte um die Frau nicht widerlegt, die behauptet hatte, Anastasia zu sein. Ein Vergleich ihrer DNA mit dem genetischen Material der nun gefundenen Zarenfamilie brachte aber schließlich Klarheit. Sie war mit Sicherheit nicht die Tochter von Zar Nikolaus. Eine polnische Familie vermutete in Anna Anderson schon seit geraumer Zeit eine lange vermisste Verwandte. Eine weitere DNA-Analyse mit Proben dieser Familie bewies diese Vermutung [2]. (Dieser kriminaltechnische Beweis hat die Gerüchte bisher allerdings – wie das bei Gerüchten so üblich ist – nicht verstummen lassen.)

DNA-Analyse

Im Gegensatz zum Eindruck, der oft erweckt wird, wird bei der DNA-Analyse nicht die gesamte DNA eines Menschen untersucht oder gar gespeichert. Stattdessen geht es nur etwa um bis zu einem Dutzend winziger Bereiche aus dem Erbgut. Große Teile des Erbguts aller Menschen sind gleich oder zumindest extrem ähnlich (schließlich haben wir alle die gleichen Organe, Knochen, Sehnen usw. in der gleichen Anordnung). Daher benutzt die heutige DNA-Analyse nur Teile der Gene, die keine direkte Bauplanfunktion für den Körper haben und daher besonders stark von Mensch zu Mensch variieren. Man kann also aus den wenigen Informationen nichts über den Menschen »herauslesen«, noch nicht einmal welche Augen- oder Haarfarbe er hat oder wie groß er ist. Aber wegen der großen Unterschiede dieser DNA-Bereiche zwischen den Menschen ist diese Methode bei der Verbrechensbekämpfung sehr hilfreich. Die viel zitierte Redewendung vom »genetischen Fingerabdruck« ist allerdings auch ein wenig irreführend, obwohl es in der Tat eine Reihe von Gemeinsamkeiten mit der Daktyloskopie gibt. Um einen Menschen mit extrem hoher Sicherheit zu identifizieren, brauchen wir in beiden Fällen nur geringste Spuren, die dazu noch sehr leicht am Tatort zurückbleiben. Ähnlich wie bei den Fingerabdrücken ist die DNA eines Menschen auch unveränderlich – von dem Moment der Zeugung bleibt unsere DNA (von Schädigungen des Erbguts einmal abgesehen) insgesamt unverändert. Außerdem ist die DNA sogar noch einfacher als die Fingerabdrücke klassifizierbar, weil sich die Abfolge der Moleküle durch Buchstaben oder Zahlen exakt beschreiben lässt. Aufgrund der enormen Zahl der Informationen in unseren Genen, ist die DNA schließlich auch extrem charakteristisch für einen Menschen und (fast!) immer einzigartig [1, 3, 6].

Erbgut oder Fingerabdrücke

Es gibt jedoch einen ganz wesentlichen Unterschied zu den Fingerabdrücken: Die Erbinformationen können nicht nur unter Verwandten ähnlich sein – bei eineiigen Zwillingen sind alle Informationen auf den Chromosomen sogar identisch. Meistens macht das zwar keine Probleme, aber es gibt doch Ausnahmen. 1997 dominerte der Mordfall an einem entführten und missbrauchten zehnjährigen Mädchen aus Niedersachsen die Schlagzeilen. Schnell fand die Polizei Übereinstimmungen zwischen DNA-Spuren an der Leiche und der DNA-Probe eines Verdächtigen. Ebenso schnell schrumpfte der Beweiswert der DNA-Analyse wieder, als die Ermittler von einem eineiigen Zwillingsbruder des Verdächtigen erfuhren: Seine DNA war nicht einzigartig. Außer der DNA und einigen weiteren Indizien fand man aber auch Fingerabdruckspuren am Tatort, und die Fingerabdrücke der Zwillinge waren eindeutig zu unterscheiden. Der Täter wurde schließlich überführt und zu lebenslanger Haft verurteilt.

Beide Methoden haben ihre Vorteile. Fingerabdrücke können nicht nur Zwillinge zweifelsfrei unterscheiden, sie lassen sich natürlich auch viel leichter abnehmen, als man DNA-Muster ermitteln kann. Ebenso kann der genaue Platz, an dem ein Fingerabdruck gefunden wird, dem Ermittler einiges mehr verraten als nur die pure Anwesenheit am Tatort, z. B. wenn der Abdruck auf dem Abzug der Tatwaffe gefunden wird, an einem bestimmten Gerät in einem Drogenlabor und so weiter. Auf der anderen Seite kann sich ein Täter vor DNA-Spuren nicht so leicht schützen, indem er Handschuhe anzieht. Und ein Verbrecher, der in einem weißen Ganzkörper-Schutzanzug (der alle Haut- und Haarspuren auffangen und so DNA-Spuren vermeiden soll) zu seiner Tat aufbricht, dürfte auf dem Weg so viel Aufmerksamkeit auf sich ziehen, dass man keine DNA-Spuren mehr braucht, um ihn dingfest zu machen. Insofern stimmt Francis Galtons Behauptung nicht mehr ganz, dass Fingerabdrücke »ein unvergleichlich viel sichereres Kriterium der Identität« seien als jede andere körperliche Eigenschaft, denn die Informationen, die in jedem unserer Zellkerne stecken, sind nicht nur ähnlich eindeutig, sondern auf ihre Weise auch genauso wichtig. In Zukunft wird man daher weder auf die modernen Methoden der Daktyloskopie noch auf die Analyse menschlicher DNA verzichten, denn die Methoden konkurrieren nicht, sie ergänzen sich, so wie im Fall des ermordeten Mädchens.

Zusammen bieten sie die unentbehrliche Möglichkeit, Verbrecher durch ihre Spuren eindeutig zu identifizieren und ihnen ihre Taten nachzuweisen – unentbehrlich nicht nur, um besonders den Opfern und ihren Familien Gerechtigkeit widerfahren zu lassen, sondern auch um zu vermeiden, dass ein Täter weitere Verbrechen begehen kann. Genauso unschätzbar sind Fingerabdrücke und DNA-Analyse natürlich für jene Verdächtigen und Verurteilten, deren Unschuld sie in unzähligen Fällen beweisen konnten. Gerade die DNA-Analyse hat hier in der letzten Zeit Schlagzeilen gemacht, weil sie oft noch nach vielen Jahren hilft, Fälle zu lösen, die bereits zu den Akten gelegt wurden, aber auch Unschuldige aus dem Gefängnis zu holen, die fälschlich verurteilt worden waren.

3
Stumme Zeugen – Sachbeweise und Kriminaltechnik

Nichts auf der Welt ist so mächtig wie eine Idee, deren Zeit gekommen ist.

Victor Hugo

Im vorigen Kapitel haben wir einen Eindruck von der Daktyloskopie bekommen und von den wissenschaftlichen Methoden, die in ihrem Umfeld auftauchen. Aber Fingerabdrücke waren nur der Anfang des Erfolgs der Naturwissenschaften bei der Verbrechensbekämpfung. Die Kriminaltechnik umfasst wissenschaftliche Disziplinen aus den Natur-, Ingenieurs- und empirischen Wissenschaften. Physik, Chemie und Biologie sind ebenso vertreten wie Elektronik und Materialwissenschaften bis hin zu Linguistik, Phonetik und Psychologie. Die Spuren, die dabei heutzutage untersucht werden reichen von Fingerabdrücken und DNA-Spuren über Lack- und Glassplitter, Blut-, Gewebe-, Boden- und Staubproben bis hin zu Dokumenten, Bekennerschreiben, gefälschten Banknoten, Aufnahmen von Erpresseranrufen und Untersuchungen an Schusswaffen und Geschossen. Die Liste ließe sich beliebig fortsetzen – es gibt kaum ein Objekt, das nicht in einem Kriminalfall eine Rolle spielen kann.

In den vergangenen Jahrzehnten hatten die meisten Aufsehen erregenden Verbrechen mit Kriminaltechnik zu tun: Attentate, Terroranschläge und auch der Prozess »des Jahrhunderts«, der von den Medien im letzten Jahrhundert des öfteren ausgerufen wurde (zuerst bei der Entführung des Sohnes von Charles Lindbergh, zuletzt beim Prozess von O.J. Simpson). Viele der aufgeklärten Fälle hätten ohne die Kriminaltechnik nicht oder nur sehr viel schwieriger gelöst werden können. Aber auch in der riesigen Masse von »alltäglichen« Verbrechen und Verfahren ist die Kriminaltechnik unverzichtbar geworden. Eine notwendige Voraussetzung für die Entwicklung der Kriminaltechnik im letzten Jahrhundert war die entsprechende Entwicklung der Wissenschaften, die die Grundlage für alle Kriminal-

Physik auf der Spur, Voss–de Haan

ISBN: 3-527-40516-X

technik bilden, insbesondere die Naturwissenschaften. Anfang des zwanzigsten Jahrhunderts, als die Daktyloskopie aufkam, fingen die modernen Naturwissenschaften an, sich rasant zu entwickeln. In der analytischen Chemie, der Physik und den Ingenieurwissenschaften wurden die Grundlagen für eine Reihe von Theorien, Methoden und Werkzeugen geschaffen, ohne die die Kriminaltechnik heute nicht existieren könnte.

Die Physik um 1900

Gegen Ende des neunzehnten Jahrhunderts waren viele Naturwissenschaftler der Meinung, man hätte insbesondere die Physik inzwischen fast »fertig«: Eigentlich wären die Theorien so gut wie vollständig und vor allem fehlten nur noch genauere Messungen vieler Naturkonstanten (z. B. die Lichtgeschwindigkeit oder die Gravitationskonstante). Kurz vor der Jahrhundertwende wies J.J. Thomson dann die Existenz des Elektrons nach. Da es um freie Elektronen ging, war für viele Wissenschaftler damit im Übrigen noch lange nicht bewiesen, dass es auch Atome gab. Im Jahr 1900 formulierte Max Planck die Quantentheorie, auf der später die Quantenmechanik und die Quantenelektrodynamik aufbauen sollten. Dies war der erste revolutionäre Schritt, der viele althergebrachte Vorstellungen über den Haufen zu werfen schien. Nur fünf Jahre später veröffentlichte dann Albert Einstein seine Arbeiten zum Photoeffekt, der für die Natur des Lichts wichtig war, und zur Relativitätstheorie, die grundlegende Aspekte der Physik in einem völlig neuen Licht erscheinen ließ. Noch einmal vier Jahre später, 1909, waren es unter anderem Einsteins Forschungen zur Brown'schen Bewegung, die dafür sorgten, dass die Existenz von Atomen nun weithin akzeptiert wurde. Auf einmal erschien die Physik alles andere als »fertig«.

Diese neuen Ideen bildeten die Grundlage für die Theorie des Lichts und der elektromagnetischen Strahlung und halfen, die Eigenschaften und das Verhalten radioaktiver Stoffe zu erklären. Die Erkenntnisse waren auf die eine oder andere Weise eine zwingende Voraussetzung für den Bau des Lasers, des Elektronenmikroskops, von Teilchenbeschleunigern und vieler anderer, heute selbstverständlicher Werkzeuge – sogar von Computern. Auch wenn es noch eine Weile dauern sollte, bis alle Theorien weit genug entwickelt waren und die Werkzeuge dann auch Realität wurden, so kam doch Bewegung in die Physik. Sie fing an, sich immer weiter auszubreiten. Das geschah nicht nur in jedermanns Alltag, wo bald Radios, Fernseher und irgendwann auch CDs, Computer und Navigationssysteme auftauchten, sondern auch in der Kriminaltechnik, die ohne die verschiedensten Mikroskope, Spektroskope und die vielen anderen Hilfsmittel der modernen Physik oft hilflos wäre [14, 15, 16].

Theorie und Praxis

Warum haben Polizei und Gerichte nicht schon früher die Naturwissenschaften genutzt? Es lag sicher nicht allein daran, dass die Möglichkeiten dieser neuen Physik fehlten. Ganz ausgezeichnete Mikroskope gab es schon länger und speziell die Chemie hatte auch schon vorher viele geeignete Analysemethoden entwickelt. Wichtiger war eher noch, dass die Wissenschaft bis dahin immer als etwas Theoretisches oder gar Esoterisches angesehen wurde, etwas das außerhalb des oft beschworenen Elfenbeinturms der Forschung bestenfalls noch in der industriellen Produktion auftauchte. Kaum jemand war vertraut mit der Wissenschaft. Sie trat damals einfach noch nicht im Alltag des »normalen Lebens« in Erscheinung. Mit der Industrialisierung, eingeläutet durch die Erfindung der Dampfmaschine im achtzehnten Jahrhundert, war der erste Schritt aber getan. In einem gewissen Sinn war dies der Startschuss für die Ingenieurwissenschaften, also für die praktische Anwendung der Naturwissenschaften. Die Entdeckung und Nutzung der Elektrizität setzten dies fort. Mit der Massenproduktion von Konsumgütern, die oft die Wissenschaft benutzten und für jeden greifbar machten, brachte die Industriegesellschaft dann die Wissenschaft endgültig in den Alltag – und somit auch näher an Polizei und Gerichte.

Zur »Popularisierung« der Wissenschaft kam ein weiterer Aspekt hinzu, der sie für die Kriminaltechnik ebenfalls attraktiv machte. Die Grenzen zwischen den einzelnen Richtungen der Naturwissenschaft fingen an zu verwischen. Historisch gesehen waren die Disziplinen der Physik, Chemie und Biologie sehr strikt getrennt. Es hatte zwar immer wieder große Köpfe gegeben, die auf mehr als nur einem Gebiet aktiv und erfolgreich waren, aber selten gleichzeitig. Die Themen gehörten entweder zur Physik oder zur Chemie, aber fast nie zu beiden gleichzeitig. Je weiter die Forscher jedoch in alle Bereiche vordrangen, desto näher kamen sie einander wieder. Ein wunderbares Beispiel hierfür ist die Arbeit von Marie Curie. Sie erhielt 1903 den Nobelpreis für Physik für ihre Arbeiten zur Radioaktivität (der sie übrigens den Namen gegeben hatte). In den folgenden Jahren erforschte sie physikalische, chemische und biologische Wirkungen der Strahlen, die von radioaktiven Elementen ausgehen und begründete so die Radiochemie. 1911 bekam sie unter anderem dafür einen zweiten Nobelpreis, diesmal für Chemie, und arbeitete darüber hinaus auch an dem, was wir heute medizinische Röntgenologie nennen. Alle diese Themen hatten mit der Radioaktivität zu tun, die auf kernphysikalischen Effekten basiert. Obwohl im Grunde also die Physik dahintersteckte, reichte ihre Forschung in die Chemie, die Biologie und sogar in die Medizin hinein.

Wie sehr und wie selbstverständlich inzwischen die Naturwissenschaften überlappen, zeigt sich schon in den Namen der vielen »Mischdisziplinen«, die es heutzutage in ihr gibt. Physikalische Chemie, Biophysik und Biochemie sind nur einige davon. Genau solche Mischungen braucht die Kriminaltechnik, weil viele Informationen, die in Spuren versteckt sind, sich nicht mit einer Methode allein fassen lassen. Selbst die Daktyloskopie, die auf den ersten Blick wenig naturwissenschaftlich erscheint, nutzt Laser genauso wie Polymere oder hin und wieder auch Bakterien. Wie wir in den nächsten Kapiteln sehen werden, gilt das ebenso für viele andere Bereiche der Spurenuntersuchung.

Mit der Entwicklung der Naturwissenschaften bis in die erste Hälfte des zwanzigsten Jahrhunderts waren somit die Grundlagen für die Kriminaltechnik geschaffen. Die Physik und ihre Verwandten hatten sich ganz neuartige Ideen einverleibt und völlig andere Möglichkeiten geschaffen, als sie noch vor 1900 existierten. Außerdem hatte die Gesellschaft ihre Einstellung zur Wissenschaft verändert und war aufnahmebereiter für deren Gedanken und Methoden geworden. Die Wissenschaftler waren in der Lage zu helfen, und Gerichte und Polizei waren bereit, sich helfen zu lassen. Bevor wir im nächsten Kapitel aber tiefer in die kriminaltechnischen Methoden einsteigen, die durch diese Physik möglich werden, lohnt sich noch ein Blick auf die Frage, warum wir Kriminaltechnik überhaupt brauchen sollten. Warum kann man die Wahrheit vor Gericht nicht anders, viel einfacher, ohne Laser und Superkleber finden?

Zeugen oder Sachbeweise – lieber einfach oder zuverlässig?

Es ist eine Frage der Alternativen. Wenn wir Geständnisse einmal außer Acht lassen (darauf sollten wir uns besser nicht verlassen, um Straftaten aufzuklären), dann bleiben bei der Klärung eines Falls durch die Ermittler und vor Gericht entweder Zeugenaussagen oder Sachbeweise. Sich nur auf Zeugenaussagen stützen zu wollen, kann zwei Nachteile haben. Erstens gibt es oft schlicht und einfach keine Zeugen. Zweitens können Zeugen, selbst wenn es sie gibt, eine sehr unsichere Sache sein. Wer kann nach einer Minute noch mit Sicherheit sagen, ob die Person, an der er oder sie gerade vorbeigegangen ist, eine Brille trug? Oder welche Farbe seine Jacke oder ihr Pulli hatten? Können Sie mit Sicherheit sagen, wie der Einband dieses Buchs aussieht (natürlich ohne noch mal nachzusehen)? Polizisten, Anwälte und Richter können ein Lied davon singen, wie unterschiedlich manche Zeugen dieselbe Szene beschreiben und wie glaubhaft sie dabei alle sein können, weil jeder von seiner Aussage überzeugt ist. Noch nicht einmal ein perfekter Lügendetektor (den es nicht gibt) würde hier helfen, weil der eben nur Lügen, also bewusste Unwahrheiten, aber keine falschen Eindrücke und Erinnerungen erkennen kann.

Leider werden wir Menschen aber oft Opfer unserer Wahrnehmungen oder Erinnerungen, weil wir dazu neigen zu sehen und zu hören, was wir erwarten. Ohne diese Fähigkeit, fehlende Information zu ergänzen, hätten wir im Alltag auch große Probleme. Wenn unser Gesprächspartner ein wenig nuschelt oder die Telefonverbindung nicht gut ist, verstehen wir oft trotzdem, was er meint, selbst wenn jedes zweite oder dritte Wort verstümmelt ist. Wir ergänzen einfach die fehlenden Laute und Worte, indem wir sie aus dem Zusammenhang erschließen. Unser Gehirn unterstützt uns hier viel öfter, als wir denken, sogar beim Tasten und Schmecken. Unsere Erwartungshaltung, kalt oder warm, süß oder sauer, hat viel mit unseren Sinneseindrücken zu tun. Ähnlich funktioniert auch unsere visuelle Wahrnehmung. Viele optische Täuschungen beruhen darauf, dass unser Gehirn ergänzt, was unsere Augen nicht sehen, unsere Erfahrung uns aber erwarten lässt. Diese Fähigkeit hat auch ihren Sinn und Zweck: Wenn wir auf der Straße gehen und plötzlich ein lautes Hupen und Reifenquietschen hinter uns hören, dann werden wir uns nicht erst mal ruhig umdrehen um nachzusehen, ob da auch

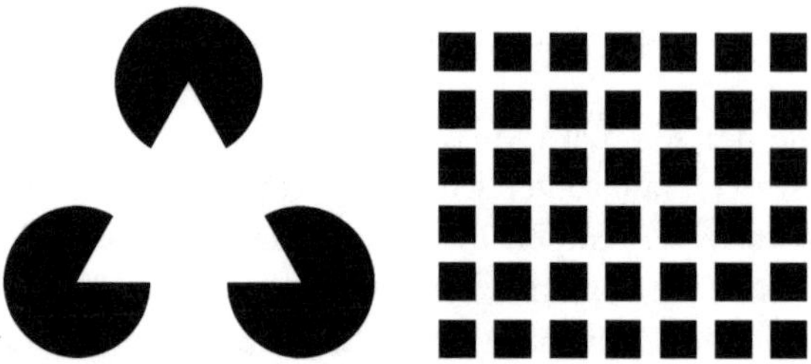

Abbildung 3.1: Eine wichtige Fähigkeit unseres Gehirns ist, unsere Wahrnehmung zweckmäßig zu ergänzen. Zwischen den drei Kreissegmenten in der linken Abbildung nehmen wir sofort ein Dreieck wahr. Unsere Erfahrung lässt uns hier sehen, was objektiv gar nicht da ist: Zumindest in diesem einfachen Fall ist uns aber bewusst, dass wir hier »interpretieren«. Etwas anders liegt der Fall in der Abbildung rechts. Zwischen den Eckpunkten der schwarzen Quadrate nehmen wir graue Punkte auf den weißen Streifen wahr. Diese Punkte tauchen unabhängig von unserer Erfahrung auf. Wir sehen die Punkte, ob wir wollen oder nicht. Zwischen unserer Wahrnehmung und der Realität liegen nun einmal mehrere Milliarden Nervenzellen.

wirklich ein Auto kommt, sondern wir springen sofort zur Seite, ohne ein Auto gesehen zu haben [17]. (Evolutionär gesehen waren es natürlich weniger die Autos als vielmehr die Raubtiere, die unseren Vorfahren gefährlich werden konnten. Die Fähigkeit, die begrenzte eigene Wahrnehmung aus der Erfahrung zu ergänzen, war damals nicht nur hilfreich, sondern sogar zwingend notwendig um zu überleben.)

Während diese Fähigkeit im Alltag eben auch heute noch hilfreich ist, bedeutet sie jedoch für den Richter, der die Wahrheit aus Zeugenaussagen herausfiltern soll, ein echtes Problem. Wem soll er bei widersprüchlichen Aussagen glauben? Und wenn er nur einen einzigen Zeugen hat, wie soll er dann entscheiden, ob dieser eine Zeuge sich nicht auch täuscht? Weder Richter noch Ermittler haben einfache Antworten auf diese Fragen. Vieles kann man zwar durch geschickte Befragung oder andere Ermittlungen klären, aber oft reicht das allein doch nicht aus, jeden Zweifel zu zerstreuen. Deshalb greifen Polizei und Gerichte bei der Ermittlung der Wahrheit und der Entscheidung über Schuld und Unschuld natürlich gerne auf andere Möglichkeiten zurück.

Sachbeweise sind eine solche Möglichkeit. Anders als Zeugen haben sie keinen Verstand, der gerne Informationen ergänzt. Sie sind nie müde, abgelenkt oder voreingenommen und sie sind auch nicht vergesslich. Mehr noch: Sie können nicht lügen. *Natürlich können sie – bewusst oder unbewusst – falsch analysiert und interpretiert werden, aber das ist kein spezifisches Problem der Kriminaltechnik selbst.* Leider sind Sachbeweise nicht immer einfach zu finden, und eine sorgfältige und schlüssige Analyse ist oft noch schwerer. Wissenschaftliche Methoden machten es schließlich jedoch möglich, die verschiedensten Spuren zu finden und auszuwerten. Aber auch zusammen mit der Verbreitung der Wissenschaft im Alltag erklärt das noch nicht ganz, warum die Kriminaltechnik und der Sachbeweis im zwanzigsten Jahrhundert ihren Siegeszug begannen.

Sherlock Holmes als Vorbild

Weder die breite Öffentlichkeit, noch die Gerichte des neunzehnten Jahrhunderts waren durchweg bereit für die Konzepte der modernen Naturwissenschaft. Gerade ein Richter muss sehr hohe Ansprüche an die Beweiskraft der Kriminaltechnik stellen, damit er nicht auf ihrer Grundlage einen Verbrecher laufen lässt oder gar einen Unschuldigen einsperrt. Um Vertrauen in diese Methoden haben zu können, muss er die Kriminaltechnik und die Konzepte dahinter kennen und mit ihnen zumindest ein wenig vertraut sein. Sie müssen ihm also auch nahe gebracht und vermittelt werden. Einen ersten Schritt, solches Vertrauen in die Kriminaltechnik aufzubauen, machte der österreichische Kriminalist Hanns Groß mit seinem »Handbuch für Untersuchungsrichter«, das 1893 erschien und zum ersten Mal Bereiche für die Strafverfolgung betrachtete, die von der Toxikologie über die Gerichtsmedizin bis hin zu verschiedensten Spuren reichten. Groß war aber nicht der einzige, der dieses neue Werkzeug zur Verbrechensbekämpfung propagierte, sondern er bekam Hilfe von noch einer ganz anderen Seite [3].

Der berühmteste aller Literaturdetektive, Sherlock Holmes, löste 1887 seinen ersten Fall. Schon in dieser Geschichte zückt der Held seine vertraute und später berüchtigte Lupe, um den Mörder zu finden. Arthur Conan Doyles Geschichten vom Pfeife rauchenden Holmes und seinem etwas biederen Partner, Dr. Watson, hatten schnell einen riesigen Erfolg, und spätestens an diesem Erfolg wurde deutlich, dass die Zeit im Grunde reif war für die Kriminaltechnik. Mit

Abbildung 3.2: Die bekannteste detektivische Spürnase aller Zeiten: Sherlock Holmes, der selber immer wieder naturwissenschaftliche Methoden bei der Aufklärung seiner Fälle einsetzte, inspirierte auch einige der Väter der Kriminaltechnik.

seiner analytische Denkweise und seinen zutiefst wissenschaftlichen Methoden hat Holmes ihr ein wenig auf die Sprünge geholfen, indem er der Öffentlichkeit – und damit auch Polizei, Gerichten und Wissenschaftlern – das Potenzial der Kriminaltechnik auf anschauliche Weise vor Augen führte [18].

Holmes war natürlich nicht der einzige Vertreter seiner Art. Es gab mehrere berühmte Literaturdetektive, die vormachten, wie man mit Spuren und Indizien Kriminalfälle auch ohne menschliche Zeugen lösen kann. Vor Doyle schrieb bereits Edgar Allen Poe Detektivgeschichten über Auguste Dupin, der als erster Vertreter seiner Art gilt. Einer seiner berühmtesten Kollegen ist Hercule Poirot aus Agatha Christies Feder. Der Belgier zitierte am liebsten seine »kleinen grauen Zellen« und weniger die Naturwissenschaft als Werkzeug im Kampf gegen das Verbrechen. Gleichwohl hat er immer wieder ganz konkret zur Kriminaltechnik gegriffen und löste seine Fälle, wenn er keine sprechenden Zeugen hatte, dann eben mit stummen Zeugen, wie verbrannten Zetteln oder dem Vergleich von Unterschriften. Wir werden noch sehen, wie nah er der echten Kriminaltechnik dabei oft kam.

Auch wenn Sherlock Holmes, ebenso wie Poirot, Columbo oder Quincy und ihre vielen anderen fiktiven Kollegen, nie einen echten Fall löste, sollte man seinen Einfluss trotzdem nicht unterschätzen. Er machte nicht nur die Öffentlichkeit mit der Vorstellung vertraut, die Wissenschaft in der Strafverfolgung anzuwenden, sondern er inspirierte tatsächlich auch so manchen Kriminaltechniker. Edmond Locard, der Gründer des ersten Polizeilabors und »Vater« des Austauschprinzips, war eine der zentralen Figuren in der Anfangszeit der Kriminaltechnik. Er betonte einmal, dass das Interesse seines Labors an Staubspuren und Ähnlichem gerade auch durch die Ideen in Arthur Conan Doyles Geschichten inspiriert worden war. Locards Erfolge gaben ihm recht. Und so fanden außer der Öffentlichkeit auch Polizei und Gerichte sehr schnell Gefallen an den Möglichkeiten der Sachbeweise [3, 19].

Auf Zeugenaussagen werden wir niemals verzichten wollen. Aber die speziellen Vorteile der Sachbeweise haben die Grundlage dafür gelegt, dass Spuren und Indizien mit der Zeit ebenso ein unersetzbarer Teil in der Aufklärung von Verbrechen werden konnten. Der weitere enorme Fortschritt der Naturwissenschaften im zwanzigsten Jahrhundert tat ein Übriges zur Verbreitung der Kriminaltechnik. Die Möglichkeiten, Spuren zu finden, zu untersuchen und sichere Schlüsse daraus zu ziehen, sind besonders in der zweiten Hälfte jenes Jahrhunderts immens gewachsen. Was noch vor ein paar Jahrzehnten unmöglich erschien, ist inzwischen selbstverständlich geworden. Wir können mit der genetischen Information in einem einzigen ausgefallenen Haar den Menschen identifizieren, dem es gehörte. Kleinste Lacksplitter lassen sich so präzise auf ihre Zusammensetzung untersuchen, dass sich nicht nur die genaue Farbe des Autos feststellen lässt, sondern auch die Marke und sogar der genaue Typ, für den diese spezielle Farbmischung gefertigt wurde. Anhand von Isotopenmessungen (also Messungen der unterschiedlichen Arten von Atomkernen eines Elements) können wir feststellen, aus welcher Gegend der Welt Menschen oder Sachen stammen und wie alt organisches Material ist – und das auch nach Tausenden von Jahren noch mit beeindruckender Genauigkeit. Genauso wie das Auto in unserer Gesellschaft immer mehr Bedeutung bekam, als es für einen Großteil der Bevölkerung erschwinglich wurde, und genauso wie der Computer immer wichtiger wird, da er uns immer mehr Möglichkeiten bietet, genauso werden auch die Kriminaltechnik und die Natur- und Ingenieurwissenschaften allgemein immer wichtiger für die Strafverfolgung werden, weil sie jedes Jahr neue Möglichkeiten bieten und gleichzeitig immer einfacher anzuwenden sind. Diese Entwicklung hat allerdings auch einige Haken. Parallel mit den Möglichkeiten wachsen nämlich auch die – nicht immer einfach zu erfüllenden – Erwartungen von Gerichten, Anwälten und Polizei. (Und im Übrigen auch die Möglichkeiten der Verbrecher.)

Struktur und Organisation der Kriminaltechnik

Die Kriminaltechnik ist in vielen Ländern ganz unterschiedlich organisiert. Im angelsächsischen Sprachraum spricht man gar nicht von Kriminaltechnik, sondern von »forensic science«. Der Begriff ist abgeleitet vom lateinischen »forum« für den Marktplatz, auf dem die Gerichtsverhandlungen damals stattfanden. Diese »gerichtliche Wissenschaft«, die meist als »Forensik« ins Deutsche übersetzt wird, ist weiter gefasst. Sie beinhaltet z. B. auch die Gerichtsmedizin, die in Deutschland von der Kriminaltechnik typischerweise klar getrennt wird.

Unabhängig davon, wie die Disziplinen genau abgegrenzt werden, sind typischerweise schon die Polizeiteams am Tatort und die Spezialisten in den Laboren der örtlichen Kriminalpolizei in der Lage, eine Vielzahl von Untersuchungen vorzunehmen. Aber nicht jeder Polizist kann sich mit der gesamten Breite der Kriminaltechnik auskennen, geschweige denn mit den speziellen Tricks und Kniffen der ungewöhnlicheren Methoden. Auch kann es komplizierte, teure und nur selten gebrauchte Instrumente nicht in jedem Polizeipräsidium eines Staates geben. Das wäre weder praktisch, noch finanziell vertretbar. In Deutschland bieten daher Landeskriminalämter die Möglichkeit, viele der ausgefalleneren Untersuchungen an Spuren durchzuführen. Für die speziellen Fälle, in denen noch nicht einmal diese Zentralstellen in den Bundesländern die entsprechenden Mittel parat haben, kann die jeweilige Polizeidienststelle auch das Bundeskriminalamt mit der Untersuchung beauftragen. Entsprechende Strukturen mit zentralen Speziallaboren finden sich in vielen Staaten, z. B. das FBI in den USA oder Scotland Yard in Großbritannien [20, 21].

Die ermittelnde Polizei ist aber keineswegs der einzige Auftraggeber und die kriminaltechnischen Einheiten der Polizei sind auch nicht die einzigen Anbieter solcher Untersuchungen. Gerichte, Staatsanwaltschaften und Rechtsanwälte in straf- und zivilrechtlichen Prozessen sind gleichermaßen Kunden der Kriminaltechniker. Die Polizei greift bei den Ermittlungen in einem Fall verständli-

cherweise gerne auf eigene Spezialisten zurück, allein schon weil es schneller und unkomplizierter sein kann, als mit externen Organisationen zu arbeiten. Gerichte und Anwälte hingegen haben oft keinen Grund, nicht auch entsprechende private Gutachter zu nutzen. Tatsächlich ist die Kriminaltechnik in den meisten Ländern schon längst keine reine Polizeisache mehr. Großbritannien ist in dieser Hinsicht sehr weit gegangen. Nicht zuletzt unter dem Eindruck einiger Fehlurteile, die auf kriminaltechnischen Beweisen basierten und später revidiert werden mussten, wurde der Bereich der Kriminaltechnik hier aus der Polizei ausgelagert und wird seitdem quasi privatwirtschaftlich betrieben.

Aber natürlich sind weder die polizeiliche noch die privatwirtschaftliche Durchführung von Spurenanalysen allein ein Garant für korrekte Ergebnisse. Die Ausbildung der Experten, die Ausstattung der Einrichtungen, die Überprüfung von Qualitätsstandards und viele andere Bedingungen müssen erfüllt sein, damit sich die Tatsachen in den Ergebnissen der Analysen wiederfinden und so zur Feststellung von Schuld oder Unschuld beitragen können. Die vielen Unterschiede in Organisationsformen der Länder und Rechtssysteme, die es hierbei gibt, sollen uns aber nicht weiter von der Physik ablenken, die hinter all den Ermittlungen steckt.

Kriminaltechnische Sammlungen

Unabhängig von der jeweiligen Organisationsform sammeln Kriminaltechniker überall Objekte, die in irgendeiner Form mit Straftaten zu tun haben. Wenn ein Verbrechen durch Kriminaltechnik aufgeklärt werden soll, geht es nämlich meist darum, eine Spur mit etwas zu vergleichen, sei es ein Finger- oder Schuhabdruck am Tatort oder ein Geschoss, das ein Opfer tötete. Im Idealfall kann man die Spur gleich mit den Fingern, den Schuhen oder der Waffe eines konkreten Verdächtigen vergleichen. Manchmal vergleicht man sie auch mit Spuren aus anderen Kriminalfällen, z. B. um Parallelen zu finden, wenn man einen Wiederholungs- oder Serientäter vermutet. Häufig jedoch findet man einfach nur eine Spur, hat aber noch nichts Konkretes, keinen Verdächtigen, keinen Schuh, keine Waffe, mit denen man sie vergleichen könnte. Spätestens dann kommen die Sammlungen ins Spiel.

Fingerabdrücke und DNA-Spuren haben wir hier als klassische Vertreter schon kennen gelernt. Gesammelt werden aber nicht nur solche individuellen Merkmale von Straftätern, sondern fast alles, was mit Verbrechen zu tun hat, öfters auftaucht und sich vergleichen lässt. Die Liste reicht von Waffen und der dazu gehörigen Munition über Rauschgifte, Autolacke und vieles andere bis hin zu Hand-, Schreibmaschinen- und sogar Schablonenschriften. Selbst viele Texte werden aufgehoben, weil Wortwahl, Satzbau, Rechtschreibung und Grammatik sehr charakteristisch für einen Menschen sein können. Hinter Bekenner- und Erpresserschreiben stecken oft keine Einmal-Täter, und ein Vergleich der Spuren auf und in dem Papier kann ausgesprochen aufschlussreich sein. Ebenso kann die Zusammensetzung der Tinte eines Kugelschreibers zum Hersteller des Stifts führen – wenn man die Tinte der Spur mit gesammelten kommerziellen Tinten vergleichen kann. Sammlungen aller Art können so helfen, den Kreis der Verdächtigen einzugrenzen oder sogar einige wenige konkrete Verdächtige zu ermitteln.

Identifizieren und Individualisieren

Untersucht ein Kriminaltechniker eine Spur, indem er sie mit etwas anderem vergleicht, dann kann er das mit zwei verschiedenen Zielen machen. Entweder möchte er die Spur »identifizieren« oder »individualisieren«. Das Identifizieren soll in einem ersten Schritt den Kreis der Verdächtigen eingrenzen. Zu diesem Zweck wird der Experte versuchen, die Spur einer sogenannten Klasse zuzuordnen. Er kann z. B. ein Geschoss als Munition für eine spezielle Art von Waffe erkennen oder anhand der Lackspuren bei einem Unfall mit Fahrerflucht die Automarke und sogar den Typ des gesuchten Autos bestimmen. Auch nach einer erfolgreichen Identifizierung bleibt selbstverständlich weiter unklar, welche der tausend Waffen dieses Typs oder welches der zehntausend Autos mit diesem Lack diese Spur tatsächlich hinterlassen hat. Die Ermittler wissen aber nun, wonach sie suchen müssen. Haben sie schließlich eine Pistole oder einen Wagen des richtigen Typs gefunden, dann ist das Individualisieren der nächste logische Schritt. Aus der Gruppe der potenziellen »Spurenleger«, also aus allen infrage kommenden Mitgliedern der identifizierten Klasse, will der Kriminaltechniker nun das einzigartige Individuum herausfinden, das die Spur tatsächlich gelegt hat: Die Waffe, mit der tatsächlich geschossen wurde, das Auto, das am Unfall wirklich beteiligt war. Erst diese Individualisierung einer Spur macht es möglich, eine einzelne Person mit dem Verbrechen in Verbindung zu bringen. Insofern war es übrigens nicht ganz präzise, wenn wir im vorigen Kapitel behauptet haben, einen Menschen durch seine Fingerabdrücke zu »identifizieren«. Genau genommen ist es eine »Individualisierung«. Aber diese Ungenauigkeit soll uns hier nicht weiter stören [3].

Nochmal zurück zu den Sammlungen

Sowohl zum Identifizieren als auch zum Individualisieren braucht man Sammlungen. Sherlock Holmes war auch hier – wieder einmal – Pionier, obwohl er seine »Sammlungen« eher im Kopf als im Labor hatte. Schon in seinem ersten Fall, der uns auch später noch einmal beschäftigen wird, lässt Arthur Conan Doyle den Helden am Tatort etwas Asche untersuchen. Für die Asche hätte die damalige Polizei natürlich keine Vergleichssammlung gehabt, aber die brauchte der Detektiv auch nicht: Holmes rühmte sich vor Dr. Watson, dass er »auf den ersten Blick« die Asche jeder bekannten Marke erkennen und unterscheiden könne, egal ob es sich dabei um Zigarren- oder Pfeifentabak handele. Bei jedem anderen außer Sherlock Holmes wären wir (und auch jeder Richter) wohl recht skeptisch, ob diese Analyse nach einmaligem Hinschauen wirklich zuverlässig ist. Aber der passionierte Pfeifenraucher konnte die Zigarrenasche in der Tat auch aus seiner Erinnerung korrekt »identifizieren« und kam dem Mörder einen Schritt näher.

Gerichte können sich freilich kaum auf Sammlungen verlassen, die nur im Verstand eines Kriminaltechnikers existieren – das wäre schließlich nicht zu überprüfen. Auch die Experten selber neigen dazu, lieber alles aufzuheben, was man später noch einmal brauchen könnte. Die Millionen von Fingerabdrücken sind dafür nur ein Beispiel von vielen. Inzwischen ist man der Methode von Doyles Helden insofern doch recht nah gekommen, da man viele Spuren schon in »elektronischen Gedächtnissen« speichert. Das gilt nicht nur für Fingerabdrücke, sondern ganz besonders für Sammlungen, die zur »Identifizierung«, also zur Bestimmung der Klasse, gedacht sind. Ein

Beispiel sind elektronische Kataloge mit den Bildern und Daten von Waffen und Munition, die es erlauben, schnell den Hersteller und den Typ einer gefundenen Pistole, Kugel oder Hülse zu bestimmen. Mit seinem Computer, der an das Polizeinetzwerk angeschlossen ist und auf eine solche virtuelle Sammlung zugreift, kann ein Polizist so auch oft fernab der eigentlichen Sammlung eine Kugel oder Waffe in einem Mordfall schnell identifizieren.

Bei vielen spektroskopischen Analysen, die sich mit der chemischen Zusammensetzung von Objekten beschäftigen, ist es hingegen oft noch nicht einmal mehr notwendig ein spezielles Vergleichsobjekt zu haben. Bei den schon oben erwähnten Lacksplittern kann es dem Kriminaltechniker reichen, die Elementzusammensetzung des Lacks zu kennen. Will er das Spektrum der in einer Spur vorhandenen Elemente einem bestimmten Autolack und damit einer Marke und sogar einem Typ zuordnen, dann wird er nicht jedes Mal Hunderte oder Tausende von anderen »Vergleichssplittern« untersuchen. Stattdessen sind die Vergleichsuntersuchungen einmal gemacht und in einem Katalog zusammengestellt worden. Somit braucht man das gemessene Spektrum einer Spur nur noch in diesem Katalog zu suchen: Tauchen irgendwo im Katalog dieselben Werte wie bei dem analysierten Splitter auf, dann hat man den Lack identifiziert und ist dem gesuchten Auto einen Schritt näher gekommen. Gleiches gilt für Glassorten, Klebebänder oder die Tinten von Kugelschreibern. Trotzdem gibt es aber auch reale Sammlungen für viele dieser Spuren, weil der Experte sich nicht nur auf die notierte chemische Zusammensetzung beschränkt. Einige Aspekte sind eben nur unter dem Mikroskop zu vergleichen, z. B. die Abfolge der manchmal sehr zahlreichen Grundierungs-, Füll- und Lasurschichten eines Lacks. Dafür braucht man weiterhin Vergleichsobjekte. Manch andere Spurensammlungen existieren hingegen überhaupt nur in elektronischer Form, wie etwa bestimmte Aufzeichnungen von Erpresser- oder Bekenneranrufen, bei denen es gar kein »Objekt« zum Anfassen gibt. In dem Maß, wie die Fähigkeiten der Computersysteme weiter rapide steigen, Spuren detailgetreu zu speichern, werden immer mehr Arten von Spurensammlungen (auch) im Computer zu finden sein. Selbst wenn einige alte Sammlungen langsam überflüssig werden (seit es z. B. Tintenstrahl- und Laserdrucker gibt, müssen Schreibmaschinenschriften immer seltener verglichen werden) – die »realen« Sammlungen werden trotzdem nie aussterben. Eine digitale Kopie wird nie alle Informationen des Originals besitzen, und wir können nie wissen, welche dieser Informationen wir in der Zukunft noch einmal brauchen werden.

Form und Inhalt

In fast jedem Fall (ob mit oder ohne Vergleichsspur aus einer Sammlung) müssen wir uns bei der Untersuchung einer Spur ihre Form genau ansehen. Wie bei den Fingerabdrücken ist auch hier das geschulte Auge eines Experten kaum zu schlagen, egal ob es sich um Glassplitter, Geschosse, Stofffasern, Pollen oder Haare von Menschen und Tieren handelt. Auch ein gut trainiertes Auge kann dabei aber Hilfe gebrauchen. Von der Mikroskopie, der einen großen Hilfe, handelt der Hauptteil des Buchs. Hier finden sich die verschiedensten Werkzeuge von der simplen Lupe über das Rasterelektronenmikroskop bis hin zum »*atomic force microscope*«, einem »Kraft«mikroskop. Sie haben ganz unterschiedliche Stärken und werden uns einen Einblick in die verschiedensten physikalischen Prinzipien geben. Licht und Strahlung sind ein ganz wichtiger Aspekt. Ebenso wird es darum gehen, wie man mit Teilchen sehr genau hinschauen kann. Oft ist es hingegen gar nicht nötig, das Bild einer Spur oder eines Objekts zu vergrößern. Vielmehr brauchen wir dann eine Möglichkeit, uns die Dinge ganz anders anzusehen oder sogar in sie hinein zu schauen. Dafür können wir die verschiedensten Arten von elektromagnetischer Strahlung nutzen, von denen sichtbares Licht nur eine von vielen ist.

Doch manchmal reichen auch die größten Vergrößerungen und die besten Bilder allein nicht aus. Außer der Form müssen wir dann auch den »Inhalt« kennen. Manche Spuren lassen sich erst identifizieren, wenn wir wissen, aus welchen Elementen sie sich zusammensetzen. Menschliche und tierische Haare etwa kann man schon unter dem Mikroskop unterscheiden. Den Hersteller eines Autolacks kann man nicht eindeutig an der Farbe eines Lacksplitters erkennen, wohl aber an der charakteristischen Zusammensetzung der chemischen Elemente im Lack. Die Spektroskopie ist eine Sammlung von sehr wirkungsvollen aber auch trickreichen und faszinierenden Methoden, um herauszufinden, was denn alles in, unter oder hinter einer Spur steckt. Dabei kann die Spur auch so winzig sein, dass wir sie mit dem bloßen Auge kaum sehen können. Dies ist allerdings ein Thema, das ganze Bücher füllen kann, sodass wir die Spektroskopie nicht im Detail betrachten werden. Dennoch wird sie uns auch in diesem Buch an einigen Stellen begegnen.

Bevor wir nun richtig in die Mikroskopie einsteigen, machen wir im nächsten Kapitel noch einen kurzen Abstecher in einen anderen Bereich, der auch mit Formen zu tun hat. Bei den latenten Fingerabdrücken ging es im vorigen Kapitel darum, sichtbar zu machen, was nicht zu sehen ist. Im folgenden Kapitel wird es jetzt darum gehen, etwas sichtbar zu machen, was eigentlich gar nicht mehr da ist.

4
Unsichtbare Zeugen – Die Rückkehr der Zeichen

Das wahre Geheimnis der Welt ist das Sichtbare, nicht das Unsichtbare.

Oscar Wilde

Mord im Orient-Express

Samuel Ratchett wird in der Nacht mit zwölf Messerstichen getötet, während der Zug in einer Schneewehe steckt. Als man ihn am Morgen in seinem Abteil findet, stößt man auf einige Spuren der nächtlichen Ereignisse, unter anderem seine Taschenuhr, die beschädigt wurde und stehen geblieben ist, ein paar andere Gegenstände und einen fast völlig verbrannten Zettel. Hercule Poirot, der sich zufällig im selben Zug befindet, muss Agatha Christies berühmten »Mord im Orient-Express« mit diesen wenigen Indizien lösen. Der belgische Detektiv betont zwar immer wieder, sich am liebsten auf seine »kleinen, grauen Zellen« zu verlassen. Diesmal kommt er aber der Wahrheit nicht ohne Kriminaltechnik auf die Spur.

In Ratchetts Erste-Klasse-Abteil ist eigentlich nichts so, wie es scheint. Ratchetts richtiger Name war Cassetti. Er war kein unbescholtener Millionär und Kunsthändler, sondern der Entführer eines kleinen Mädchens, der der Justiz Jahre zuvor hatte entkommen können. Seine Uhr wurde nicht zufällig, sondern absichtlich beschädigt und so zurückgelassen, weil diese und viele andere gelegte Spuren Poirot verwirren sollen. Dies alles weiß, wer auch immer die Tat begangen hat. Was er oder sie nicht weiß, ist, dass auch die Schrift auf dem verbrannten Zettel nicht wirklich verschwunden ist. Poirot gelingt es, die Buchstaben wieder sichtbar zu machen. Er erwärmt den stark verkohlten Fetzen vorsichtig über einer Flamme und für einen kurzen Moment, bevor das Papier völlig verbrennt, ist die ursprüngliche Schrift zu lesen: »Daisy Armstrong«. Es ist der Name des kleinen Mädchens, das der Tote entführt und ermordet hatte.

Physik auf der Spur, Voss–de Haan

ISBN: 3-527-40516-X

Poirot kennt den Fall natürlich und versteht die Zusammenhänge. So rekonstruiert er zuerst das Motiv und dann auch die Tat [22].

Es gibt zwei Parallelen zwischen Agatha Christies Roman und der Realität. Zum einen hat sie die Vorgeschichte des Mordes, nämlich die Entführung des kleinen Mädchens, auf der tatsächlichen Entführung des Sohns von Charles Lindbergh aufgebaut, die im Jahr 1932 weltweit Schlagzeilen machte. (Dieser Fall mit seinen ganz eigenen Spuren wird in einem der letzten Kapitel dieses Buchs wieder auftauchen. Zum anderen gibt es in der Kriminaltechnik tatsächlich Methoden, um verschwundene Zeichen wieder sichtbar zu machen. Einige davon werden uns in diesem Kapitel beschäftigen. Während die britische Romanautorin noch recht nah an der Realität und der Kriminaltechnik dran ist, sind besonders manche Fernsehdetektive oft etwas weiter weg.

Ballistik – oder doch nicht?

»Geben Sie das den Ballistikern«, hören wir so manchen Fernsehkommissar lapidar sagen, wenn er glaubt, die Waffe gefunden zu haben, mit der das Opfer erschossen wurde. Ein oder zwei Szenen später hält er dann den Bericht in der Hand und ist dem Täter auf den Fersen. Natürlich sind die Tatwaffe oder eine tödliche Kugel immer eine wichtige Spur, aber die Untersuchung, ob ein solches Geschoss zu einer bestimmten Waffe passt, hat eigentlich nichts mit »Ballistik« zu tun. Ballistik beschäftigt sich primär mit der Flugbahn von Projektilen, z. B. also mit der Frage, wo der Schuss hergekommen sein könnte. Aber diese kleine dichterische Freiheit kann man Drehbuchautoren sicher verzeihen – »Ballistik« ist kürzer als z. B. »Schussspurenuntersuchung«, hört sich interessanter an und ist auch viel leichter auszusprechen. Eine andere dichterische Freiheit, die tatsächlich etwas mit Ballistik zu tun hat, taucht in so manchen Action-Filmen auf. Oft werden dort Bösewichte, von einem Schuss getroffen, rückwärts an die nächste Wand geschleudert. Der Stunt sieht zwar beeindruckend aus, aber diese Kreativität der Filmemacher steht leider im krassen Widerspruch zu den Naturgesetzen. Damit der typische Filmbösewicht wirklich von einem Schuss an die Wand hinter ihm geworfen würde, müsste er nicht von einer Gewehr-, sondern vielmehr von einer kleinen Kanonenkugel getroffen werden.

Es gibt tatsächlich eine wissenschaftliche Untersuchung, die zu diesem Ergebnis kommt. Wer möchte, kann sich das aber auch ganz leicht selbst ausrechnen. Das Prinzip heißt »Impulserhaltung«. Impuls ist das Produkt aus Masse und Geschwindigkeit. Je mehr Masse etwas hat und je schneller es sich bewegt, desto größer ist sein Impuls. Impulserhaltung bedeutet, dass dieser Impuls immer von einem Objekt auf ein anderes übertragen wird aber nie aus dem Nichts entstehen od verschwinden kann. Wir kennen das aus dem Alltag. Bei einem schnell fahrenden Auto, das eine große Masse und einen entsprechend großen Impuls hat, müssen wir zum Bremsen diesen Impuls auf etwas anderes übertragen, z. B. über die Reifen auf die Straße. Bei Eisglätte klappt das Bremsen nicht mehr und der Impuls des Autos bleibt erhalten: Es fährt weiter. Auf einen Brückenpfeiler oder einen Baum hingegen kann der Impuls viel schneller übertragen werden als von den Reifen auf die Straße und das Auto steht umso schneller. Trifft das fahrende Auto jedoch auf ein parkendes Auto, dann bewegen sich danach beide mit langsamerer Geschwindigkeit: Die Masse steigt, die Geschwindigkeit sinkt. Dieselbe Situation haben wir bei der Kugel und dem Filmschurken. Wird ein 100-kg-Bösewicht in einer Zehntelsekunde 1 m weit geschleudert, dann ist seine Geschwindigkeit 10 Meter pro Sekunde (m/s) und sein Impuls 1000 kg · m/s. Das ist genau der Impuls, den die Kugel vor dem Aufprall auf den Bösewicht mindestens haben muss. Typische Geschwindigkeiten von Geschossen sind einige hundert Meter pro Sekunde. Bei 500 m/s muss die Kugel demnach eine Masse von 2 kg haben, damit ihr Impuls 1000 kg · m/s beträgt. Dann wird sie sich nach dem Aufprall zusammen mit dem Bösewicht noch mit etwa 10 m/s bewegen. Genau genommen ist die Geschwindigkeit noch etwas kleiner, weil Bösewicht und Kugel zusammen etwas über 100 kg (nämlich 102 kg) wiegen.

Auch die Angewohnheit so mancher fiktiver Spurensucher, eine Waffe am Tatort aufzuheben, indem sie einen Bleistift in den Lauf stecken, ist nicht unbedingt empfehlenswert. Schließlich soll die Waffe, genauer gesagt die Spuren, die der Lauf auf einer Kugel hinterlässt, noch mit Kugeln vom Tatort verglichen werden. Nur wenn der Lauf weder beschädigt noch verändert wurde, können die Ermittler eine Verbindung zwischen den Kugeln am Tatort und der Waffe herstellen. Eine andere Art von Spur können aber auch die unvorsichtigsten Fernsehdetektive kaum vernichten. Verbrecher hingegen wären diese Spuren gerne los: Seriennummern. Besonders auf Schusswaffen werden sie einem Täter oft zum Verhängnis, aber auch die Fahrgestellnummern (auch Fahrzeugidentifizierungsnummer oder FIN genannt) von Autos können helfen, Verbrechen aufzuklären. Da sie zentral registriert sind, führen diese Nummern bei Waffen unweigerlich zum letzten rechtmäßigen Eigentümer, und bei einem Auto lässt sich z. B. feststellen, ob es als gestohlen gemeldet wurde. Beides kann einem Verbrecher zum Verhängnis werden.

Mord in Cleveland

Ein Fall, bei dem sowohl Seriennummer der Waffe als auch FIN des Autos halfen, den Täter zu überführen, war der Mord an einem Polizisten in den USA im Jahr 1951. Ein junger Mann war in Cleveland, Ohio, von einem Streifenpolizisten angehalten worden, weil er in falscher Richtung durch eine Einbahnstraße gefahren war. Da der Fahrer angeblich seinen Führerschein vergessen hatte, begleitete der Beamte ihn zur Pension. Dort kam es zu einem Kampf, in dessen Verlauf der junge Mann dem Polizisten seine Dienstwaffe abnahm und ihn erschoss. Da seine Fingerabdrücke nun auf der Waffe des Polizisten waren, nahm er sie an sich und flüchtete, bevor die Polizei eintraf. Er hatte sich unter dem Namen Montgomery in der Pension angemeldet, aber das Auto, das er bei seiner Flucht zurücklassen musste, verriet der Polizei später seine wahre Identität: Ein gewisser George Ross hatte das Auto zusammen mit einem Komplizen in Kalifornien gestohlen und bei einer Reihe von Verbrechen benutzt. Dieser Ross war schließlich in Cleveland gelandet und vom Streifenpolizisten zufällig angehalten worden. Selbst mit falschen Nummernschildern hätte sich das Auto anhand der Fahrgestellnummer jederzeit bis zum Diebstahl zurückverfolgen lassen. Um seiner Entdeckung zu entgehen, hatte Ross alias Montgomery daher den Polizisten getötet. Viel gewonnen hatte er aber nicht, denn durch das Auto kam die Polizei ihm doch auf die Spur und außerdem waren nun seine Fingerabdrücke auf einer Mordwaffe. Er war in eine Zwickmühle geraten: Am Tatort zurücklassen konnte er die Waffe nicht, weil seine Fingerabdrücke ihn dann sofort mit dem Verbrechen in Verbindung gebracht hätten. Die Waffe weiter bei sich zu behalten, war aber ebenso riskant, weil die Seriennummer sie jederzeit als die Waffe des toten Polizisten identifizieren würde. Daher ließ er die Waffe auf seiner Flucht in einem billigen Restaurant in einer Toilette verschwinden, damit sie auf Nimmerwiedersehen in der Kanalisation lande und gleichzeitig alle Fingerabdrücke entfernt würden. Aber die Waffe blieb im Abflussrohr hängen, verstopfte die Toilette und wurde gefunden. Einige Tage später wurde Ross gefasst und zu seinem Leidwesen war noch einer seiner Fingerabdrücke auf der Waffe zu finden. Die Seriennummer bewies gleichzeitig, dass es sich um die Dienstwaffe des toten Streifenpolizisten handelte. Ross wurde 1953 zum Tode verurteilt [2].

Hätte Ross damals die Seriennummer von der Waffe abgeschliffen, dann hätte die Polizei sie vielleicht nicht dem Polizistenmord zuordnen können, als sie gefunden wurde. Mit der Seriennummer war das aber mühelos möglich. Um nicht in eine ähnlich missliche Lage zu geraten wie George Ross, versuchen daher viele Verbrecher, diese verräterischen Zeichen von Schusswaffen zu entfernen oder bei gestohlenen Autos die Ziffernfolge der Fahrgestellnummern zu ändern. Genauso wie der Mörder im Orient-Express, rechnen sie fest damit, die ursprünglichen Ziffern und Buchstaben seien für immer verschwunden, wenn sie erst einmal nicht mehr zu sehen sind. Mit so einer Seriennummer verhält es sich allerdings wie mit dem Kaninchen im Zylinder des Magiers: Dass der Betrachter es zuerst nicht sehen kann, heißt noch lange nicht, dass es nicht da ist.

Wie die Nummern entstehen ...

Nehmen wir einmal an, eine Pistole wurde am Tatort gefunden und die Individualisierung der Waffe ist geglückt: Ein Kriminaltechniker konnte nachweisen, dass eine mit der gefundenen Waffe abgefeuerte Vergleichskugel dieselben Spuren aufweist, wie die im Opfer gefundenen Kugeln. Es ist also die Mordwaffe. (Von Technik und Physik hinter dieser Untersuchung später mehr im Kapitel zum Rasterelektronenmikroskop.) Wenn jetzt die Seriennummer abgefräst, abgefeilt oder auf irgendeine andere Weise entfernt worden ist, wie soll diese Information dann zurückkommen? Der Kriminaltechniker findet sich in einer ähnlichen Situation wieder, wie Hercule Poirot im Orient-Express: Er weiß, die Schrift war da, aber sie ist nicht mehr zu sehen. Nur wenn die ursprüngliche Information noch irgendwo unter der verkohlten oder abgeschliffenen Oberfläche vorhanden ist und er die entfernten Zeichen wieder herstellen kann, hat er eine Chance diese Spur zurückzuverfolgen. Die Pistole einfach über eine kleine Flamme zu halten, wie Poirot es mit dem verbrannten Zettel machte, dürfte nicht ganz funktionieren – obwohl das schon überraschend nah an einer der möglichen Methoden dran ist. Um zu verstehen, wie die Wiederherstellung der Zeichen aber tatsächlich funktionieren kann, müssen wir vorher noch einen Ausflug in die Welt der Atome machen und uns ansehen, was mit den Atomen im Metall passiert, wenn die Seriennummer angebracht oder später entfernt wird.

Vereinfacht betrachtet können sich Atome oder Moleküle in Gasen im Grunde frei und unabhängig von ihren Nachbarn bewegen, weil sie so weit auseinander sind, dass sie sich gegenseitig nur dann bemerken, wenn sie zusammenstoßen. Solange sie nicht zusammenstoßen, üben sie daher auch keine Kräfte aufeinander aus. In Flüssigkeiten sind die Atome schon wesentlich dichter zusammen und, ähnlich wie bei Sandkörnern, findet man in der Nähe eines Atoms typischerweise eine bestimmte Anzahl anderer Atome, jedoch ohne feste Ordnung. Die Kräfte zwischen den Atomen in einer Flüssigkeit sind zwar nicht sehr stark (wir können Flüssigkeiten ganz leicht »schneiden«), aber sie reichen aus, um viele Atome z. B. als Tropfen zusammenzuhalten. In Festkörpern ist die Dichte der Atome meist nicht viel höher als in einer Flüssigkeit, aber die Kräfte zwischen den Teilchen sind deutlich größer (ein Zerschneiden ist nicht mehr so einfach) und die Atome sind relativ unbeweglich und starr angeordnet. Gibt es in dieser Anordnung der Atome in einem Festkörper überhaupt keine »Ordnung«, keine Regelmäßigkeit, dann sprechen die Physiker von einem amorphen Aufbau (aus dem Griechischen: »formlos«). Kunststoffe und Gläser sind typische amorphe Festkörper. Im anderen Extrem sind alle Atome eines Körpers gleichmäßig, wie auf einem dreidimensionalen Gitter, angeordnet, so ähnlich wie gestapelte Kanonenkugeln oder Orangen. Ein solch regelmäßiger Aufbau wird als Kristallstruktur bezeichnet und ein Festkörper, der aus einem einzigen großen solchen Gitter besteht, nennt sich Einkristall. Diamanten sind besonders beliebte Vertreter dieser Art, aber auch die Silizium-Scheiben, die sogenannten »Wafer«, aus denen in der Computerindustrie die Mikrochips hergestellt werden, sind Einkristalle. Bei Kristallstrukturen kann sich der Körper auch aus vielen einzelnen Bereichen (sog. Kristalliten oder

Körnern) zusammensetzen, die zwar jeweils für sich genommen dasselbe Kristallgitter haben, aber gegeneinander verdreht, verschoben und gekippt sind – ein wenig so, wie ein Stück Würfelzucker ganz unregelmäßig aus vielen kleinen regelmäßigen Zuckerkristallen zusammengesetzt ist. In diesem Fall spricht man von einem Vielkristall (oft auch von einem Polykristall oder einer polykristallinen Struktur, vom griechischen *poly* für »viel«). In genau dieser Form treten Metalle typischerweise auf. Ein Kubikmillimeter Stahl z. B. enthält etwa 100.000 solcher einzelner Kristallite [11, 23].

Um die Seriennummer in das Metall einer Schusswaffe zu »schreiben«, gibt es eine ganze Reihe von Möglichkeiten. Die Ziffern können z. B. geprägt, gefräst oder sogar mit einem Laser in das Material gebrannt werden. (Genau genommen, verdampft der Laser das Material und verbrennt es nicht.) Bei allen Methoden wird die ursprüngliche Anordnung der Atome im Bereich der Zeichen gestört. Im Fall der Prägung wird ein Stempel in das Material hinein gedrückt, so als ob man einen Finger in Kuchenteig steckt. Dabei wird kein Material entfernt, wie etwa beim Fräsen oder der Laserbeschriftung, sondern es wird zur Seite gedrückt. Durch den enormen Druck, der nötig ist, um den Stempel in das Metall einer Schusswaffe zu pressen, wird dabei die Struktur des Metalls auch in tieferen Schichten verändert. Die ehemals gleichmäßige Struktur wird so plastisch verformt, d. h. die ursprünglichen Kristallite sind nicht mehr in ihrer gewachsenen Form vorhanden. Durch starken Druck von oben können sie flacher und gleichzeitig breiter und länglicher werden – wieder ähnlich dem Kuchenteig, der zur Seite quillt, wenn wir mit einem Nudelholz auf ihn drücken. Außerdem wird z. B. auch die regelmäßige Struktur innerhalb der Kristallite gestört. Sogenannte Gitterfehler können entstehen, an denen die Kristallstruktur vom Ideal abweicht. Solche Stellen, an denen Atome fehlen, die nicht richtig »gestapelt« sind oder in denen ganze Schichten von Atomen im Kristallit ein wenig gegeneinander verschoben sein können, gibt es zwar immer, aber durch die Prägung kann ihre Zahl ganz drastisch ansteigen. Mit der mikroskopischen Struktur ändern sich dann ebenso einige Eigenschaften des Materials, was allerdings von außen nicht unbedingt zu sehen ist.

... wie sie verschwinden ...

Die sichtbaren Zeichen im Metall sind also nur die eine Folge der Prägung. Gleichzeitig hat sich – unsichtbar für jeden Betrachter – das Metall auch unterhalb der Vertiefungen verändert, aus denen sich die Zeichen zusammensetzen. Möchte ein Verbrecher (oder einer, der es werden möchte) die Zeichen nun verschwinden lassen, dann ist eine recht simple Möglichkeit, die Vertiefungen mit Metall zu füllen, sodass sie einfach nicht mehr zu sehen sind. Der Unterschied zwischen neuem und altem Metall lässt sich allerdings recht einfach entdecken, allein schon, weil es fast unmöglich ist, genau dieselbe Metalllegierung in genau derselben Qualität zu produzieren wie der Hersteller der Waffe. Eine andere einfache Möglichkeit ist das »Verschlagen« der Zeichen, d. h. das Zerstören der Seriennummer, indem man so lange mit einem kleinen Meißel auf das Metall im Bereich der Zeichen schlägt, bis die Zeichen einfach nicht mehr zu lesen sind. Auch bei dieser Methode können sich Überreste der ursprünglichen Zeichen finden, weil schließlich das Material, wenn auch verformt, immer noch vorhanden ist. Um das zu vermeiden, möchten viele Verbrecher sicher gehen und entfernen die Zeichen zusammen mit dem gesamten Material drum herum: Sie fräsen oder schleifen das Metall ab. Das ist so, als ob sie nicht die Schrift auf einem Notizblock durchstreichen und übermalen, sondern einfach das oberste Blatt abreißen und vernichten. Die ursprüngliche Schrift ist dann vom Notizblock verschwunden wie die Zeichen von der Waffe. Aber auch bei einem Notizblock kann die Schrift auf das Blatt darunter durchgedrückt worden sein, genauso wie die geprägten Zeichen ihre Spuren in den tiefer liegenden Metallschichten der Waffe hinterlassen haben. Nach dem Schleifen ist dann vielleicht nichts mehr von den Buchstaben und Ziffern zu sehen. Trotzdem haben die Bereiche im Metall, die unter den ehemaligen Zeichen liegen, nach wie vor etwas andere Eigenschaften als das übrige, »normale« Metall, das bei der Prägung nicht verändert wurde. Die Informationen sind noch da. Sie müssen nur wieder sichtbar werden.

Ein besonders unter Kindern beliebtes Rezept für unsichtbare Tinte ist Zwiebelsaft. Schreibt man mit dieser farblosen »Zaubertinte« auf Papier, dann ist die Schrift danach weder zu sehen noch zu fühlen, wenn die Feuchtigkeit verdunstet ist. Allerdings sind die übrigen Stoffe aus dem Saft sehr wohl noch auf bzw. im Papier. (Genauso bleiben die blauen

Farbstoffe der normalen Tinte auf dem Papier übrig, wenn die Flüssigkeit der Tinte verdunstet ist.) Erwärmt man das Papier ausreichend, ähnlich wie Poirot es mit seinem Zettel tat, dann verändern sich die auf dem Papier zurückgebliebenen Stoffe der Zwiebel: Sie werden braun, und damit wird die »Zaubertinte« auf einmal sichtbar.

… und wieder sichtbar werden

Ätzen

Zeichen wieder sichtbar zu machen ist bei Zaubertinte oder durchgedrückter Schrift auf einem Notizblock etwas einfacher als bei abgefrästem Metall. Um auch dort an die Informationen heranzukommen, müssen wir zuerst einmal wissen, wo und wie sie auch nach dem Abfräsen überhaupt noch im Metall stecken. Das »wo« ist relativ einfach zu beantworten: in der Gitterstruktur der Atome des Metalls. Das »wie« ist etwas schwieriger zu verstehen. Vereinfacht betrachtet sind es die leicht veränderten elektromagnetischen Kräfte, die zwischen den Atomen des Metallgitters wirken. Die Ursache für diese Anziehungskräfte sind die elektrischen Ladungen des Atomkerns und der Elektronen in der Hülle der Atome. Die genaue Kraft, die auf ein Atom im Gitter eines Festkörpers wirkt, hängt dabei von sehr vielen verschiedenen Faktoren ab, sowohl was den Aufbau des Atoms selbst angeht (z. B. wie viele Elektronen hat es und wie sind sie angeordnet?) als auch was die Anordnung der Atome untereinander betrifft (wie viele Nachbarn hat jedes Atom, in welchen Richtungen befinden sie sich und wie weit sind sie entfernt?). Natürlich ändert sich der innere Aufbau der Atome bei der Prägung nicht, wohl aber ihre Anordnung. Was genau mit einem einzelnen Teilchen im Metallgitter passiert, ist dabei von Atom zu Atom verschieden und unmöglich vorherzusagen. Insgesamt wird aber durch das Verschieben der Atome bei der Prägung die Struktur des Metalls etwas »durcheinander« kommen, sodass mehr Fehler im Gitter der Atome auftauchen. An diesen Defekten weicht die Struktur des Gitters vom perfekten Kristall ab (z. B. können einzelne Atome an Stellen im Gitter fehlen oder ganze Lagen von Atomen verschoben sein), und Atome in diesen unvollkommenen Bereichen sind weniger stark an ihre Nachbarn gebunden als Atome, die in einer perfekten Struktur

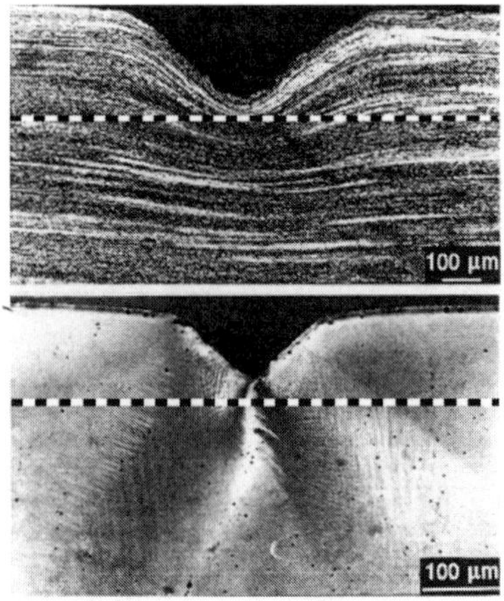

Abbildung 4.1: Querschnitte durch zwei verschiedene Aluminium-Legierungen nach einer Prägung. Es ist gut zu erkennen, wie das Metall auch noch in Schichten verformt wird, die weit unterhalb der sichtbaren Prägung liegen. Die gestrichelten Linien deuten die Oberfläche nach dem Abschleifen der Zeichen an. Die Zeichen sind zwar nicht mehr zu sehen, aber die Information ist noch im Metall (Quelle: Bundeskriminalamt).

sitzen. Darauf aufbauend können wir eine entfernte Seriennummer auf verschiedenen Wegen rekonstruieren [23].

Ein Ansatz beruht darauf, dass die Atome in den verformten Bereichen wegen der unterschiedlichen inneren Kräfte im Metall auch etwas anders auf äußere Kräfte reagieren. Wenn z. B. etwas versucht, die Atome aus dem Metall herauszulösen, dann wird das in jenen Bereichen der Oberfläche leichter gelingen, wo Atome weniger stark im Gitter festgehalten werden. Dieses »Etwas«, das die Atome aus ihrer Verbindung mit den anderen Metallatomen herauslöst, kann z. B. eine chemische Säure sein. Kommt eine Säure in Kontakt mit einer Metalloberfläche, dann versuchen Atome und Moleküle in der Säure sich mit den Atomen des Metalls zu verbinden. Die Metallatome werden natürlich von ihren Nachbarn fest gehalten, aber wenn die Kräfte zwischen dem Metallatom und den Teilchen der Säure stärker sind, dann löst es sich von der Oberfläche: Das Metall löst sich auf. Nachdem die Atome in den geprägten und ungeprägten Bereichen unterschiedlich stark am Metall »festhängen«, läuft auch das Ätzen in beiden Bereichen unterschiedlich schnell ab. Wenn wir die abgeschliffene oder abgefräste Oberfläche einer Waffe in eine geeignete

Säure legen und lange genug (aber nicht zu lange) warten, werden die Bereiche der Prägung sichtbar, weil das Material dort schneller abgeätzt wird. Der Effekt ist zwar nicht übermäßig stark, aber es entsteht eine leichte Vertiefung und die verschwundenen Zeichen lassen sich in vielen Fällen rekonstruieren. Statt mit chemischen Säuren, die an den Atomen der Oberfläche zerren, können wir einen ähnlichen Effekt auch mit etwas »physikalischeren« Methoden erreichen. Eine recht ungewöhnliche Variante ist die Kavitationserosion. Es kennt zwar kaum jemand diesen physikalischen Effekt, aber er kann sogar im Alltag auftauchen – in etwas anderer Form und ausgesprochen unerwünscht.

Kavitation

Manchmal kommt es in Wasserrohren zu einem ganz eigentümlichen, lauten Knattern. Die Ursache für dieses Knattern sind kleine Dampfblasen, die sich im fließenden Wasser bilden und dann wieder zerfallen. Dampfblasen in Wasserrohren? Eigentlich verbinden wir mit dem Verdampfen einer Flüssigkeit die Vorstellung von Wärme. Ob eine Flüssigkeit verdampft, hängt aber nicht nur von der Temperatur ab, sondern auch vom Druck. Wenn der Druck einer Flüssigkeit sinkt, dann sinkt ebenfalls ihre Siedetemperatur, oberhalb derer sie anfängt zu verdampfen. (Auf einem hohen Berg, wo der Luftdruck geringer ist, kocht Wasser daher bereits bei Temperaturen unter 100 °C.) Ist der Druck einer Flüssigkeit weit genug – unter den so genannten Dampfdruck – gesunken, dann ist schließlich die Siedetemperatur geringer als die tatsächliche Temperatur der Flüssigkeit und sie beginnt zu »kochen«. In einer stehenden Flüssigkeit macht all das kaum einen Unterschied (es sei denn vielleicht wir möchten auf einem hohen Berg eine Suppe kochen). Aber wenn die Flüssigkeit sich bewegt, wie in einem Wasserrohr, verändert sich der Druck in ihr. Überraschenderweise nimmt er in strömenden Flüssigkeiten aber nicht zu, wie man instinktiv vielleicht annehmen möchte, sondern er sinkt.

Luft ist zwar keine Flüssigkeit, verhält sich aber in diesem Punkt sehr ähnlich. Jeder kann daher diesen Effekt leicht überprüfen, indem er einmal zwischen zwei Blättern Papier hindurch bläst, die er parallel und nicht allzu weit auseinander hält. Die Blätter werden dabei nicht etwa nach außen gedrückt, sondern stattdessen zusammengezogen. An der engsten

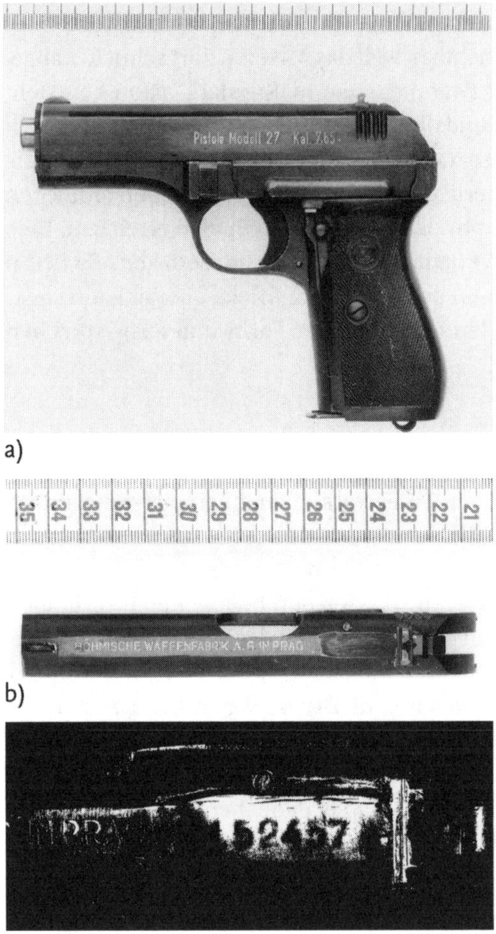

Abbildung 4.2: Bei dieser Pistole war (a) die Seriennummer abgefeilt worden, bis nichts mehr von den Zeichen zu erkennen war (b). Kriminaltechniker konnten durch chemisches Ätzen die Seriennummer wieder sichtbar machen (c) (Quelle: Bundeskriminalamt).

Stelle zwischen den Blättern ist die Strömungsgeschwindigkeit wie bei einer Düse am größten. Dadurch entsteht dort im Vergleich zum normalen Luftdruck ein etwas geringerer Druck, der die beiden Papierbögen in die Mitte zieht. Der Auftrieb an den Tragflächen von Flugzeugen beruht (etwas vereinfacht) ebenfalls auf diesem Prinzip. Durch die nach oben gekrümmte

Tragfläche strömt die Luft im Flug auf der Oberseite schneller und auf der Unterseite langsamer. Durch die höhere Geschwindigkeit ist der Druck auf der Oberseite somit geringer und die Tragfläche bekommt Auftrieb.

Wenn eine Flüssigkeit nur schnell genug strömt, dann wird ihr Druck – zumindest an einigen Stellen – so weit sinken, dass ihr Dampfdruck dort unterschritten ist. An diesen Stellen wird die Flüssigkeit dann spontan verdampfen und der Dampf bildet kleine Bläschen: Von diesen Gasblasen (nämlich dem lateinischen *cavitas* für »Höhlung«) hat die Kavitation ihren Namen. Sie kann in Wasser schon bei Geschwindigkeiten von vierzehn Metern pro Sekunde auftreten. In Wasserrohren kann das leicht geschehen, wenn z. B. an einer Stelle das Rohr durch Ablagerungen verengt ist. Diese Stelle wirkt dann wie ein Düse, durch die das Wasser wesentlich schneller hindurch strömen muss, sodass sich der Druck verringert und sich Bläschen bilden. Weitet sich der Querschnitt des Rohrs hinter dieser Stelle, dann sinkt die Strömungsgeschwindigkeit, der Druck steigt wieder an und das Wasser kondensiert schlagartig. Dadurch können die Blasen implosionsartig zusammenfallen und das eigentümliche Knattern im Wasserrohr verursachen.

Beim Zusammenfall solcher Blasen können Drücke bis zu einigen tausend bar entstehen. Gleichzeitig wird das Gas in der einstürzenden Blase so schnell und so stark komprimiert, dass es sich auf Temperaturen bis zu 20.000 °C aufheizen kann. (Zum Vergleich: Der Wasserdruck an der tiefsten Stelle des pazifischen Ozeans, dem mehr als 10.000 m tiefen Marianen-Graben, beträgt um die tausend bar und die Temperatur der Sonne entspricht (gemessen an der Strahlung, die sie abgibt) etwa 6000 °C.) Es ist einleuchtend, dass eine solche Implosion nicht nur Krach machen, sondern auch »Schaden« anrichten kann, wo die Flüssigkeit auf andere Materialien trifft. Zwar sind die Blasen klein und die frei werdende Energie ist begrenzt, aber sie reicht oft aus, um mit der Zeit Wasserrohre oder auch Schiffsschrauben zu zerfressen. Andererseits ist die zerstörerische Wirkung der Kavitation manchmal auch beabsichtigt und hilfreich. Die Kavitationserosion (lat.: *erodere*, »zerfressen«) benutzt die kleinen Bläschen, um gezielt Material von der Oberfläche eines Gegenstands abzutragen. Ganz wie beim chemischen Ätzen mit einer Säure werden die Atome auch bei der Kavitationserosion umso schneller entfernt, je schwächer sie gebunden sind. Bei Schusswaffen können wir so die

Zeichen einer entfernten Seriennummer ebenfalls wieder sichtbar machen – aber auf eine durch und durch physikalische Weise.

Härtemessungen

Es ist allerdings gar nicht immer nötig, so zerstörerisch an die Spur der verschwundenen Zeichen heranzugehen, um sie wieder sichtbar zu machen. Statt im abgefeilten oder abgefrästen Bereich das Metall zu ätzen, können wir die Härte der Oberfläche an vielen einzelnen Punkten dort messen. Durch die Verformung des Materials und die veränderten Kräfte zwischen den Atomen hat das Metall unter den geprägten Zeichen eine andere Härte. Wenn wir die härteren und weicheren Punkte unterschiedlich einfärben, dann sind die ursprünglichen Zeichen in dem Mosaik dieser Punkte wieder zu erkennen. *Das Prinzip solcher Härtemessungen entspricht ziemlich genau der Methode, die wir selber im Alltag verwenden: Um zu prüfen, wie hart ein Fußball aufgepumpt ist, drücken wir den Ball mit einem Finger ein. Je weiter wir ihn eindrücken können, desto weicher ist er. Bei technischen Härtemessungen nimmt man natürlich keinen Finger, sondern drückt mit einer Spitze aus sehr hartem Material auf den Gegenstand.* Eine bestimmte Art von Härtemessung begegnet uns im Alltag viel häufiger, als wir denken. In Münzautomaten für Fahr- und Parkscheine, Zigaretten und Getränkedosen, aber auch in den immer seltener werdenden Telefonzellen werden die eingeworfenen Münzen geprüft. Bei über zwei Millionen solcher Automaten allein in Deutschland und mehr als zehn Milliarden Euro, die jährlich durch sie hindurchwandern, sollen natürlich möglichst wenig »falsche Fünfziger« in den Kassen landen. Um es den Falschmünzern dabei so schwer wie möglich zu machen, werden mit jedem eingeworfenen Geldstück verschiedene Tests gemacht. Eine Härtemessung kann besonders gut gefälschte Münzen aus weichem Blei entdecken, die oft mit anderen Methoden nicht sicher zu erkennen sind. Dafür lässt man die Münze über eine kleine Stahlkugel rollen und misst, wie stark sie die Kugel nach unten drückt. Auch bei gleicher Größe und gleichem Gewicht wird ein gefälschtes Geldstück aus Blei sich dabei etwas mehr verformen und weniger stark auf die Kugel drücken als die echten Euro-Münzen, die vor allem aus Stahl, Kupfer, Nickel und Messing bestehen.

Magnetfeldmessungen

Es gibt noch eine ganz andere Methode, um die Zeichen wieder sichtbar zu machen. Sie hat ebenfalls einen Bezug zu unserem Alltag. Entwickelt wurde sie, um Haarrisse und andere winzige Schäden in metallischen Bauteilen aufzuspüren, bevor sie zu einer Katastrophe führen können. Was passieren kann, wenn dies nicht gelingt, hat das Zugunglück von Eschede gezeigt. Am 3. Juni 1998 entgleiste der ICE »Wilhelm Conrad Röntgen« wegen eines gebrochenen Radreifens. Über einhundert Menschen starben damals, weil die Schäden im Reifen nicht früh genug entdeckt worden waren. Bei Flugzeugen sind die Gefahren noch viel größer als bei Zügen. Nicht nur die Räder, sondern der gesamte Rumpf, die Tragflächen und die Triebwerke müssen untersucht werden, damit keine Bauteile mit winzigen Beschädigungen unter den enormen Belastungen während eines Flugs brechen. Die Geschichte der »Comet«, des ersten Passagierdüsenflugzeugs, machte das allzu deutlich. Im Mai 1951 startete sie zum ersten Linienflug von London nach Johannesburg. Die anfängliche Begeisterung über diesen Erfolg wich jedoch schnell der Ernüchterung, als innerhalb der nächsten drei Jahre fünf Maschinen beim Start oder während des Flugs zerbrachen und abstürzten. Wie man bei der Untersuchung der Trümmer herausfand, war die Ursache Materialermüdung. Durch winzigste Schäden war das Material mit der Zeit schwächer geworden. Diese Schäden waren nicht sichtbar und unter normalen Umständen kaum zu bemerken, aber unter den Belastungen während eines Flugs konnten sie katastrophale Folgen haben. Seit dieser Unglücksserie werden daher die Bauteile besonders von großen Düsenjets, die den größten Belastungen ausgesetzt sind, mit den verschiedensten Methoden untersucht. Röntgenstrahlen und Ultraschall können z. B., wie in den menschlichen Körper, auch in Bauteile von Flugzeugen hineinschauen. Mit Magnetfeldern lassen sich feinste Risse und Schäden unter der Oberfläche von Metallen oft sogar noch empfindlicher aufspüren – egal ob die Schäden unter der Oberfläche eines Flugzeugteils oder einer Schusswaffe liegen.

Die »magnetische Streuflussmethode« ist am leichtesten zu verstehen, wenn wir das Magnetfeld durch Linien darstellen. Diese Magnetfeldlinien verlaufen außerhalb eines Magnets, wie z. B. bei einem Stabmagneten, immer vom Nordpol zum Südpol. Eine Kompassnadel ist nichts anderes als ein kleiner Stabmagnet. Sie richtet sich entlang der Feldlinien des Erdmagnetfelds aus. *Der* geografische Nordpol *der Erde, auf den der magnetische Nordpol der Nadel zeigt, ist übrigens der* magnetische Südpol *der Erde – der magnetische Nordpol der Nadel kann nicht von einem anderen magnetischen Nordpol angezogen werden, sondern nur von einem magnetischen Südpol.* Da magnetische Feldlinien keinen Anfang und kein Ende haben können, laufen sie im Inneren des Stabmagneten vom Südpol zurück zum Nordpol, sodass jede Feldlinie eine geschlossene Kurve darstellt. Die Stärke eines Magnetfelds entspricht in dieser Darstellung der Dichte der Feldlinien: Je mehr Feldlinien durch einen Bereich hindurchlaufen, desto stärker ist dort das Magnetfeld. Während die Feldlinien außerhalb des Magneten auseinander streben und das Magnetfeld dort schwächer ist als beispielsweise direkt an einem der Pole des Magneten, so haben viele Metalle die Eigenschaft, in ihrem Inneren diese Feldlinien zu bündeln und das Feld zu verstärken. Ein Nagel, den wir an das eine Ende eines Stabmagneten halten, wirkt so wie eine Verlängerung des Magneten: Andere Nägel werden vom Ende dieses Nagels angezogen, obwohl das Feld des Magneten ohne den Nagel auf diese Entfernung keine spürbare Wirkung hätte. Dort, wo der Nagel endet, endet natürlich auch die Bündelung der Feldlinien, und sie streben dann wieder so auseinander, wie wir das vom Pol des Magneten kennen. Ist das Metall des Nagels allerdings an einer Stelle gerissen oder ist die Oberfläche irgendwie anders beschädigt, dann können die Feldlinien auch schon an dieser Stelle austreten. Selbst wenn sie hinter dem Riss wieder in das Metall eindringen, dehnen sie sich trotzdem in den Raum über dem Metall aus. (Der Effekt ähnelt einem kaputten Fußball, bei dem durch eine offene Naht die innere Gummiblase herausquillt. Je stärker die Blase aufgepumpt und je größer die Beschädigung der Naht ist, desto mehr quillt die Blase aus dem Fußball.) Diese Beule aus Feldlinien, die aus dem Metall herausragt, entspricht einem stärkeren Magnetfeld als es über der unbeschädigten Oberfläche herrscht, aus der keine Feldlinien austreten. Solche Änderungen in der Stärke des Magnetfelds können mit sehr kleinen und empfindlichen Magnetfeldsensoren nachgewiesen werden. Gemessen wird die Stärke eines Magnetfelds in Tesla. Im Labor lassen sich ohne weiteres Magnetfelder von mehreren Tesla erzeugen. Magnete, die sich in Haushalten auf Kühlschränken oder Magnettafeln finden, haben Felder bis etwa zu einem zehntel Tesla. Selbst auf das Erdmagnetfeld, das weniger als ein zehntausendstel

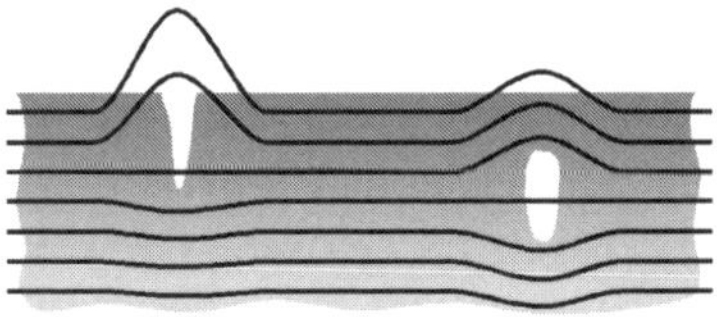

Abbildung 4.3: Bei magnetischen Streuflussverfahren wird ein Magnetfeld durch das zu untersuchende Metall geleitet. Auch wenn eine Seriennummer entfernt worden ist, verbleiben im Metall unter der Prägung vermehrt Beschädigungen oder Unregelmäßigkeiten in der mikroskopischen Struktur des Metalls, im Bild durch die weißen Bereiche angedeutet. Sie »verdrängen« die Magnetfeldlinien, sodass einige von ihnen wie eine Blase aus der Oberfläche austreten. Dort lassen sich die geringen Veränderungen des Magnetfelds mit empfindlichen Sensoren messen.

Tesla beträgt, reagiert noch jede Kompassnadel. Die empfindlichsten Sensoren schließlich können Änderungen in Feldern nachweisen, die noch eine Milliarde Mal schwächer sind. Mit einer solchen Empfindlichkeit kann man auch Haarrisse und winzige Beschädigungen auf und unter der Metalloberfläche einer ermüdenden Tragfläche entdecken ... oder eben bei einer Schusswaffe, deren Seriennummer entfernt wurde. Denn an den Stellen, wo das Metall einer Schusswaffe geprägt wurde, bleiben auch nach dem Abschleifen der Zeichen viele Unregelmäßigkeiten und kleine, für das Auge und selbst das Mikroskop nicht sichtbare Beschädigungen im Metall. Um die Zeichen wieder sichtbar zu machen, leiten wir ein starkes Magnetfeld durch das Metall der Schusswaffe, sodass es im Bereich der entfernten Seriennummer parallel zur Oberfläche verläuft. So wie am Ende des Nagels im Beispiel oben, treten dann an jeder Beschädigung die Magnetfeldlinien ein Stückchen weit aus dem Metall heraus, und an Punkten, wo vorher die Zeichen geprägt waren, wird die Dichte der Feldlinien zunehmen. Messen wir die Stärke des Magnetfelds an vielen Punkten der Oberfläche, dann taucht, wie bei der Härtemessung, im Raster der Messpunkte die ursprüngliche Seriennummer wieder auf.

Erwärmen

Ein anderer Ansatz, die Zeichen wieder sichtbar zu machen, ist es, das Metall nicht zu verändern oder zu untersuchen, sondern ihm zu erlauben, wieder in einen »natürlicheren Zustand« zurückzukehren. Die Idee dahinter ist einfach und erinnert äußerlich ein wenig an Poirots Kunstgriff: Indem wir die abgefräste Stelle der Pistole erwärmen, können wir den Prägeprozess umkehren und die Zeichen – im wahren Sinne des Wortes – wieder aus dem Metall herausholen. Beim Erwärmen endet allerdings auch die Parallele zum Orient-Express, denn was im Metall abläuft hat wenig mit den Vorgängen in einem verkohlten Zettel zu tun.

Beim Prägen der Seriennummer wird die innere Struktur des Metalls geändert, insbesondere die Kristallite, die sich beim Abkühlen direkt nach der Herstellung gebildet haben. Zum einen wandelt sich die Form der Kristallite, zum anderen steigt die Zahl der Gitterfehler, wie oben festgestellt. Wärme kann nun diesen Effekt zum Teil rückgängig machen, weil sie den Atomen erlaubt, sich im Kristall bis zu einem gewissen Grad neu anzuordnen. Wärme ist aus Sicht des Atoms nichts anderes als Bewegung, genauer gesagt: eine ungeordnete Bewegung. In einem Kristall bewegen sich alle Atome, indem sie auf ihrer Position im Kristall »zittern«. Je wärmer der Kristall ist, desto stärker ist das Zittern.

Entsprechendes gilt auch für Flüssigkeiten und Gase, nur dass die Atome sich in Gasen z. B. frei bewegen können. Sie zittern nicht um eine Ruheposition herum, sondern sie fliegen durch die Gegend, bis sie auf ein anderes Atom treffen und von ihm abprallen. Je höher die Temperatur, desto schneller wird die Bewegung. Wenn sich eine Gruppe von Atomen überhaupt nicht mehr bewegen würde, dann wäre die Temperatur am »absoluten Nullpunkt«, null Grad Kelvin, was –273,15° C entspricht. Allerdings sagt die Physik, dass es nicht möglich ist, diesen Punkt tatsächlich zu erreichen. Man kann ihm nur sehr nah kommen.

Bei einer ausreichend hohen Temperatur werden Atome es mehr und mehr schaffen, sich im Kristall zu bewegen und z. B. von einem Platz im Kristall zum anderen zu springen. Wenn genügend Atome ausreichend beweglich sind, dann können die Schäden durch die Prägung so z. T. wieder rückgängig gemacht werden. Triebkraft dafür ist das Bestreben der Atome, die bevorzugte (ideale) Kristallstruktur einzunehmen; einen Zustand, dem sie vor der Prägung wesentlich näher waren. Dieser Prozess nennt sich daher auch Rekristallisation. *Ähnlich wie bei einer Kiste mit Kugeln, die ungeordnet sind: Wenn man die Kiste etwas schüttelt, dann ordnen sich die Kugeln bis zu einem gewissen Grad.* Bei zu viel Wärme und zu hohen Temperaturen, werden allerdings so viele Atome so beweglich, dass sie sich gar nicht mehr gegenseitig in der Kristallstruktur halten können. Der feste Körper schmilzt. Dann sind natürlich alle Informationen über die Seriennummer verloren, die vorher noch im Metall der Waffe versteckt waren. Bei den richtigen Temperaturen und ausreichend Zeit kommt aber durch die Rekristallisation die alte Struktur des Metalls wieder zum Vorschein: Dort, wo bei der Prägung das Metall ursprünglich eingedrückt wurde, wölbt sich das Metall nun wieder nach oben. Wäre die Prägung nicht abgeschliffen worden, dann würden die Vertiefungen der geprägten Zeichen sich jetzt wieder »füllen« und die Prägung wäre einfach weniger tief. Da aber das Material abgeschliffen wurde und nur die geprägten Bereiche rekristallisieren, wölben sich die Zeichen aus der Oberfläche heraus, als ob die Prägung umgekehrt würde, und die Seriennummer wird wieder sichtbar.

Plastik statt Metall

Kriminaltechnik hat ihren Namen bekommen, weil sie nicht nur eine Frage der Wissenschaft ist, im Sinne von »Was wissen wir?«, sondern auch eine Frage der Technik, im Sinne von »Was können wir?«. Unsere Fähigkeit, die entfernten Zeichen durch die heraustretenden magnetischen Felder wieder sichtbar zu machen, hängt ganz wesentlich von den Magnetfeldsensoren ab, die uns zur Verfügung stehen. Je empfindlicher sie sind und je besser ihre räumliche Auflösung ist (je kleiner also die Mess- und Bildpunkte sind), desto größer sind unsere Chancen. Zu den besten Sensoren gehören heute sogenannte »SQUIDs«. Das englische Wort *squid* bedeutet eigentlich »Tintenfisch«, steht hier aber als Abkürzung für »Superconducting Quantum Interference Device«, ein supraleitendes Quanten-Interferometer. Obwohl die Idee schon kurz nach 1960 aufkam, haben sich SQUIDs erst in den letzten beiden Jahrzehnten wirklich verbreitet (z. B. auch in der Medizin zur Untersuchung der magnetischen Felder des Gehirns oder auch des Herzens). Während solche technischen Fortschritte auch der Kriminaltechnik ganz neue Möglichkeiten eröffnen können, bringt der technologische Wandel manchmal auch Schwierigkeiten für die Verbrechensbekämpfung mit sich. Kunststoffe z. B. breiten sich seit einigen Jahrzehnten immer mehr in unserem Alltag aus. Mehr und mehr Teile von Autokarosserien und Fahrrädern, Gehäuse von elektronischen Geräten noch und vieles andere werden statt aus Metall inzwischen aus solchen synthetischen Materialien hergestellt. Für die Industrie sind Kunststoffe aus verschiedenen Gründen interessant. Zum einen spielt der Preis eine ganz wesentliche Rolle. Zum anderen lassen sie sich meist viel einfacher verarbeiten und sind viel leichter als Metall (was für Transportkosten oder den Benzinverbrauch von Autos ein wichtiger Aspekt sein kann), während bestimmte Kunststoffe gleichzeitig mit ihrer Härte und Widerstandsfähigkeit Metallen schon Konkurrenz machen. Trotzdem gibt es einige sehr drastische Unterschiede zwischen beiden Materialien, besonders was einen Kriminaltechniker betrifft, der es mit entfernten Zeichen zu tun bekommt. Das »Zurückzaubern« der Zeichen auf Metall beruhte auf der Verformung der atomaren Struktur und den Kräften, die zwischen den Atomen in einem Metall herrschen. Bei Seriennummern auf Kunststoffen sieht das etwas anders aus.

Viele Kunststoffe, wie etwa das bekannte PVC (Polyvinylchlorid), bestehen aus großen, z. T. riesigen Molekülen, den Polymeren. Diese Makromoleküle, die Polymere (griech. *poly* »viel« und *méros* »Anteil«), setzen sich ihrerseits aus vielen kleinen, identischen Molekülen zusammen, den Monomeren (griech. *mónos* »allein«). Bei PVC besteht ein solcher Grundbaustein, das Vinylchlorid, nur aus sechs Atomen (einem Chloratom, zwei Kohlenstoff- und drei Wasserstoffatomen), während Monomere manch anderer Kunststoffe mehr als sechzig Atome besitzen. Unabhängig von ihrer Größe haben aber alle solche Monomere die Fähigkeit, sich zu Ketten zu verknüpfen, ähnlich wie wir lange Ketten aus Büroklammern zusammensetzen können. Genauso wie bei den Büroklammerketten können auch Polymere unterschiedlich lang und ganz unterschiedlich gekrümmt sein, da sie sich an ihren Berührungspunkten gegeneinander verdrehen oder kippen können. So wie Büroklammerketten oder Wollfäden können sich einzelne Polymerketten in einem Kunststoff »verknäulen«. Die meisten Ketten werden mittelmäßig stark verknäult sein, auch wenn es immer einige extrem gestreckte oder auch sehr stark geknäulte Polymere geben wird. (Das ist nur eine Frage der Wahrscheinlichkeit: Wenn wir viele Büroklammerketten oder Wollfäden zufällig auf den Boden fallen lassen, dann werden einige stark gestreckt sein, andere stark verknäult und die meisten irgendwo zwischen diesen beiden Extremen liegen.) Wegen ihrer unterschiedlichen Form und oft auch unterschiedlichen Länge können sich die Ketten, aus denen sich ein Polymerkunststoff zusammensetzt, kaum gleichmäßig anordnen, wie die identischen Bausteine in einem Einkristall. Die Struktur der Polymere im fertigen Kunststoff gleicht daher in etwa einer Portion Spaghetti. Genau genommen sind Spaghetti meist sogar noch ordentlicher als Polymere, da man meist einen oder mehrere »Stränge« paralleler Spaghetti auf den Teller legt. Trotzdem ist das Bild der Spaghetti hilfreich. Denn obwohl sie keinen Kristall bilden, gibt es zwischen benachbarten Polymerketten dennoch (elektromagnetische) Kräfte und sie können aneinander »kleben« bleiben, ein wenig so, wie Spaghetti auf dem Teller zusammenkleben können, wenn man sie kalt werden lässt. Die Ursache bei den Spaghetti ist zwar eine andere, aber der Effekt ist ähnlich.

Durch diese gegenseitige Anziehung zwischen den Ketten erhält der Kunststoff seine Festigkeit. Zwar ist die atomare Zusammensetzung der Monomere ebenfalls wichtig für die anziehenden Kräfte, aber wie bei den Metallen (und den Spaghetti) macht die Temperatur einen wesentlichen Unterschied. So wie die Atome im Metallgitter mobiler werden, wenn die Temperatur steigt, so führt Wärme auch bei den Polymeren zu einer größeren Beweglichkeit. Im Gegensatz zum Metall kann dieser Effekt bei Kunststoffen auch bei relativ kleinen Temperaturänderungen schon spürbar sein. (So mancher, der schon einmal im Sommer eine CD-Hülle im heißen Auto in der Sonne hat liegen lassen, konnte erleben, wie weich das Plastik wird.) Wichtig ist dieser Zusammenhang zwischen Härte des Stoffs, Beweglichkeit der Polymere und Temperatur für die Ordnung der Polymere in einem Kunststoff nach der Produktion. Meist wird er bei hohen Temperaturen in die gewünschte Form gebracht und erkaltet dann. Zu diesem Zeitpunkt, wenn sich die Verbindungen zwischen den Polymeren bilden, sind die einzelnen Ketten rein zufällig und völlig unregelmäßig kreuz und quer im Material angeordnet. In dieser unordentlichen Form »frieren« sie ein. Wenn dann Beschriftungen in Kunststoffe geprägt werden, wird die ursprüngliche Anordnung der Polymere verformt. Drücken wir von oben auf einen Wollknäuel, dann wird er flacher werden und seitlich heraus quellen. Ähnlich verhält sich auch das Material im Bereich der Prägung. Viele der Polymerketten, auch tief im Material unterhalb der Prägung, werden nicht mehr gleichmäßig aufgeknäult sein, sondern flach gedrückt und zur Seite gestreckt, wie das Wollknäuel. Das ist nicht zu sehen und es macht für den Kunststoff selbst kaum einen Unterschied, weil die Polymerketten durch ihre Verbindungen untereinander auch in dieser Form festgehalten werden. Schleift oder feilt ein Verbrecher die geprägte Seriennummer ab, dann steckt die Information über die geprägten Zeichen aber immer noch in den tiefer liegenden gestreckten Polymeren.

Der Ansatzpunkt, um die Information wieder aus dem Kunststoff herauszuholen, sind genau diese Polymere. Wir müssen ihnen die Möglichkeit geben, ihre alte Ordnung – genauer gesagt Unordnung – wieder einzunehmen. Dazu müssen aber erst einmal die Kräfte zwischen den einzelnen Ketten geringer werden, die eine freiere Bewegung noch verhindern. Erwärmen ist eine mögliche Methode. Bei Polymeren genau wie bei Kristallen, Metallen und allen anderen Stoffen, bedeutet eine höhere Temperatur eine stärkere Bewegung bzw. Beweglichkeit der Teilchen in dem Stoff. Dadurch können bisher gestreckten Ketten nicht mehr durch die Nachbarpolymere daran gehindert werden, sich freier zu bewegen und sich dabei auch wieder gleichmäßig zu verknäulen. Natürlich können sich durch die wiedergewonnene Freiheit auch manche stark aufgeknäulten Ketten ein wenig strecken. Nachdem aber durch die Prägung zu wenig geknäulte und zu viel gestreckte Polymere existieren, werden sich die Polymere mehrheitlich aufknäulen. Der Prägeprozess wird umgekehrt und der Kunststoff wölbt sich, genauso wie das Metall nach der Wärmebehandlung, an den geprägten Stellen aus der glatten Oberfläche heraus. Auch der Kunststoff darf dabei nicht zu warm werden. Die stärkere Beweglichkeit der Polymere muss gerade ausreichen, um den einzelnen Polymeren zu erlauben, sich ein wenig freier von ihren Nachbarn zu bewegen, d. h. vor allem am Platz zu rotieren und zu verknäulen. Bei zu hohen Temperaturen hingegen, wenn der Kunststoff beginnt flüssig zu werden, können sich die Polymere frei aneinander vorbei bewegen, und die Information, an welchen Stellen die Polymere gestreckt waren, ist verloren.

Einen ähnlichen Effekt wie die Wärmebehandlung der Kunststoffe haben Lösungsmittel. Was die Wärme auf physikalischen Weg bewirkt, schaffen diese Flüssigkeiten, indem ihre Atome und Moleküle zwischen die Polymerketten eindringen und das Material besonders dort aufquellen lassen, wo die Polymere stärker gestreckt sind. Auch Polieren der Kunststoffoberfläche kann, ähnlich wie das Ätzen bei den Metallen, die Zeichen wieder sichtbar machen. Wie

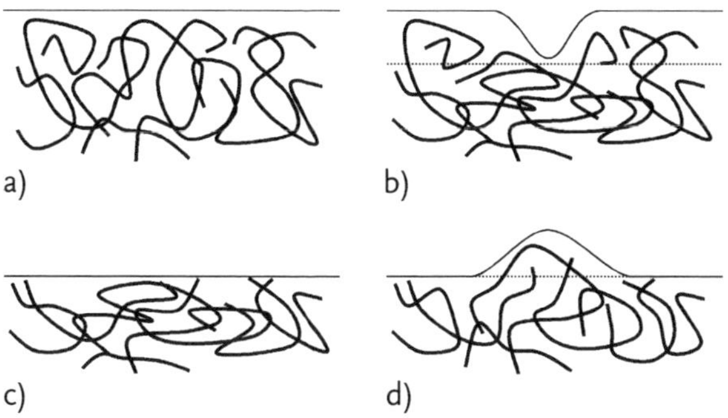

Abbildung 4.4: Rekonstruktion von entfernten Zeichen in Kunststoffen. Vor der Prägung (a) sind die Polymere im Kunststoff zufällig angeordnet und gleichmäßig verknäult, wie in der Abbildung an ganz wenigen Polymeren beispielhaft gezeigt. Nach der Prägung (b) sind Polymere im Bereich unterhalb der geprägten Zeichen vermehrt gestreckt. Auch nach der Entfernung der geprägten Zeichen durch das Abschleifen der Oberfläche (c) bleiben die Polymerketten in diesem Zustand, weil sie sich wegen der Kräfte zwischen den einzelnen Ketten nicht frei bewegen können. Z. B. durch Erwärmen werden diese Verbindungen jedoch gelockert und die einzelnen Polymerketten können sich wieder zufällig anordnen und gleichmäßig verknäulen. Dabei wölbt sich die Oberfläche im Bereich der ursprünglichen Prägung (d), wo die Polymere am stärksten gestreckt waren.

die Zeichen im Einzelfall genau »zurückgezaubert« werden, hängt bei den Kunststoffen genau wie bei den Metallen jeweils vom Material, von der Art der Prägung und der Methode der Entfernung der Zeichen ab. Danach richten sich die Art der Rekonstruktion (Wärme, Säure, Magnetfeldmessung, Lösungsmittel usw.), aber auch die genauen Details der Prozedur (Temperatur, Zusammensetzung der Säure oder des Lösungsmittels, Dauer der Behandlung usw.). Mit der falschen Methode oder auch nur mit den falschen Parametern würde bestenfalls gar nichts passieren, im schlimmsten Fall jedoch würde die Oberfläche zerstört und die Spuren wären endgültig verloren.

Egal ob es sich um Metall oder Kunststoff handelt – wenn das Material im Bereich der Prägung nur tief genug abgetragen wird, ist die Information über die Zeichen natürlich endgültig verschwunden. Zum Glück ist das aber für viele Verbrecher keine einfache Lösung. Die Veränderungen im Material reichen tief, aber es ist nicht zu erkennen, wie tief; selbst wenn es zu erkennen wäre, lässt sich oft gar nicht so viel Material entfernen. Solange die Information aber

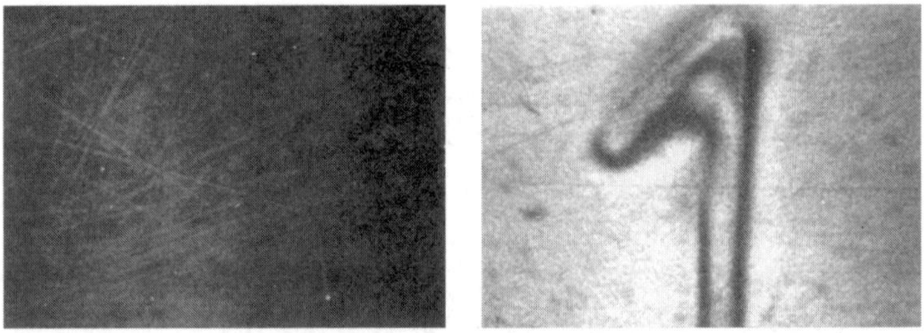

Abbildung 4.5: Auf der abgeschliffenen Kunststoffoberfläche links im Bild sind keine Überreste einer Seriennummer zu erkennen. Das rechte Bild zeigt eines der Zeichen, die nach einer Wärmebehandlung wieder sichtbar wurden (Quelle: Bundeskriminalamt).

noch da ist, liefert die Physik auch fast immer einen Weg, die Information wieder sichtbar zu machen. Das ist keineswegs immer einfach und es ist natürlich ausgesprochen selten, dass ein Verbrecher wie im Orient-Express einen so schönen Hinweis auf ein Stück Papier schreibt und dieses dann – wenn auch verbrannt – so offen am Tatort zurücklässt. »Unsichtbare« Spuren gibt es bei Verbrechen dennoch häufiger, als man im ersten Moment denken möchte. Latente Fingerabdrücke und entfernte Seriennummern sind nur zwei Beispiele. Außerdem gibt es noch eine Unmenge kleinster Spuren, die zwar sehr wohl sichtbar aber eben für unser bloßes Auge nicht zu entdecken sind. Wie die Physik uns hilft, sie zu finden und zu untersuchen, ist das Thema der nächsten Kapitel. Was dabei nicht weiter überrascht: Je kleiner die Spuren sind, desto größer wird der Aufwand.

5
Von Lupen, Fischen und Spurensuchern

Es kommt im Leben auf Kleinigkeiten an.

Johann Heinrich Pestalozzi

»A Study in Scarlet«

»Schließlich untersuchte er mit seiner Lupe das auf die Wand geschriebene Wort, wobei er jeden Buchstaben mit der größten Genauigkeit betrachtete.

Das Wort – »Rache« – ist mit Blut geschrieben und die Lupe gehört niemand anderem als Sherlock Holmes, der den Tatort eines Mordes in seinem ersten Fall »Eine Studie in Scharlachrot« inspiziert. Mehr als zwanzig Minuten untersucht er, zur üblichen Verwunderung des guten Dr. Watson, die Spuren im Raum mithilfe seines Vergrößerungsglases und eines Zentimetermaßes. Er nimmt sogar eine Probe von grauem Staub vom Boden, bevor er dann – wie so oft – Inspektor Lestrade und dessen Kollegen Inspektor Gregson mit seinen Schlussfolgerungen überrascht: Der Mörder war ein Mann, über ein Meter achtzig groß, aber mit kleinen Füßen für diese Größe, rauchte »Trichinopoly« Zigarren und hatte an der rechten Hand lange Fingernägel. Die beiden armen Inspektoren waren sich bis dahin noch nicht einmal sicher, ob der Mann überhaupt ermordet worden oder eines natürlichen Todes gestorben war, weil sie keine Wunden an der Leiche hatten finden können. Nun bekamen sie von einem dahergelaufenen Lupenträger (es war Holmes erster Fall) schon etwas über den Mörder erzählt.

Wie wir im Kapitel »Stumme Zeugen« schon erfahren haben, war Sherlock Holmes Experte für alle Arten von Tabak. Die Zigarrenart mithilfe seiner Kenntnisse aus dem grauen Staub abzulesen, war also einfach. Auf die Größe des Täters konnte er durch die Schrittweite schließen, und die kleinen Füße erkannte er natürlich eben-

Physik auf der Spur, Voss–de Haan

ISBN: 3-527-40516-X

falls durch die Fußabdrücke im Staub. Auf die langen Fingernägel schließlich kam er durch Kratzer im Putz der Wand, die er mit seiner Lupe entdeckt hatte. Der Mörder hatte dort mit seinen in Blut getauchten Fingern das Wort »Rache« geschrieben und war dabei mit dem Fingernagel über den Putz geschrammt [24].

Ohne Lupe keine Spuren

Die Fußabdrücke waren natürlich mit bloßem Auge zu erkennen, aber für die Kratzer in der Wand, die Zigarrenasche und unzählige andere Gelegenheiten musste Doyles Protagonist nicht nur in diesem Fall vor allem am Tatort immer wieder auf seine Lupe zurückgreifen. Zur weiteren Analyse setzte er sich dann des Öfteren in seiner Wohnung in der Baker Street 221 B an ein Mikroskop. Auch wenn andere Krimidetektive immer wieder eine Lupe zückten, so bleibt es Sherlock Holmes, der sie zu einem Markenzeichen für die Verbrechensbekämpfung gemacht hat – und das nicht zu unrecht. Dahinter steckt natürlich Locards Prinzip: Der unvermeidliche Austausch von kleinsten Spuren entweder vom Täter auf Opfer und Tatort oder umgekehrt ist die Grundlage für viele Sachbeweise. Fasern, Fingerabdrücke, Haare, Blutspritzer und andere Details, die oft den Schlüssel zur Lösung eines Falls enthalten, würde das bloße Auge oft nicht entdecken – und so wären natürlich auch alle Antworten verloren, die sie verbergen. Das Vergrößerungsglas, das dem Auge des Spurensuchers hilft, hat sich seit Holmes' Zeiten kaum geändert. Im Vergleich zum optischen Mikroskop und seinen Verwandten, die in den nächsten Kapiteln noch auftauchen werden, ist es unkompliziert und schwach in der Vergrößerung. Trotzdem lohnt sich ein Blick auf die Physik des Lichts und der Lupe, weil die zugrunde liegenden Konzepte an den verschiedensten Stellen im Buch wieder auftauchen werden. Auf dieser Grundlage ist dann auch das optische Mikroskop, die logische Weiterentwicklung der Lupe, recht einfach zu verstehen, und auch ganz andere Arten von Mikroskopen greifen auf ähnliche Prinzipien zurück, um auch die winzigsten Spuren sichtbar zu machen.

Der Effekt, auf dem die Lupe, das Mikroskop und fast alle optischen Elemente wie Prismen und Linsen beruhen, ist die »Lichtbrechung«. Jeder hat den Effekt selber schon erlebt und viele kennen auch die

Bezeichnung, aber erklären können ihn die Wenigsten. Eine echte Erklärung des Phänomens (die über die Beschreibung und Berechnung hinausgeht und wirklich die Zusammenhänge verständlich macht) ließ in der Physik lange auf sich warten, obwohl Menschen den Effekt schon seit Jahrtausenden kannten und es sogar Tierarten gibt, die damit »umgehen« können.

Schützenfische und Lichtbrechung

Viele Fische jagen Insekten, indem sie einfach nach ihrer Beute schnappen, die auf der Wasseroberfläche sitzt. In den Mangrovenwäldern Südostasiens und in einigen Aquarien Europas und Amerikas gibt es eine Gattung, die ihre Beute auf eine ganz andere Art erlegt. Der Schützenfisch schießt Insekten von Blättern und Ästen ab, auf denen sie oft weit oberhalb der Wasseroberfläche sitzen. Genauer gesagt: Er *spuckt* sie vom Blatt herunter. Wenn die Getroffenen auf das Wasser fallen, sind sie eine leichte Beute für ihn. (Da er die Stärke des Wasserstrahls allerdings nicht regulieren kann, passiert es ihm öfter, dass er seine Beute regelrecht aus seinem Jagdrevier hinausschießt.) Obwohl er nur zehn bis zwanzig Zentimeter groß wird, trifft er seine Opfer selbst auf Entfernungen von einem Meter und manchmal sogar im Flug.

Diese Treffsicherheit allein ist schon eine bemerkenswerte Leistung. Wirklich beachtlich wird sie aber erst dadurch, dass der Fisch *unter*, seine Beute aber *über* der Wasseroberfläche sitzt. Er darf also nicht dorthin zielen, wo er seine Beute sieht, sondern er muss die Brechung der Lichtstrahlen an der Wasseroberfläche ausgleichen und – abhängig vom Sichtwinkel und von der Entfernung bis zum Insekt – mehr oder weniger weit unter die Beute zielen. Er hat natürlich keine Ahnung von den Gesetzen der Lichtbrechung und weiß auch nicht vom »Snellius'schen Brechungsgesetz« mit dem sich genau berechnen lässt, wie sehr die Lichtstrahlen an der Wasseroberfläche gebrochen werden. Aber auch wenn der Fisch nur mit Erfahrung und vererbten Verhaltensweisen arbeitet, wird jeder diese Leistung zu würdigen wissen, der einmal versucht hat, in einem Schwimmbad die Tiefe des Beckens abzuschätzen: Das Becken wirkt viel flacher als es wirklich ist, sogar die Höhe der Kacheln scheint zu variieren. Am deutlichsten wird die Lichtbrechung vielleicht, wenn man einen Stab

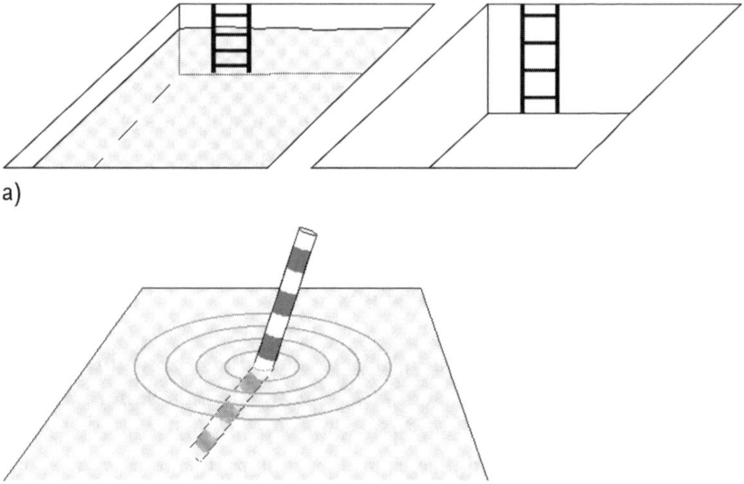

a)

b)

Abbildung 5.1: Lichtbrechung an der Wasseroberfläche. (a) Mit Wasser gefüllt (links) erscheint ein Schwimmbecken viel flacher als im leeren Zustand (rechts). (b) Ein Stab, der schräg ins Wasser gehalten wird, wirkt kürzer und scheint an der Wasseroberfläche abzuknicken.

zur Hälfte ins Wasser hält. Je schräger man den Stab hält, umso drastischer scheint er am Eintauchpunkt »abzuknicken«. Hält man den Stab allerdings senkrecht nach unten, erscheint er nicht abgeknickt, sondern nur kürzer.

Das Prinzip der Brechung

Das Prinzip hinter der Brechung von Licht an der Wasseroberfläche ist recht einfach formuliert: Tritt ein Lichtstrahl aus der Luft ins Wasser ein, so wird er an der Wasseroberfläche zum »Einfallslot« hin, d. h. zur Senkrechten auf die Wasseroberfläche gebrochen. Ein in der Luft flach verlaufender Strahl wird somit im Wasser steiler verlaufen. Nur wenn der Lichtstrahl selber senkrecht auf die Oberfläche fällt, kommt es nicht zu Brechung. Diesen Effekt nutzen fast alle optischen Elemente, wie Linsen und Prismen, um den Verlauf der Lichtstrahlen zu verändern, sei es in Brillengläsern, in Teleskopen oder eben in Lupen. Er tritt allgemein beim Übergang von Licht zwischen zwei Medien unterschiedlicher »optischer Dichte« auf, also etwa auch beim Übergang von Luft nach Glas oder umgekehrt.

Die erwähnte optische Dichte eines Mediums hängt zusammen mit der Geschwindigkeit des Lichts in diesem Material. »Die« Lichtgeschwindigkeit, von der häufig gesprochen wird, bezieht sich auf die Geschwindigkeit von Licht im Vakuum. Sie ist konstant und beträgt etwa 300.000 Kilometer pro Sekunde (km/s). (Das entspricht etwa siebeneinhalb Erdumrundungen in einer einzigen Sekunde.) In Luft, Glas, Wasser oder anderen Materialien ist die Geschwindigkeit des Lichts aber geringer. Wie stark die Lichtgeschwindigkeit gegenüber ihrem Wert im Vakuum verringert ist, wird durch den Brechungsindex eines Materials angegeben. Während in Luft die Abweichung noch nicht einmal ein Promille beträgt, liegt der Brechungsindex von Wasser bei 1,33, der von verschiedenen Gläsern bei 1,5 und der von Diamant gar bei 2,4. Durch diese starke Lichtbrechung bekommen geschliffene Diamanten ihr »Feuer«.

Der Brechungsindex wird in der Kriminaltechnik auch direkt genutzt. Finden sich bei einem Verdächtigen Glassplitter, die wir mit dem Tatort in Verbindung bringen wollen (oder umgekehrt), dann ist das allein anhand des Aussehens der Splitter aussichtslos. Allerdings haben die meisten Arten von Gläsern leicht unterschiedliche Brechungsindizes, sodass wir sie im Prinzip daran identifizieren können. Bei winzigsten, völlig unregelmäßigen Glassplittern ist dieser Wert aber fast unmöglich zu bestimmen, indem wir etwa den Brechungswinkel messen. Um das zu vereinfachen, gibt es Flüssigkeiten, deren Brechungsindex bis auf 0,0005 genau bekannt ist. Der Glassplitter wird nacheinander einfach in verschiedene dieser Flüssigkeiten getaucht. Stimmt sein Brechungsindex mit dem der Flüssigkeit überein, dann kommt es an der Oberfläche von Glas und Flüssigkeit nicht mehr zur Lichtbrechung: Der Splitter wird »unsichtbar«. So kann uns auch ein winziger Splitter viel über das Glas verraten, von dem er stammt.

Licht breitet sich in Wasser mit etwa drei Viertel der Vakuum-Lichtgeschwindigkeit aus (1:1,33 = 0,75), in Glas mit etwa zwei Drittel (1:1,5 = 0,67) und in Diamant mit weniger als der Hälfte (1:2,4 = 0,42). Die geringere Geschwindigkeit allein erklärt aber noch nicht, warum sich die Ausbreitungsrichtung eines Lichtstrahls ändert. Denn ein Auto oder ein Schiff ändern ja auch nicht ihre Richtung, nur weil sie langsamer werden [8, 25].

Fermats Prinzip – schnell aber nicht direkt

Pierre de Fermat hat seine größten und nicht selten genialen Leistungen in der Mathematik geliefert. *Berühmt ist er vor allem für seinen »letzten Satz«, den viele Zehntklässler schon kennen, an dessen Beweis hingegen sich auch die größten Mathematiker jahrhundertelang die Zähne ausgebissen haben* [26]. Aber für die Brechung von Licht ist nicht Fermats letzter Satz wichtig, sondern eine seiner anderen mathematischen Entdeckungen. Sie ist bekannt als das »Fermat'sche Prinzip«. Es besagt in leicht vereinfachter Form, Licht breite sich von A nach B immer so aus, dass es auf dem *schnellsten* aller möglichen Wege laufe. Im Vakuum bzw. in einem Medium mit konstanter Lichtgeschwindigkeit an jedem Punkt des Wegs führt dies zu einem geraden Lichtstrahl, den wir alle gewohnt sind. Bei der Reflexion von Licht an einem Spiegel führt dies zu dem ebenfalls recht geläufigen Prinzip, dass Einfalls- und Ausfallswinkel identisch sind. Beides erscheint aus unserer täglichen Erfahrung so selbstverständlich, dass wir es kaum jemals hinterfragen. Kombiniert mit den unterschiedlichen Lichtgeschwindigkeiten in unterschiedlichen Medien ergibt sich allerdings auch zwingend der Effekt der Lichtbrechung.

Dass bei unterschiedlichen Geschwindigkeiten auf Teilstrecken der »direkte« also gerade Weg nicht immer der schnellste ist, weiß jeder Autofahrer. Nicht umsonst werden Umgehungsstraßen um Städte herum gebaut, die zwar viel länger sind als der gerade Weg durch die Stadt, auf denen man aber trotzdem viel schneller zum Ziel kommt, als wenn man sich durch den kürzeren aber viel langsameren Stadtverkehr quält. Auch für das Licht ist es insgesamt günstiger, einen (im Vergleich zur geraden Strecke) längeren Weg mit der höheren Geschwindigkeit in der Luft zurückzulegen und einen kürzeren Weg mit der geringeren Geschwindigkeit im Wasser. Die so eingesparte Strecke im Wasser hätte mehr Zeit in Anspruch genommen als die nun zusätzlich zu absolvierende Strecke in der Luft. Fermats Prinzip zufolge läuft der Lichtstrahl nicht auf geradem Weg vom Insekt zum lauernden Fisch, sondern er »biegt« an der Wasseroberfläche »ab« um schneller zu sein. Er wird gebrochen.

Fermats Prinzip ist genial: Es beschreibt einfach und präzise, wie sich das Licht tatsächlich verhält. Wegen dieser genialen Einfachheit wird es gern und oft bei der Erklärung des Brechungseffekts zitiert. Aber hier hat es ein Manko: Es *erklärt* nicht, es *beschreibt* lediglich.

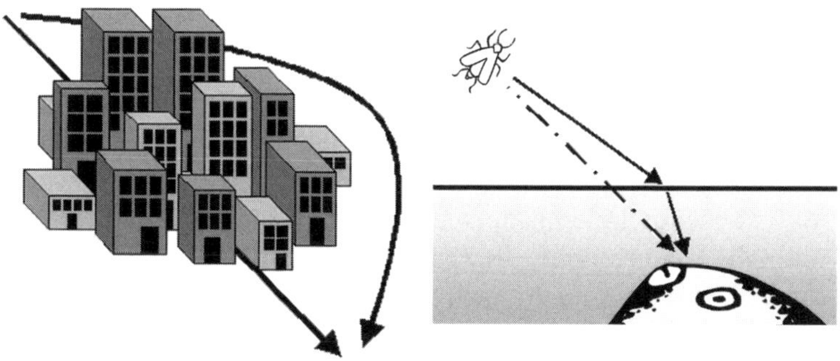

Abbildung 5.2: Im Autoverkehr ist der Weg *um* eine Stadt herum länger und doch schneller als die kürzere Strecke *hindurch*. Wegen der unterschiedlichen Lichtgeschwindigkeit in Luft und Wasser gilt dasselbe Prinzip auch für den Lichtstrahl, der von der Beute zum Schützenfisch läuft: Nach Fermats Prinzip nimmt das Licht nicht den kürzesten, sondern den schnellsten Weg, sodass der Lichtstrahl nicht gerade verläuft, sondern an der Wasseroberfläche gebrochen wird.

Mit dem Prinzip kann man zwar das Verhalten von Licht vorhersagen und sogar exakt berechnen, wenn man die Brechungsindizes der Materialien kennt. Aber *warum* sich das Licht überhaupt den schnellsten und nicht etwa den geraden Weg suchen sollte, bleibt im Dunkeln. Genauso wenig wird klar, wodurch die unterschiedlichen Geschwindigkeiten des Lichts zustande kommen, d. h. welcher physikalische Effekt dahinter steckt. Aus der »Erklärung« mit Fermats Prinzip, wie sie sich auch in vielen Physikbüchern findet, wird nicht klar, welche Wechselwirkung des Lichts mit dem Material denn nun das Licht eigentlich langsamer macht. Wir haben der noch nicht erklärten Wechselwirkung lediglich eine Bezeichnung gegeben (Brechungsindex des Materials) und das Ergebnis beschrieben (geringere Geschwindigkeit). Was passiert aber mit dem Licht, wenn es in ein »optisch dichteres« Medium eintritt, und warum ändert es seine Ausbreitungsrichtung? *Fairerweise muss man erwähnen, dass Fermat selber seine Behauptung auch nie als Erklärung sah. Es ging ihm vielmehr nur um eine Beschreibung des Verhaltens von Lichts, und das hat er erreicht.*

Teilchen oder Welle?

Vor über dreihundert Jahren entdeckte ein niederländischer Astronom ein Gebilde in unserem Sonnensystem, das bis heute eine einzigartige Faszination auf die Menschen ausübt. Mit den Teleskopen, die er selber optimiert hatte und die als die besten seiner Zeit galten, sah Christiaan Huygens 1659 zum ersten Mal die Ringe des Saturns. Aber Huygens war, mehr noch als Fermat, auf vielen Gebieten aktiv. Unter anderem bekam er ein Patent auf eine Pendeluhr von überragender Genauigkeit für die damalige Zeit, er veröffentlichte ein für die Physik wegweisendes Werk über Schwingungen, und er bereitete mit seinem »Prinzip der Relativität« den Weg für die Newton'schen Axiome, die als einer der Eckpfeiler der Mechanik und sogar der Physik gelten. Außerdem begründete er mit seinem Werk »Tractatus de ratiociniis in aleae ludo« die Wahrscheinlichkeitsrechnung. (Dieses Interesse an Spielen teilte er sich bemerkenswerterweise mit fast allen großen Mathematikern seiner Zeit.) Vor allem war es aber ein Beitrag zur Theorie der Optik, das »Huygens'sche Prinzip«, der ihn in der Physik unsterblich gemacht hat. Genau dieses Prinzip wird uns eine Antwort auf die offenen Fragen bieten. Vorher müssen wir allerdings noch etwas mehr über das Licht wissen.

Bisher haben wir zwar von der Geschwindigkeit des Lichts gesprochen, aber nicht erwähnt, was Licht denn eigentlich ist, woraus es »besteht« bzw. wie wir es beschreiben können. Das ist aber wichtig für Huygens Prinzip. Lange Zeit gab es hierzu zwei Vorstellungen, die sich gegenseitig auszuschließen schienen: Entweder bestehe Licht aus Teilchen oder aber aus Wellen. Für beide Theorien gab es so gute Argumente, dass einige der größten Geister der Physik die Sichtweise der jeweils anderen Seite strikt ablehnten und über lange Zeit keine Lösung finden konnten. Isaac Newton, ein nur wenige Jahre jüngerer Zeitgenosse Huygens und einer der Begründer der theoretischen Physik, vertrat eine »Korpuskulartheorie«, d. h. Licht bestand seiner Meinung nach aus sehr schnell bewegten Teilchen. Huygens hingegen ging davon aus, dass Licht aus Wellen bestehe. Die Wellentheorie setzte sich damals – mit etwas Verzögerung – aufgrund eines Effekts durch, der mit der Brechung von Licht verwandt ist und sich nicht mit Teilchen erklären lässt: die Beugung von Licht. Sie wird uns im nächsten Kapitel zum Mikroskop beschäftigen. Später stieß aber auch die Wellentheorie aufgrund anderer experimentell beobachteter Effekte wieder an Grenzen, sodass keine der Theorien allein das Licht jemals wirklich vollständig erklären konnte. Die Lösung dieses Dilemmas wird auftauchen, wenn wir im übernächsten Kapitel den Röntgenstrahlen begegnen [27].

Zum Verständnis von Huygens Idee – zu der wir gleich kommen – wollen wir der Einfachheit halber im Moment annehmen, dass Licht aus Wellen besteht. Vom Prinzip her sind sie nicht unähnlich den Wasserwellen in einem See. Wenn man einen Stein in einen ruhigen See wirft, gehen vom Punkt des Aufschlags kreisförmige Wellen aus, sogenannte Elementarwellen. Die erste, am weitesten vom Aufschlagpunkt entfernte Welle ist die Wellenfront. Vor ihr sind keine Wellen, der See ist ruhig. Wirft man mehrere Steine gleichzeitig nahe zusammen ins Wasser, dann ist in einiger Entfernung von den Aufschlagpunkten, außerhalb der jeweils am weitesten nach außen vorgedrungenen Wellenfront der einzelnen Steine, der See auch ruhig. Diese gemeinsame Wellenfront hüllt alle einzelnen Wellenfronten ein und wird daher auch »Einhüllende« oder »Enveloppe« genannt. Um zu verstehen, wie und wo die Wellen weiterlaufen, reicht es aus, diese Einhüllende zu betrachten.

Das Huygens'sche Prinzip

Huygens Prinzip besagt nun, dass man jeden Punkt dieser Einhüllenden als Ausgangspunkt einer Elementarwelle betrachten kann. Würde man an jeden Punkt einer beliebig geformten Wellenfront einen kleinen Stein ins Wasser fallen lassen, dann würde sich die neue einhüllende Wellenfront genauso verhalten wie die Ursprüngliche. Mit diesem Prinzip der Elementarwellen ist nun auch die Ablenkung des Lichts durch die geringere Geschwindigkeit zu verstehen. Bei einem Lichtstrahl ist die Wellenfront senkrecht zur Ausbreitungsrichtung (vergleichbar etwa der vorderen Stoßstange eines von oben gesehenen Autos, die senkrecht zur Fahrtrichtung des Autos verläuft). Trifft der Lichtstrahl, z. B. auf dem Weg vom Insekt zum Fisch, schräg auf die Oberfläche, dann wird der untere Endpunkt der Wellenfront des Lichtstrahls ins Wasser eintauchen, lange bevor das obere Ende das Wasser berührt. (Wenn das Auto schräg gegen eine Wand führe, würde genauso das eine Ende der Stoßstange die Wand zuerst berühren und das andere Ende erst sehr viel später.) An der

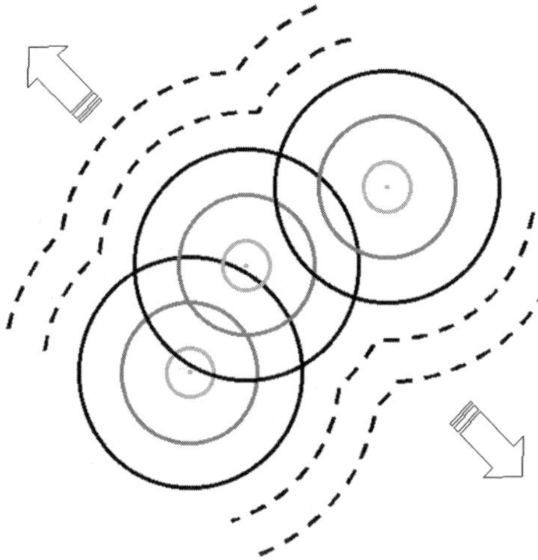

Abbildung 5.3: Mehrere kreisförmige Elementarwellen bilden eine gemeinsame Wellenfront. Der Effekt lässt sich leicht beobachten, wenn man mehrere Steine gleichzeitig an verschiedenen Stellen in einen See wirft. Nach einer Weile »verschmelzen« die Elementarwellen, und eine gemeinsame Wellenfront bewegt sich weiter.

Wasseroberfläche betrachten wir jetzt das Eintauchen der gesamten »Stoßstange des Lichtstrahls« an jedem einzelnen Punkt jeweils wieder als Ausgangspunkt einer neuen, kreisförmigen Elementarwelle. Diese Lichtwellen, die in das Wasser hinein laufen, haben wegen des größeren Brechungsindex eine geringere Geschwindigkeit als das Licht in der Luft. Zwischen dem Eintauchen der beiden Enden – also zwischen der ersten und der letzten Elementarwelle – wird der Bruchteil einer Sekunde liegen. Die letzte Elementarwelle wird demnach erst dann anfangen sich auszubreiten, wenn die erste Elementarwelle sich im Wasser bereits um eine kleine Strecke weiterbewegt hat. Diese Strecke ist wegen der geringeren Geschwindigkeit des Lichts im Wasser kleiner als die Strecke, die das andere »Stoßstangenende« in derselben Zeit noch in der Luft zurücklegen musste. Unter Wasser wird die Wellenfront des Lichtstrahls daher steiler verlaufen: Der Lichtstrahl wurde gebrochen. Wie viel diese Strecke unter Wasser genau kürzer ist als die in der Luft, hängt von den unterschiedlichen Geschwindigkeiten des Lichts in Wasser und Luft – also vom Unterschied im Brechungsindex – ab. *Wer die Grundlagen der Trigo-*

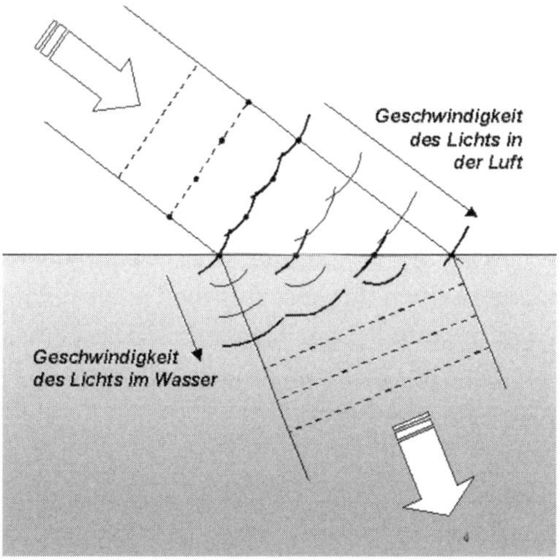

Abbildung 5.4: Brechung eines Lichtstrahls an der Wasseroberfläche. Der Lichtstrahl, der hier breiter gezeichnet ist, fällt schräg auf die Wasseroberfläche. Einige Elementarwellen, die nach Huygens' Prinzip von einer Wellenfront des Strahls ausgehen, sind eingezeichnet. Trifft der Rand des Strahls auf die Wasseroberfläche, dann breitet sich die Elementarwelle von diesem Punkt im Wasser aus, also mit geringerer Geschwindigkeit. Am anderen Ende des Strahls läuft die Welle noch mit höherer Geschwindigkeit in der Luft weiter. Erst wenn auch dieses Ende das Wasser erreicht, bewegt sich der gesamte Strahl mit geringerer Geschwindigkeit. Durch die Wellenfront der neuen Elementarwellen hat der Strahl unter Wasser eine andere Richtung. Er wurde gebrochen.

nometrie aus der Schule kennt, kann aus der Abbildung das oben schon einmal erwähnte Snellius'sche Brechungsgesetz ableiten. Aus dem Verhältnis zwischen den Lichtgeschwindigkeiten in beiden Medien, also aus ihren Brechungsindizes, lässt sich nämlich direkt das Verhältnis von Einfalls- und Ausfallswinkel berechnen.

Einfacher noch als die Brechung von Licht kann das Huygens'sche Prinzip auch die Reflexion erklären, genauer gesagt den für uns selbstverständlichen Effekt, dass Einfalls- und Ausfallswinkel des Lichts an einem Spiegel gleich sind. Selbst wenn man akzeptiert, dass Licht z. B. an metallischen Oberflächen reflektiert wird, ist das schließlich noch lange kein zwingender Grund, warum es nicht flacher oder steiler reflektiert werden sollte, als es auf den Spiegel fällt. Nach Huygens kann man die Reflexion aber als ein Übergang von einem Medium wie Luft zurück in dasselbe Medium betrachten. *Tat-*

sächlich dringt auch beim Auftreffen von Licht auf der Wasseroberfläche generell nur ein Teil des einfallenden Lichts in das Wasser ein, während der Rest an der Wasseroberfläche reflektiert wird. Das führt nicht zuletzt zur blauen Farbe des Meeres – vorausgesetzt der dort gespiegelte Himmel ist auch blau und nicht wolkenverhangen. Da der Brechungsindex bzw. die Lichtgeschwindigkeit vor und nach dem Auftreffen auf der Oberfläche gleich sind, verläuft der reflektierte Strahl weder steiler noch flacher, sondern mit demselben Winkel – nur eben nicht auf die Oberfläche zu sondern von ihr weg. (Sogar für die Erklärung eines anderen physikalischen Effekts, der Lichtbeugung, ist Huygens Idee von großer Bedeutung. Sie wird uns am Ende des nächsten Kapitels beschäftigen.) Aber warum gilt das Huygens'sche Prinzip überhaupt? Warum darf man jeden Punkt einer Wellenfront als Ausgangspunkt einer Elementarwelle betrachten? Um diese Frage beantworten zu können, müssen wir zuerst noch eine Vorstellung davon entwickeln, was Atome sind und wie sie auf Licht reagieren [25].

Wellen und Atome

Bisher haben wir nur gesagt, Licht bestehe aus Wellen bzw. es lasse sich als Wellen beschreiben, aber nicht, um was für eine *Art* von Wellen es hier geht. Physiker bezeichnen Licht auch als »elektromagnetische« Wellen, aber so richtig anschaulich ist das auch noch nicht. Diese Wellen bestehen nicht aus Materie wie etwa Wasserwellen, sondern aus einem elektromagnetischen Feld. Ein solches Feld wird z. B. von magnetischen Feldlinien gebildet, die von einem Pol eines Stabmagneten zum anderen Pol laufen. Wir können dieses Feld und die Linien zwar nicht selber sehen, aber mit Eisenspänen lassen sie sich sichtbar machen. Auch von einer positiven elektrischen Ladung laufen Feldlinien zu einer negativen Ladung, wie etwa im Plattenkondensator (s. Kap. zur Daktyloskopie). Wichtig ist, dass ein solches Feld unterschiedlich stark sein kann, und dass, abhängig von seiner Stärke, eine unterschiedlich große Kraft auf ein magnetisches oder elektrisch geladenes Objekt wirken kann. In elektromagnetischen Wellen schwankt die Stärke der Felder entlang der Richtung des Lichtstrahls, so wie die Höhe des Wassers entlang der Ausbreitungsrichtung von Wasserwellen schwankt. An einem Wellenberg gibt es ein starkes Feld, z. B. nach oben oder rechts, an einem Wellental gibt es ein starkes Feld, entsprechend nach unten oder links. Dort, wo die Welle zwischen einem Berg und einem Tal verschwindet, verschwindet auch das Feld.

Atome können wir uns möglichst einfach vorstellen als einen schweren Atomkern der von einem oder mehreren extrem leichten Elektronen umgeben ist. Der Kern besteht aus Protonen, die elektrisch positiv geladen sind, und Neutronen, die keine elektrische Ladung haben. Die negativ geladenen Elektronen bilden mit diesem Kern eine Einheit, weil sie von der positiven Ladung angezogen werden. Manchmal wird dieses Bild vom Atom mit unserem Sonnensystem verglichen. Auch dort gibt es im Zentrum die Sonne als »Kern«, von der die Planeten als »Elektronen« angezogen werden. Dieses Bild gibt zwar sogar einen recht guten Eindruck von der Größe des Atomkerns im Verhältnis zum Abstand der Elektronen (das Atom ist tatsächlich ähnlich »leer« wie unser Sonnensystem), aber der Vergleich hinkt leider in manchen Punkten. Die Elektronen sind keineswegs auf so präzisen Bahnen um den Kern unterwegs, wie die Planeten um die Sonne. Wichtiger noch ist für unser Verständnis, dass der Atomkern und die Elektronen unterschiedlich geladen sind.

Wenn ein Lichtstrahl an einem Atom »vorbeikommt«, dann werden wechselnde elektromagnetische Kräfte auf die Atome an diesem Punkt wirken. Da der Atomkern positiv geladen ist, Elektronen aber eine negative Ladung haben, bewegt das Feld Kerne und Elektronen in entgegengesetzte Richtungen: Ein Wellenberg wird z. B. das Elektron nach oben und den Atomkern nach unten ziehen. Dieses auseinander Ziehen elektrischer Ladungen bezeichnet die Physik als Polarisation. Wenn das darauf folgende Wellental das Elektron dann wieder nach unten und den Kern wieder nach oben bewegt, wird die Polarisation umgekehrt – sie schwingt ebenso wie die Welle, durch die sie ausgelöst wird. Das Hin-und-Her-Schwingen der elektrischen Ladungen von Kern und Elektronen produziert selber eine elektromagnetische Welle. Diese Welle können wir uns als neue Elementarwelle vorstellen, die von einem Punkt der Wellenfront – in diesem Fall von einem Atom – ausgeht: Es entspricht genau dem Huygens'schen Prinzip, auch wenn sein Entdecker damals noch keine solche Vorstellung von Atomen, Elektronen und Protonen haben konnte. Mit diesem Bild von den schwingenden Atomkernen und Elektronen können wir aber gleichzeitig auch die geringere Geschwindigkeit des Lichts in Materie erklären [11].

Im Vakuum gibt es keine Atome die polarisiert werden müssten. Die Ausbreitungsgeschwindigkeit des Lichts ist hier nur durch die unbeeinflusste elektromagnetische Welle bestimmt. In Gasen, wo es nur relativ wenige Atome gibt, ist die Situation ähnlich, in Flüssigkeiten und Festkörpern, durch die ein Lichtstrahl hindurchläuft, sieht es ganz anders aus. Dort trifft die Welle auf Unmengen polarisierbarer Atome, deren elektrischen Ladungen alle hin und her bewegt werden müssen. Die Elektronen und Kerne, die diese Ladungen tragen, haben jedoch eine Masse und auch eine gewisse Trägheit. Dieser Unterschied zum Vakuum, dass massereiche Teilchen durch die Welle bewegt werden müssen, führt dazu, dass sie sich langsamer fortbewegt. Bei Wasserwellen können wir eine ähnliche Situation beobachten, in der die Wellen zusätzliche Teilchen bewegen müssen und daher ihr Verhalten ein wenig ändern: Wenn eine dicke Schicht schweres Öl auf dem Wasser liegt, etwa nach einem Tankerunglück auf See, dann sind die mit Öl bedeckten Wellen wesentlich »gedämpfter« als das saubere Wasser in der Nähe. Auch wenn wir die Geschwindigkeit der Wellen auf solchen Fernsehbildern von Tankerkatastrophen nicht direkt vergleichen können, ist offensichtlich, wie stark eine Ölschicht den Wellengang beeinflussen kann, auch wenn sie im Vergleich zur Tiefe des Wassers oder zur Höhe der Wellen nicht dick ist.

Es hat eine Weile gedauert, aber nachdem wir nun die (im Moment) wichtigsten Fragen zur Natur des Lichts grob geklärt haben und das Prinzip der Brechung einigermaßen verstehen, wird es Zeit, zur Lupe zurückzukommen. Wir wissen nun, dass Licht abknickt, wenn es in ein Material eindringt, in dem die Lichtgeschwindigkeit geringer ist. Allerdings wissen wir noch nicht, wie wir mit abgeknickten Lichtstrahlen auch kleinste Dinge vergrößert sehen können, um Spuren von Verbrechen und Verbrechern zu finden. Wie lässt eine Lupe also Dinge größer erscheinen?

Zurück zur Lupe – so funktioniert's

Die scheinbare Größe eines Objekts wird bestimmt durch den Winkel, unter dem es dem Auge erscheint. Wenn man seinen linken Daumen am ausgestreckten Arm hoch hält und seinen rechten Daumen nur halb so weit vor das Auge hält, dann sieht der rechte Daumennagel etwa doppelt so groß aus, obwohl doch beide Finger-

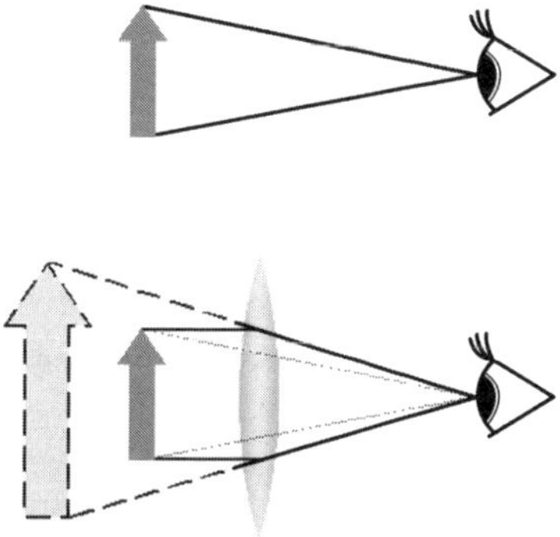

Abbildung 5.5: Wie groß uns ein Objekt erscheint, hängt vom Winkel ab, unter dem das Auge es sieht (oben). Je größer oder näher das Objekt ist, desto größer ist der Winkel. Mit einer Lupe zwischen Objekt und Auge, werden die Lichtstrahlen, die vom Objekt ausgehen, zum Auge hin gebrochen (unten). Die Strahlen schließen so einen größeren Winkel ein als ohne Lupe und das Objekt erscheint uns größer.

nägel natürlich gleich groß sind. Je näher der Fingernagel dem Auge kommt, desto größer wird der Betrachtungswinkel, umso größer erscheint er. Das Prinzip ist trivial – und nach genau diesem Prinzip funktioniert die Lupe. Ihr Glas ist so geformt, dass sie, einfach ausgedrückt, jene Lichtstrahlen vom Objekt, die eigentlich oben und unten (bzw. links und rechts) am Auge vorbei laufen würden, zur Mitte in Richtung Auge »knickt«. Diese Lichtstrahlen erscheinen dem Auge dann unter einem größeren Winkel: Das Objekt hinter der Lupe wird vergrößert. Einfache Lupen vergrößern 3- bis 5fach, starke Lupen meist 8- bis 10fach. Die stärksten Lupen mit speziellen Gläsern erreichen eine 20- oder sogar 25fache Vergrößerung. Danach ist jedoch Schluss. Aber warum?

Kein optisches Element, weder Linse noch Spiegel noch Prisma, ist fehlerfrei und so sind alle optischen Geräte, wie Teleskope, Mikroskope und Lupen, in ihren Eigenschaften und Fähigkeiten begrenzt. Aber im Fall der Lupe sind es weniger Materialfehler, die der Vergrößerung diese Grenze setzen, sondern es sind unsere Augen. Genauer gesagt ist es die begrenzte Fähigkeit unserer Augen zur »Akkomodation«. Damit bezeichnet man das Einstellen des Auges auf die Entfernung des betrachteten Objekts, das »Scharfstellen«. Dabei verändert die Augenmuskulatur die Krümmung der Vorderfläche der Linse unseres Auges (verändert also die Brechkraft). Je näher das Objekt ist, desto stärker muss die Krümmung sein, damit wir scharf sehen können. Wenn die Linse ihre maximale Krümmung erreicht, ergibt das den kürzesten Abstand, in dem man noch scharf sehen kann. Geht mit zunehmendem Alter die Akkomodationsfähigkeit des Auges nach und nach verloren, dann kommt es zur Altersweitsichtigkeit: Um noch gut Lesen zu können, muss man nun das Buch weiter weg halten als früher oder braucht eine Lesebrille.

Aber auch um das von der Lupe vergrößerte Bild scharf sehen zu können, muss das Auge die Krümmung seiner Linse anpassen. Nur ist die scheinbare Entfernung des Bilds eine andere als die wirkliche Entfernung des Objekts. Je stärker die Lupe vergrößert, desto größer ist die notwendige Akkomodation, sodass bei steigender Vergrößerung früher oder später jedes noch so gute Auge an seine Grenzen gerät. Selbst wenn eine Lupe rein physikalisch noch stärker vergrößern kann, werden wir mit unseren Augen dieses Bild nicht scharf sehen können, genauso wie wir den Text in einem Buch oder den eigenen Finger nicht mehr scharf sehen können, wenn er zu nah ans Auge kommt. Der Finger wird zwar immer größer, aber gleichzeitig immer unschärfer und wir erkennen immer weniger statt mehr.

Aufgrund ihrer begrenzten Vergrößerung und einfachen Handhabung sind Lupen besonders für die Tatortarbeit geeignet, wo man kleinste Spuren entdecken, aber noch nicht abschließend untersuchen muss. Es reicht, den Glassplitter zu finden und sicherzustellen. Wirklich untersucht wird er – anders als bei Sherlock Holmes – erst im Labor. Auch bei der weiteren Analyse von Spuren im Labor oder am Schreibtisch taucht immer wieder eine Lupe auf, z. B. beim Vergleich von Fingerabdrücken oder der Untersuchung von Schriftproben. Viele Analysemethoden verlangen aber deutlich stärkere Vergrößerungen. Möglich werden sie erst mit dem größeren Bruder der Lupe: dem Mikroskop.

6
Von Mikroskopen und gebeugtem Licht

Die Neigung der Menschen, kleine Dinge für wichtig zu halten, hat sehr viel Großes hervorgebracht.

Georg Christoph Lichtenberg

Das »Massaker am Valentinstag«

Marilyn Monroe hätte Tony Curtis im Filmklassiker »Manche mögen's heiß« nie kennen gelernt, wenn der nicht zusammen mit seinem Freund, gespielt von Jack Lemmon, in eine der berühmtesten Schießereien der »goldenen zwanziger Jahre« geraten wäre. Curtis und Lemmon spielen in Billy Wilders Film Joe und Jerry, zwei sympathische aber erfolglose Musiker. Am Valentinstag, dem 14. Februar 1929, wollen sie ein Auto aus der Werkstatt holen, um zu einem Auftritt fahren und endlich etwas Geld verdienen zu können. Die Möglichkeit, mit der Gage einen der beiden im Pfandhaus versetzten Mäntel wieder auslösen zu können, ist angesichts des frostigen Chicagoer Winterwetters für die beiden Freunde mehr als verlockend. Als Jerry und Joe in der Werkstatt ankommen, spielen gerade sieben Angehörige einer der Chicagoer Verbrecherbanden Poker. Kurz darauf tauchen fünf Mitglieder einer befeindeten Verbrecherbande in der Werkstatt auf und bringen alle Pokerspieler mit Salven aus zwei Maschinenpistolen um. Die zwei Musiker, die sich versteckt hatten, werden entdeckt, können aber mit viel Glück demselben Schicksal entgehen. Lediglich Jerrys Bass bekommt einige Löcher. Der Rest des Films beschäftigt sich mit der Flucht der beiden unliebsamen Zeugen, die sich als Frauen verkleiden und mit einer Damenkapelle nach Miami, Florida, fahren. Dort stoßen sie – wie sollte es anders sein – zum großen Finale wieder auf dieselben Mafiosi. Diese Erlebnisse und das obligatorische Happy-End sind zumindest aus krimi-

Physik auf der Spur, Voss–de Haan

ISBN: 3-527-40516-X

naltechnischer Sicht weniger interessant. Die Szene in der Werkstatt allerdings umso mehr.

Am Valentinstag 1929, während des Höhepunkts der Kriege zwischen den Gangsterbanden, die besonders am Glücksspiel und der Prohibition verdienten, kamen tatsächlich mehrere Männer in die Garage einer Firma in Chicago, stellten die dort anwesenden sieben Mitglieder einer Mafiabande an die Wand und erschossen sie mit Maschinenpistolen. Soweit stimmt die Geschichte von »Manche mögen's heiß« – auch wenn in der Realität wohl kein Saxophonist und Bassist beim Mord zuschauten. Billy Wilder hat in seinem Film allerdings noch einige interessante Details unterschlagen, z. B. warum dieses Verbrechen damals in der Öffentlichkeit besonderes Aufsehen erregte und, nicht zuletzt, wie die Physik half, diese Morde aufzuklären. Beides ist zugegebenermaßen nicht unbedingt Stoff für eine Komödie – auf jeden Fall aber für dieses Buch.

Das Verbrechen wurde in der amerikanischen Öffentlichkeit sehr schnell als das »Massaker am Sankt Valentinstag« bekannt. Das große öffentliche Interesse entsprang damals zunächst der enormen Brutalität dieser Morde. Dass sieben Menschen sprichwörtlich an die Wand gestellt und niedergemetzelt wurden, war selbst für die Zeit der Bandenkriege in Chicago außergewöhnlich und für die Zeitungen ein gefundenes Fressen. Der andere Grund für die große Aufmerksamkeit war, dass einige der Mörder Polizeiuniformen trugen. Zeugen gaben daher später an, sie hätten gesehen, wie Polizisten die Werkstatt nach den Schüssen verließen. Für die Chicagoer Polizei war der Verdacht, sie habe mit dem Massaker zu tun, mehr als unangenehm. Zum Glück gab es am Tatort aber genügend Kugeln, die sich untersuchen ließen. Ein Vergleich dieser Geschosse mit Kugeln aus den fünf Maschinenpistolen, die die Polizei besaß, konnte belegen, dass die tödlichen Schüsse nicht aus den Waffen der Polizei stammten. Insofern war die Polizei fürs Erste aus der Kritik. Mit der eigentlichen Lösung des Falls kam sie aber nicht weiter.

Erst zehn Monate später stießen Polizisten bei einer Durchsuchung im Zusammenhang mit einem anderen Fall auf ein Waffenlager, in dem sie auch zwei Maschinenpistolen fanden, wie sie beim Valentinstag-Massaker verwendet worden waren. Calvin Goddard, ein ehemaliger Arzt aus den Diensten der US-Armee, der damals bereits seit einiger Zeit Schusswaffenspuren untersuchte, konnte zeigen, dass die tödlichen Schüsse in der Garage in Chicago von genau diesen Waffen stammten. Er verglich die Geschosse vom Tatort mit Kugeln, die er probeweise mit den beiden gefundenen Maschinenpistolen abgefeuert hatte. Unter dem Mikroskop war zu erkennen, dass die Kratzer und Eindrücke jeweils übereinstimmten. Die Kugeln mussten aus demselben Lauf stammen. Mithilfe dieser Analyse konnte so schließlich einer der Verbrecher des Valentinstag-Massakers verurteilt werden. Goddards Methoden beeindruckten zwei Geschäftsleute unter den Geschworenen so sehr, dass sie ihn unterstützten, als er später ein kriminaltechnisches Labor an der Northwestern University gründete. Ein paar Jahre später half Goddard, das Schusswaffenlabor in der Kriminaltechnik des FBI aufzubauen. Das allererste Instrument dieses Labors, das 1932 eröffnet wurde, war ein (von Philip Gravelle erfundenes) »Vergleichsmikroskop«, wie Goddard es bereits für viele Fälle genutzt hatte und das für die Vergleichsanalyse von Geschossen und Hülsen unentbehrlich wurde [3].

Um Haaresbreite

Zwar sind die Spuren auf Geschossen und Hülsen oft einzigartig und gut zu individualisieren, aber manchmal verraten sie doch nicht genug. Auch in solchen Fällen kann das Mikroskop immer noch weiter helfen. Pollen und andere pflanzliche Spuren, natürliche und synthetische Fasern, Staub, Haare und vieles andere können sehr aufschlussreiche Spuren sein, wie sich 1990 in der Stadt Telluride im US-Bundesstaat Colorado zeigte. Damals wurde dort eine Frau durch einen Schuss in den Kopf getötet. Anfangs war die Polizei zuversichtlich, den Fall schnell lösen zu können, weil die sehr markante Kugel hoffen ließ, die Mordwaffe sei leicht zu individualisieren. Aber es gab keinen Verdächtigen, bei dem eine passende Waffe zu finden war. So verlief diese einzige Spur im Sand und die Akte wanderte schließlich zu den ungelösten Fällen. Ohne neue Spur konnte man aus dieser Sackgasse nicht heraus kommen.

Drei Jahre später meldete sich ein Mann aus dem Bundesstaat Arizona bei der Polizei, der angab, sein eigener Bruder, Frank Marquis, habe ihm gestanden, jenen Mord in Colorado begangen zu haben. Eine Telefonüberwachung des Verdächtigen brachte zwar keinen Erfolg, da Marquis sein Geständnis nicht wiederholte. Dafür fand die Polizei aber bei ihm eine Waffe, die zur Kugel passte, und war nun zuversichtlich, ihm die Tat nachweisen zu können. Leider war diese Zuversicht etwas voreilig. Der Lauf war inzwischen so bearbeitet worden, dass ein Vergleich keinen brauchbaren Beweis mehr lieferte. Die Kugel war zwar mit diesem Typ von Pistole abgefeuert worden, aber niemand konnte mit Sicherheit sagen, ob die tödliche Kugel auch genau aus dieser Waffe stammte. Obwohl seine Vorstrafen und seine Anwesenheit in Telluride am Tag des Mordes auf Marquis als Mörder deuteten, waren die Ermittler somit wieder am Anfangspunkt angelangt: Das Hörensagen des Bruders allein würde noch nicht einmal reichen, einen Prozess zu beginnen, geschweige denn, ihn zu gewinnen. Aber die Beamten fanden einen Mann, der Marquis am Tag nach dem Tod der Frau auf der Rückfahrt von Telluride begleitet hatte. Er erzählte ihnen, dass Frank Marquis auf der Fahrt damals zwei Päckchen aus dem Autofenster geworfen habe. Die fragliche Route war hunderte von Meilen lang, aber mit viel Arbeit und einer gehörigen Portion Glück fand die Polizei schließlich ein überraschend gut erhaltenes Päckchen, in dem tatsächlich Kleidung zusammengeschnürt war. Wichtiger noch: Auf der Kleidung im Päckchen fand sich eine Haarsträhne, die Kriminaltechniker mit Haaren der Toten vergleichen konnten. Der Experte, der die Haarproben unter dem Mikroskop untersuchte, stellte fest, dass beide in Farbe und Struktur sehr gut übereinstimmten. Dieses Ergebnis für sich genommen hätte kaum ausgereicht, um ein Gericht von Marquis' Schuld zu überzeugen. Aber zusammen mit seiner Anwesenheit in der Stadt zur Tatzeit, der gefundenen Schusswaffe, der Aussage seines damaligen Begleiters, dem beschriebenen und gefundenen Kleidungsbündel und auch seiner Vorstrafenliste sah die Situation schon anders aus. Mit der Haaranalyse konfrontiert gestand Frank Marquis schließlich die Tat und wurde zu vierundzwanzig Jahren Haft verurteilt. So halfen die Haare der Polizei, den Fall nach mehreren Jahren doch noch zu lösen, obwohl mit dem Mikroskop nur zu erkennen war, dass die Haarsträhne zur Toten passte, nicht aber, ob sie wirklich von ihr stammte.

Mit der DNA-Analyse wäre es vielleicht sogar möglich gewesen, auch diesen Beweis zu erbringen. Aber das war nicht nötig. Überhaupt wird ein Sachbeweis allein einen Täter kaum überführen, egal ob es nun um Haare, Fasern, Geschosse oder sogar Fingerabdrücke geht. Zum einen lassen sich viele Spuren nicht individualisieren, sondern nur identifizieren (vgl. Kap. »Stumme Zeugen«), also einer

Klasse zuordnen, wie das für die Haare und die Kugel beim Mord in Telluride der Fall war. Die Haare passten zwar zur Toten und die Kugel zur Waffe des Verdächtigen, aber viele andere Menschen hatten damals wie heute ähnliche, nicht zu unterscheidende Haare und es gab zweifellos noch viele andere Pistolen des gleichen Typs. Zum anderen sind aber selbst eindeutige Individualisierungen allein meist noch kein Schuldbeweis: Ein Fingerabdruck am Tatort belegt nur, dass derjenige – zu welcher Zeit auch immer – an diesem Ort war, und wenn die Waffe des Verdächtigen als Tatwaffe erkannt wird, hat man ihm noch nicht bewiesen, dass er auch selber abgedrückt hat.

Trotzdem sind gerade die Sachbeweise, die oft erst unter dem Mikroskop zu finden sind, bei der Aufklärung von Straftaten unersetzlich. Selbst wenn sie kein Geständnis bewirken, können diese Spuren einen Verdächtigen mit dem Tatort, dem Opfer, der Tatwaffe und vielen anderen Aspekten eines Verbrechens verknüpfen. Besonders überzeugend sind Kombinationen von verschiedenen, unabhängigen Spuren, die alle auf dieselbe Person deuten und auch noch durch belastende Zeugenaussagen oder fehlende Alibis unterstützt werden. Frank Marquis schien sich dessen bewusst zu sein und wollte mit einem Geständnis wenigstens eine mildere Strafe erreichen.

Wie erreicht ein Mikroskop (vom griechischen *mikros* »klein« und *skopein* »betrachten«) die Vergrößerungen, die wir brauchen, um ein Gericht oder Geschworene zu überzeugen, die aber mit einer Lupe nicht möglich sind? Da die Vergrößerung einer Lupe nicht reicht, wäre der einfachste Ansatz, einfach durch zwei Lupen hindurch zu betrachten. Ganz so einfach ist es zwar nicht, weil sich das virtuelle Bild, das eine Lupe produziert, nicht durch eine zweite Lupe vergrößern lässt. Allerdings sind wir mit dieser Idee schon nahe dran.

Linse, Lupe und Mikroskop

Im vorigen Kapitel haben wir erfahren, wie eine Lupe ein virtuelles Bild eines Objekts produzieren kann. Das bedeutet, wir können das Bild sehen, indem wir einfach durch die Lupe schauen. Man nennt das Bild »virtuell«, weil das Objekt für unser Auge an einem Ort zu sein scheint, an dem die Lichtstrahlen in Wirklichkeit gar nicht ihren Ursprung haben. Eine Linse kann aber auch ein »reelles« Bild produzieren. Alle Lichtstrahlen, die von einem bestimmten Punkt auf dem Objekt vor der Linse ausgehen, treffen sich dabei hinter der Linse genau an einem Punkt in der Bildebene, wo dieses reelle Bild entsteht. Auf einer Leinwand in dieser Bildebene werden dann dieser Punkt und das gesamte Bild des Objekts abgebildet und für unsere Augen sichtbar.

Film- und Diaprojektoren erzeugen solche reellen Bilder auf der Leinwand im Raum und Fotoapparate auf dem fotografischen Film in ihrem Inneren. Während Projektoren und Kameras oft recht kompliziert sind, kennen wir das reelle Bild in viel einfacherer Form auch von der Lupe als »Brennglas«: Viele Kinder lieben es, bei Sonnenschein etwas anzuzünden oder zumindest anzukokeln, indem sie die Sonnenstrahlen mit einer Lupe einfangen und auf einen kleinen Punkt konzentrieren – vorzugsweise natürlich auf brennbare Dinge wie Holz oder Papier. Dieser kleine, heiße Punkt ist nichts anderes als das verkleinerte, reelle Bild der Sonne in der Bildebene des Brennglases. Wieso produziert aber dieselbe Linse einmal – als Lupe – ein virtuelles Bild und ein anderes Mal – als Brennglas – ein reelles Bild?

Was beide Fälle unterscheidet ist allein die Entfernung des Objekts von der Linse. Während die Sonne, von der wir ein reelles Bild bekommen, sehr weit weg vom Brennglas ist, befindet sich der Fingerabdruck sehr nah an der Lupe, wenn wir ihn virtuell und vergrößert sehen. Die Grenze zwischen »weit weg« und »nah dran« ist die Brennweite der Linse, die davon abhängt, wie stark die Linse das Licht brechen kann. (Je stärker die Brechung, desto kürzer die Brennweite.) Nur wenn der Fingerabdruck näher ist als diese Brennweite, dann wirkt die Linse als Lupe. Ist der Fingerabdruck hingegen weiter entfernt als die Brennweite, dann haben wir den Brennglas-Effekt. *Für »unendlich« weit entfernte Objekte wie die Sonne, entsteht das Bild übrigens genau im Abstand der Brennweite. Für nähere Objekte liegt das Bild entsprechend weiter entfernt.*

Jeder kann diese Abhängigkeit von der Brennweite sehr einfach selbst nachvollziehen, wenn er die Lupe zuerst nah an ein Objekt hält und sie dann langsam davon entfernt. Anfangs ist das vergrößerte Bild des Objekts zu sehen. Erreicht die Entfernung zwischen Lupe und Fingerabdruck aber die Brennweite, dann ist nichts mehr zu erkennen. Bei noch größeren Abständen sehen wir schließlich die gesamte Szenerie hinter der Lupe inklusive Abdruck verkleinert und auf dem Kopf stehend. Unsere Augen betrachten jetzt das reelle Bild,

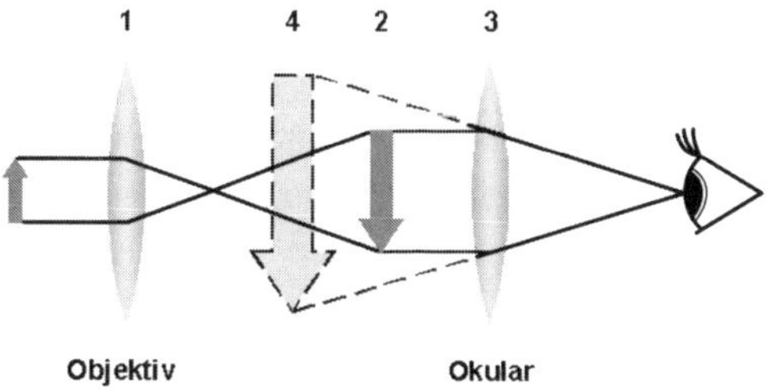

Abbildung 6.1: Das Objektiv (1) des Mikroskops erzeugt ein auf dem Kopf stehendes, vergrößertes, reelles Bild (2) vom Objekt. Dieses Bild wird mit dem Okular (3) wie mit einer Lupe betrachtet, sodass der Betrachter ein noch weiter vergrößertes, virtuelles Bild (4) vom Objekt sieht.

das in einer Bildebene vor uns entstanden ist. Wir stehen sozusagen »hinter« der Leinwand, die hier allerdings fehlt.

Ein Mikroskop besteht im Wesentlichen aus einer Röhre (Tubus) an der oben und unten jeweils eine Linse angebracht ist. Die untere Linse, die direkt über dem zu betrachtenden Objekt ist, bezeichnet man als Objektiv, die obere Linse, die dem Auge näher ist, heißt Okular (vom lat. *ocularis* »zu den Augen gehörig«). Das Objektiv arbeitet wie ein Brennglas und produziert in der »Zwischenbildebene« in der Röhre ein reelles, vergrößertes Bild des Objekts. Dieses Bild wird dort aber nicht von einer Leinwand oder etwas anderem aufgefangen, sondern die Strahlen laufen weiter auf das am anderen Ende der Röhre sitzende Okular zu. Dieses Okular ist nichts anderes als eine Lupe, die genau diese Lichtstrahlen betrachtet, die vom reellen, bereits vergrößerten Zwischenbild kommen. So sieht unser Auge durch diese Lupe ein zweimal vergrößertes Bild des Objekts.

Dieses schrittweise Vergrößern im Mikroskop hat – im Vergleich zur Lupe – zwei riesige Vorteile. Zum einen muss sich unser Auge nur für den zweiten Schritt, also für die Vergrößerung des Okulars »akkomodieren«, nicht aber für die Vergrößerung des Objektivs. Zur Erinnerung: Wir haben im vorigen Kapitel erfahren, dass es die begrenzte Fähigkeit des Auges zur Akkomodation, also zum »Scharfstellen«, ist, die die erreichbaren Vergrößerungen der Lupe begrenzt. Wenn beispielsweise das Objektiv 30fach vergrößert und das Okular nochmals 20fach, dann muss sich das Auge nur auf die 20fache Vergrößerung des Okulars einstellen. Die gesamte Vergrößerung des Mikroskops beträgt in diesem Fall aber 600! Der andere Vorteil liegt in der Abbildungsqualität. Selbst wenn unser Auge sich noch viel stärker anpassen könnte, ließe sich mit einer Lupe nicht beliebig stark vergrößern. Je stärker die Vergrößerung sein soll, umso »perfekter« muss die Linse gearbeitet sein. Zwei Linsen mit jeweils 10facher Vergrößerung, aus denen man ein Mikroskop baut, das 100fach vergrößert, stellen viel geringere technische Ansprüche als eine einzelne Linse, mit der allein man 100fach vergrößern wollte. Mit diesem Prinzip – und einigen anderen technischen Kniffen – lassen sich heute mit optischen Mikroskopen ohne Weiteres tausendfache Vergrößerungen erreichen. Davon waren die ersten Mikroskope allerdings noch weit entfernt, als sie Ende des sechzehnten Jahrhunderts aufkamen [25].

Fischaugen, Dunkelfelder und Fotomikroskope – von den Anfängen zu den Grenzen

Girolamo Fracastoro war ein italienischer Humanist und Arzt aus Verona, der vor allem für seine Arbeiten zu Infektionskrankheiten bekannt wurde. Er wies 1538 aber auch als erster auf die Möglichkeit hin, mithilfe von zwei kombinierten Linsen Dinge vergrößert zu sehen. Leider schien lange niemand diesen Hinweis aufnehmen zu wollen. Erst ein halbes Jahrhundert später, um 1590, sollen die niederländischen Brillenmacher Hans Martens und Zacharias Janssen das erste Mikroskop gebaut haben. Bei der Weiterentwicklung des Mikroskops hatten in der Folge einige der prominentesten Wissenschaftler jener Zeit ihre Finger im Spiel, unter anderem auch Galileo Galilei und Isaac Newton. Bis zum Ende des siebzehnten Jahrhunderts erreichten Mikroskope schon Vergrößerungen weit über dem Hundertfachen. Allerdings blieb die Qualität der Abbildung immer ein Problem, weil die Unvollkommenheiten der damaligen Linsen bei stärkeren Vergrößerungen immer deutlicher sichtbar wurden. Ein etwas ungewöhnlicher Lösungsvorschlag kam vom Physiker David Brewster. Nachdem die Natur der Perfektion gewöhnlich viel näher kommt als alles, was Menschen schaffen, schlug er 1819 vor, die Augen von kleinen Fischen als Linsen für einfache Mikroskope zu verwenden. *Die Augen von Fischen müssen eine hohe Brechkraft aufweisen, damit Fische unter Wasser, das selber einen hohen Brechungsindex besitzt, sehen können. Daher stammt auch die Bezeichnung »Fischauge«*

für bestimmte Fotoobjektive, die eine sehr kurze Brennweite haben. So skurril der Vorschlag anmuten mag, so interessant war das Ergebnis. Als Pieter Harting viele Jahre später die Idee in die Tat umsetzte und ein Mikroskop mit der Linse eines jungen Aals baute, erreichte er mehr als 500fache Vergrößerungen.

Die meisten Mikroskopbauer verließen sich jedoch lieber auf konventionellere Methoden, und der Durchbruch für die Mikroskopie kam schließlich in der zweiten Hälfte des neunzehnten Jahrhunderts. Ernst Abbe schuf ab 1869 mit seinen Arbeiten zur mikroskopischen Abbildung die Grundlagen für ein wirkliches Verständnis der Möglichkeiten und der Grenzen der optischen Mikroskopie. Außerdem entwickelte er eine Reihe von Werkzeugen und Methoden, um bessere Linsen und Mikroskope herstellen zu können. Etwa ab derselben Zeit produzierte Carl Zeiss Mikroskopobjektive mit den von Otto Schott entwickelten optischen Gläsern. (Alle drei, Schott, Abbe und Zeiss, gründeten 1882 zusammen das Jenaer Glaswerk.) Zum einen stieg daraufhin die Qualität der Mikroskope beträchtlich, weil die einzelnen Linsen immer besser wurden und darüber hinaus mehrere Linsen immer besser kombiniert werden konnten, um Abbildungsfehler zu verringern. Zum anderen führten die neue theoretische Grundlage und die neuen technischen Möglichkeiten zur Entwicklung vieler ganz neuer Methoden und Techniken in der Mikroskopie. Eine der herausragenden optischen Methoden ist die Phasenkontrastmikroskopie, die 1932 vom Niederländer Frits Zernike entwickelt wurde und ihm 1953 den Nobelpreis brachte. Mit dieser Methode lassen sich viele Objekte, die weitgehend transparent und daher im Mikroskop normalerweise nicht gut zu erkennen sind, sehr kontrastreich darstellen. Gerade in der Biologie, z. B. bei der Untersuchung von Körperzellen und ihren Bestandteilen, wurde diese Technik schnell unersetzlich. (Grundlage ist das leicht unterschiedliche Verhalten der Lichtwellen in Materialien mit gleicher Farbe aber unterschiedlichem Brechungsindex. Diese geringen Unterschiede lassen sich sichtbar machen.) Auch die meisten anderen Entwicklungen in der Mikroskopie jener Zeit befassten sich vor allem mit einer geschickten Auswahl des Lichts und der »trickreichen« Beleuchtung. Dunkelfeldbeleuchtung, Polarisations- und Interferenzmikroskopie sind einige der anderen Techniken, die ebenfalls helfen sollen, Objekte möglichst kontrastreich abzubilden [28].

All diese Möglichkeiten bietet eine simple Lupe natürlich nicht. Aber es gibt noch einen ganz anderen Unterschied, der das Mikroskop wertvoll für die Wissenschaft im Allgemeinen und die Kriminaltechnik im Speziellen macht. Statt eines Okulars, durch das unser Auge das Bild des Objekts sehen kann, lässt sich auch ein Projektionsokular verwenden. Diese Art von Okular funktioniert nicht wie eine Lupe, die nur ein virtuelles Bild liefert, sondern es produziert ein reelles Bild, das sich auf fotografischem Film oder mit elektronischen Kameras festhalten lässt. Für die wissenschaftliche wie für die kriminalistische Beweissicherung ist diese Art der Dokumentation unerlässlich. Will ein Experte einen Richter oder, wie in den USA, gar zwölf Geschworene von seiner Analyse überzeugen, dann ist er gut beraten, seine Schlussfolgerungen durch mehr als nur Worte und Zahlen zu belegen. Selbst wenn die Argumentation wissenschaftlich korrekt und eindeutig ist, reicht das allein kaum aus. Anwälte, Richter und Geschworene haben selten eine ähnliche naturwissenschaftliche Ausbildung, mit der sie die Aussagen des Experten einschätzen könnten. Sie werden (und müssen) im Allgemeinen skeptisch sein. Ein Kriminaltechniker muss somit vor Gericht nicht nur wissenschaftlich präzise sein, sondern auch für einen Nicht-Wissenschaftler nachvollziehbar erklären. Dabei sagt ein Bild mehr als tausend Worte, und auf Fotos kann auch ein Laie Ähnlichkeiten entdecken oder Unterschiede feststellen.

Die Liste der Objekte, die unter den Mikroskopen der Kriminaltechniker landen und helfen sollen, Verbrechen aufzuklären, ist fast endlos. Sie reicht von Pollen, Fasern und Haaren, über Lack- und Glassplitter, bis hin zu gebrochenen Glühwendeln aus Autoscheinwerfern, Geschossen, gefälschten Banknoten und Dokumenten. Je nach der Art der Spur braucht man ganz unterschiedliche Methoden und Vergrößerungen. Doch für manche Untersuchungen reicht selbst die mehr als 1000fache Vergrößerung der besten optischen Mikroskope nicht mehr aus. Was kann man tun, um noch stärkere Vergrößerungen zu erreichen? Beim Schritt von der Lupe zum Mikroskop haben wir lediglich eine Linse hinzugefügt und dadurch die maximale Vergrößerung schon auf das 40fache erhöht (etwa von 25 auf 1000). Das Einfachste wäre, noch eine Linse hinzuzufügen. Kämen wir dann auf 40.000fache Vergrößerungen, dann könnten wir mit solchen Mikroskopen sogar schon Viren erkennen.

Leider ist es nicht so einfach. Die Physik macht uns hier einen Strich durch die Rechnung. Die zweite Linse beim Mikroskop half, weil allein unsere Augen die mögliche Vergrößerung der Lupe begrenzten. Aber beim Mikroskop ist es nicht unser Auge bzw. seine begrenzte Fähigkeit zur Akkomodation, was die Vergrößerung einschränkt. Es ist vielmehr ein grundlegender physikalischer Effekt: die Beugung. Die Frage, warum die Fähigkeiten des Mikroskops an dieser Grenze enden und wie wir diese Grenze durchbrechen können, wird uns – genauso wie die Beugung – noch eine Weile begleiten. Daher sollten wir wieder etwas tiefer in die Physik eintauchen und versuchen, die Beugung, ihre Auswirkungen auf das Licht und ihre Bedeutung für die Mikroskope genauer zu verstehen.

Beugung – Licht, Schall und Wasser

Die Ergebnisse der Beugung und Brechung von Lichtstrahlen (die oft auch als Diffraktion bzw. Refraktion bezeichnet werden) sind nicht unähnlich, und mancher bringt die beiden Effekte auch gerne mal durcheinander. Obwohl beide Effekte tatsächlich mit dem Wellencharakter des Lichts zu tun haben, sind die Ursachen und Vorgänge dabei trotzdem recht unterschiedlich. Licht wird *gebrochen*, wenn es in ein Medium mit unterschiedlicher Lichtgeschwindigkeit eindringt, wobei sich die Ausbreitungsrichtung des gesamten Strahls ändert. Der Strahl an sich bleibt dabei aber unverändert. *Bei einem Prisma, das durch Brechung einen Sonnenstrahl in sein Spektrum zerlegt, und bei Wassertropfen, die durch den gleichen Effekt einen Regenbogen entstehen lassen, ändern sich die Lichtstrahlen ebenfalls nicht – auch wenn es auf den ersten Blick so scheinen möchte. Das weiße Licht der Sonne ist nichts anderes als die Überlagerung vieler Strahlen unterschiedlicher Farben. Jeder dieser Strahlen wird zwar etwas mehr oder weniger gebrochen, sodass sich der ehemals weiße Strahl in ein farbiges Spektrum auffächert. Ansonsten bleiben die Strahlen unverändert.* Dagegen wird Licht gebeugt, nicht wenn es in ein anderes Medium eintritt, sondern wenn es auf ein Hindernis trifft, durch das es nicht hindurchlaufen kann. Ein Teil des Lichts, das seitlich am Hindernis vorbeiläuft, dringt dahinter ein wenig in den Schatten des Hindernisses ein. Nicht der gesamte Strahl, wie bei der Brechung, sondern nur seine Ränder verändern dabei hinter dem Hindernis ihre Ausbreitung. Durch diese

Beugung würde sich auch ein »einfarbiger« Lichtstrahl aufweiten, der von einem Prisma nicht aufgefächert, sondern nur in eine andere Richtung gelenkt würde. Der Lichtstrahl »franst aus« und ebenso der Schatten. Auch wenn dieser Effekt so gering ist, dass wir ihn im Alltag selten wahrnehmen, hat er für optische Geräte wie Mikroskope und Teleskope gewaltige Konsequenzen.

Wie im Kapitel zur Lupe schon angedeutet, verhalf der Nachweis von Beugungseffekten im achtzehnten Jahrhundert der Wellentheorie des Lichts zum Durchbruch, denn keine Theorie, die das Licht als Teilchen beschrieb, konnte die Beugung erklären. Auf der anderen Seite ist die Beugung ein Effekt, der nicht nur bei Licht, sondern bei allen Arten von Wellen auftritt, auch bei Wasser- und Schallwellen. Wenn wir uns beispielsweise hinter einem Pfeiler oder einer Mauer verstecken, hören wir trotzdem, wenn uns jemand von der anderen Seite ruft. Den Ruf zu hören, ist für uns selbstverständlich, und ebenso selbstverständlich wissen wir, dass der Schall dabei nicht durch den Pfeiler oder durch die Mauer hindurchgegangen ist, sondern darum herum. Aber warum laufen Wellen manchmal um die Ecke?

Ein Teil des Schalls wird natürlich am Pfeiler vorbeilaufen und dahinter auf andere Gegenstände, Gebäudeteile oder den Boden treffen und davon reflektiert werden. Das ist genauso wie bei einem Pfeiler, der im Sonnenlicht einen Schatten wirft – trotzdem ist es hinter diesem Pfeiler nicht vollständig dunkel. Die Umgebung ist beleuchtet und dieses Licht erhellt auch den Schatten des Pfeilers ein wenig. Ganz ähnlich wird auch ein kleiner Teil des Schalls, der am Pfeiler vorbeigelaufen ist, zu uns zurückgeworfen. Aber wenn wir uns überlegen, wie klein dieses Echo ist, reicht das nicht als Erklärung, warum wir hinter dem Pfeiler immer noch so viel hören. Dafür ist es hinter dem Pfeiler einfach zu laut. Wenn wir wirklich nur ein Echo hören würden, müsste es hinter dem Pfeiler viel leiser sein, als es wirklich ist. Also muss der Schall demnach um die Ecke herum in den »Schatten« des Pfeilers hineingelaufen sein – er wurde am Pfeiler gebeugt. Bei Wasserwellen können wir dieses »Um-die-Ecke-laufen« sogar sehen.

Stellen wir uns noch einmal den See vor, den wir aus dem Kapitel zur Daktyloskopie schon kennen. Wenn auf diesem See Wellen auf ein Hindernis zulaufen, z. B. auf jemanden, der gerade im Wasser steht, dann werden sie seitlich an ihm vorbeilaufen, wie die Licht- und Schallwellen am Pfeiler. Hinter ihm wird ein Bereich im Was-

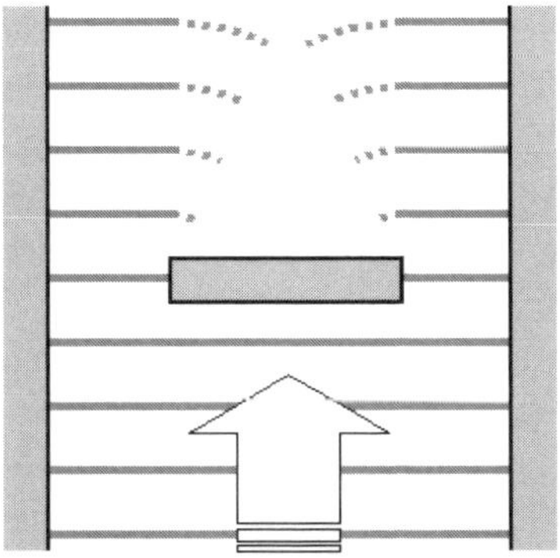

Abbildung 6.2: Beugung von Wellen. Wasserwellen, die an einem Hindernis vorbeilaufen, werfen dahinter keinen scharfen Schatten, sondern dringen auch in den Bereich hinter dem Hindernis ein.

ser sein, in dem gar keine oder nur kleinere Wellen zu sehen sind. Allerdings wirft auch unser Badegast keinen scharfen Schatten, wie der Pfeiler im Sonnenlicht, sondern sein Schatten »franst aus« so wie der Schallschatten des Pfeilers. Hinter dem Effekt stecken jedesmal die Beugung und Huygens Prinzip der Elementarwellen, obwohl wir einen deutlichen Unterschied zwischen den beiden Fällen (»See« bzw. »Pfeiler«) beobachten können.

Wenn es in unseren Beispielen mit Licht, Schall und Wasser jedesmal um Wellen geht, warum ist dann der Schatten der Lichtwellen so viel schärfer als der Schatten der Schall- und Wasserwellen? Die Antwort liegt im Verhältnis der Wellenlänge zur Größe des Hindernisses. Der Abstand zwischen den Wellenbergen auf dem See entspricht grob der Breite des Schwimmers, und die Wellenlängen des Rufs liegen mit einigen Zentimetern bis zu mehreren Metern etwa in der Breite eines Pfeilers. Die Wellenlängen des Lichts sind jedoch kürzer als ein Tausendstel Millimeter und damit eine Million Mal kleiner als der Pfeiler. Deswegen ist die Beugung hier nicht zu sehen. Bei entsprechend kleineren Hindernissen hingegen lässt sich der Effekt auch bei Lichtwellen beobachten.

Wer will, kann die Beugung selber einfach beobachten, indem er zwei Finger eng zusammenhält und durch den Schlitz zwischen ihnen hindurch ins Helle sieht. Ist das Auge nahe genug an den Fingern und sind die Finger nahe genug zusammen, dann sind eine Reihe von parallelen dunklen Linien zu sehen, die entlang des Spalts verlaufen. Francesco Gri-

maldi beschrieb ein ähnliches Phänomen auch schon 1663, ohne dass er aber das zugrunde liegende Prinzip der Beugung verstehen konnte. Er beobachtete, wie ein Sonnenstrahl durch eine kleine Öffnung in ein abgedunkeltes Zimmer eindrang und einen zu großen und unscharfen Fleck auf die gegenüberliegende Wand warf. Der Lichtstrahl war offensichtlich nicht einfach geradeaus verlaufen, sondern »aufgefächert« worden.

Bei der Erklärung, warum Wellen überhaupt »um die Ecke laufen«, hilft uns Huygens' Prinzip, das wir schon kennen gelernt haben: Jeder Punkt der Wellenfront ist der Ursprung einer neuen Elementarwelle. Alle neuen Elementarwellen zusammen produzieren die »einhüllende« Wellenfront, die so durch die Luft oder über das Wasser läuft. Solange kein Hindernis im Weg steht, wandert die Wellenfront ungehindert weiter. Ein Pfeiler oder ein Badegast verhindern jedoch, dass an den Punkten der Wellenfront, wo diese Hindernisse stehen, neue Elementarwellen beginnen. Diese Wellen fehlen dann der weiterlaufenden Wellenfront und erzeugen ein Loch in ihr: den »Schatten«. Allerdings sind die Elementarwellen kugel- bzw. kreisförmig. Demnach werden die Wellen, die direkt neben dem Hindernis starten, auch in den Schatten hineinlaufen. Je weiter wir uns hinter dem Hindernis befinden, desto tiefer sind diese Wellen von beiden Seiten in den Schatten eingedrungen, bis sie sich schließlich überlappen. Aus der Sicht des Physikers wird es hier wieder richtig interessant, denn es kommt zur Interferenz, d. h. zur Überlagerung von Wellen.

Interferenz, Doppelspalt und Airy-Scheibchen

Wir wissen aus eigener Erfahrung auch ganz ohne Physik, dass Wellen sich gegenseitig verstärken oder auslöschen können. Wenn wir zwei Steine in den See werfen, dann bilden sich um beide Aufschlagpunkte die kreisförmigen Elementarwellen. Sind die beiden Wellenfronten weit genug vorgedrungen, dann laufen sie ineinander, überlagern sich dabei und »interferieren«. Dort, wo zwei Wellenberge oder -täler aufeinander treffen, sind die Wellen nun doppelt so hoch oder doppelt so tief. Wo aber je ein Berg und ein Tal aufeinander treffen, löschen sich die beiden Wellen gegenseitig aus und die Wasseroberfläche bleibt ruhig. Im ersteren Fall spricht der Physiker von konstruktiver Interferenz, weil die Welle stärker wird, im letzteren Fall von destruktiver Interferenz, weil die Welle an diesem Punkt »zerstört« wird. Auf dem Wasser bildet sich durch die beiden Elementarwellen ein charakteristisches Interferenzmuster aus ruhigen Zonen, normalen Wellen und Bereichen mit besonders hohen Wellen. So wie bei der Interferenz im Wasser der Wellengang höher wird oder verschwindet, so wird beim Schall der Ton, den wir hören, lauter oder leiser und beim Licht ein beleuchteter Punkt heller oder dunkler. Auch wenn es jeder Intuition widerspricht: Überlagert man eine Lichtwelle mit einer zweiten – strahlt man also »mehr Licht« auf einen Punkt – dann kann es dadurch an diesem Punkt tatsächlich dunkel werden.

Interferenzmuster wie auf dem See entstehen auch durch Beugung hinter einem Hindernis. Dabei sind es dann aber nicht nur zwei Elementarwellen, die sich überlagern, sondern alle Elementarwellen, die in den Schatten eindringen. Beim Beispiel des Pfeilers also alle Wellen, die links und rechts am Pfeiler vorbeilaufen. Die genaue Form des Musters hängt dabei immer von der Form des Hindernisses ab. Eines der berühmtesten Muster der Physik ist das Interferenzmuster des Doppelspalts. Das Hindernis besteht hier aus einer Blende, in der zwei schmale, parallele Schlitze sind. Läuft Licht durch diese beiden Spalte und wird in einiger Entfernung auf einem Schirm oder einer Leinwand aufgefangen, dann zeigt sich dort nicht

Abbildung 6.3: Wasserwellen können, genauso wie Licht- oder Schallwellen, interferieren. Wenn sich zwei Wasserwellen überlagern, kommt es dort, wo je zwei Wellenberge oder zwei Wellentäler aufeinander treffen, zu konstruktiver Interferenz, d. h. Berg bzw. Tal (im Bild als weiße und schwarze Bereiche gezeigt) bleiben erhalten, allerdings steigt das Wasser noch höher bzw. fällt umso tiefer. Treffen ein Wellenberg und ein -tal aufeinander, löschen sich die beiden durch destruktive Interferenz gegenseitig aus und der Wasserspiegel bleibt ruhig (im Bild durch die grauen Bereiche angedeutet).

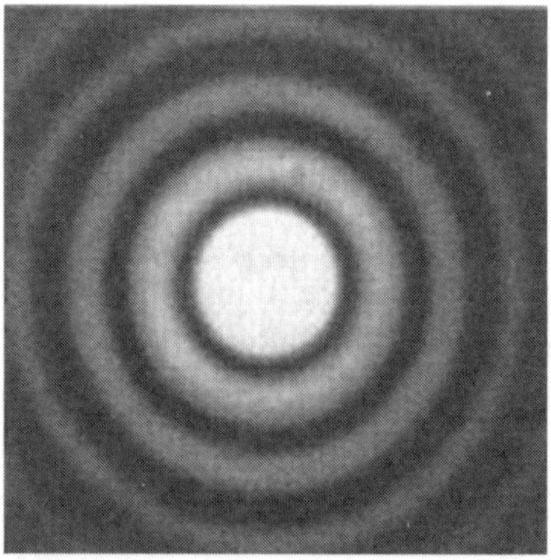

Abbildung 6.4: Airy-Scheibe. Hinter einer Lochblende entsteht aufgrund der Beugung des Lichts an der Blendenöffnung und der Interferenz der gebeugten Lichtstrahlen nicht einfach ein kreisförmiger Leuchtfleck, sondern ein Interferenzmuster mit einem hellen Fleck in der Mitte und vielen hellen, nach außen immer schwächer werdenden Ringen. Bei extrem starken Vergrößerungen wird diese Airy-Scheibe in Mikroskopen (und ebenfalls in Teleskopen) so stark »mitvergrößert«, dass das Bild unscharf wird (aus: Lexikon der Physik, 2003 © Elsevier GmbH, Spektrum Akademischer Verlag, Heidelberg).

etwa ein einfaches Muster mit zwei senkrechten Streifen, sondern mit sehr vielen nebeneinander liegenden Streifen, die in der Mitte am hellsten sind und nach links und rechts immer schwächer werden. Diese Interferenz, die durch die Beugung entsteht, hat – leider – einige Konsequenzen für das Mikroskop.

Betrachten wir statt Pfeiler und Doppelspalt ein anderes Hindernis: eine »Lochblende«, also eine kreisförmige Öffnung (so ähnlich, wie Grimaldi sie benutzt hat). Auch hier wird das Licht am Rand des Hindernisses gebeugt, allerdings nicht wie beim Pfeiler nach innen, sondern nach außen. Durch die Interferenz aller Elementarwellen, die im Bereich des Lochs beginnen, ergibt sich ein Muster aus einer zentralen, hellen Scheibe, die nach außen abwechselnd von dunklen und hellen Ringen umgeben ist. Diese »Airy-Scheibe« sah auch Grimaldi. Weil Sonnenlicht, das durch das Loch in sein Zimmer fiel, aus vielen verschiedenen Wellenlängen besteht, war die Ringstruktur aber nicht klar zu erkennen. Für unterschiedliche Wellenlängen liegen die Ringe jeweils an etwas anderen Stellen, und der Fleck erscheint vergrößert und unscharf.

Wenn Lichtstrahlen vom Objekt durch die Linse eines Mikroskops laufen, werden sie ebenfalls durch die kleine Öffnung des Objektivs oder anderer Linsen und Blenden gezwungen und an deren Rand gebeugt. Da wir nun einmal kein Mikroskop mit unendlich großen Linsen bauen können, lässt sich dieser Beugungseffekt nicht vermeiden. Die entstehenden Scheibchen sind bei guten Mikroskopen zum Glück sehr klein. Solange wir keine extreme Vergrößerung im Mikroskop einstellen, bemerken wir daher gar nicht, dass das Bild nicht aus scharfen Punkten, sondern aus winzigen Scheibchen besteht. Erhöhen wir die Vergrößerung aber, z. B. indem wir ein stärkeres Okular verwenden, dann vergrößern wir auch die Scheibchen. Bei noch stärkeren Vergrößerungen sehen wir schließlich keine scharfen Punkte des Objekts mehr, sondern nur noch die unscharfen Beugungsscheibchen: Das Bild lässt sich nicht mehr scharf stellen. Wir könnten versuchen, die Vergrößerung z. B. durch stärkere Okulare noch weiter zu erhöhen. Das würde aber lediglich dazu führen, dass die Scheibchen noch größer werden – nicht aber dass mehr zu erkennen wäre. Insofern ist eine »rechnerisch mögliche« Vergrößerung des Mikroskops nicht sehr hilfreich, wenn wir wissen wollen, wie scharf wir mit diesem Mikroskop wirklich sehen können. Physiker sprechen daher lieber von der »Auflösung«. Sie gibt an, wie nah zwei Punkte auf dem Objekt noch nebeneinander liegen dürfen – wie groß die kleinsten noch abzubildenden Details also mindestens sein müssen –, damit man die entstehenden Scheibchen im vergrößerten Bild noch unterscheiden kann [25].

Das gilt übrigens nicht nur für Mikroskope. Wer schon einmal ein Teleskop gekauft hat und den Versprechungen der Hersteller von »200facher Vergrößerung« glaubte, war vielleicht ein wenig enttäuscht, wenn er Mars oder Saturn bei der angepriesenen Vergrößerung trotz allen Probierens einfach nicht scharf stellen konnte. Auch bei Teleskopen schlägt dieselbe Beugungsbegrenzung durch die Airy-Scheiben zu. Sie sind umso größer, je kleiner der Objektivdurchmesser des Teleskops ist. Egal wie stark das Bild der Planeten »vergrößert« wird – die Struktur des Mars wird immer genauso verwischt bleiben wie die Ringe des Saturn, solange die Auflösung des Teleskops nicht ausreicht.

Die Münze auf dem Fußballfeld

Da ein einzelner Punkt wegen der Beugung als kleines Scheibchen abgebildet wird, können zwei nebeneinander liegende Punkte auf dem Objekt nur dann im Mikroskop als getrennt erkannt werden, wenn die Scheiben in den beiden Beugungsmustern nicht überlappen. Wie groß diese Scheiben sind, hängt im Wesentlichen von der Wellenlänge des Lichts und vom Durchmesser und der Brennweite des Objektivs ab. Um zu bestimmen, welche Strukturen unser Auge tatsächlich noch auflösen kann, muss man noch einige Aspekte der Form- und Helligkeitswahrnehmung berücksichtigen (so, wie bei der Lupe die Akkomodation eine Rolle spielte). Die Formeln, die all diese Zusammenhänge beschreiben, lassen sich recht gut vereinfachen. Wir erhalten dann eine Näherung (quasi eine Daumenregel) für den Mindestabstand, den zwei Punkte auf dem Objekt haben müssen, damit man sie im Bild des Mikroskops gerade noch unterscheiden kann: Die halbe Wellenlänge des verwendeten Lichts.

Sichtbares Licht hat Wellenlängen von rund 400 Nanometer (nm) für blaues Licht bis 800 nm für rotes Licht. Als Auflösungsgrenze für ein sehr gutes Mikroskop bekommen wir demnach etwa 250 nm, wenn wir z. B. grünes Licht mit einer Wellenlänge von 500 nm verwenden. Nun kann sich aber ein normaler Mensch kaum etwas unter einem Nanometer vorstellen. Zum Vergleich: Tausend Nanometer sind ein Mikrometer und damit wiederum der tausendste Teil eines Millimeters. Die Wellenlänge von grünem Licht mit 500 nm wäre also halb so lang wie ein tausendstel Millimeter. Wem das – aus verständlichen Gründen – noch nicht anschaulich genug sein sollte, der kann sich mit folgendem Vergleich helfen: Verkleinert man ein etwa 100 Meter langes Fußballfeld auf die Größe eines Millimeters, dann wäre ein Fußball (Durchmesser ca. 22 cm) auf diesem winzigen Feld immer noch mehr als viermal so groß wie eine Welle des grünen Lichts. Mit einem exzellenten Mikroskop könnte unser Auge auf diesem winzigen Fußballfeld selbst noch zwei direkt nebeneinander liegende 2-Euro-Münzen (Durchmesser ca. 2,5 cm) unterscheiden.

Zwar nicht für Licht, aber für langwelligere elektromagnetische Wellen wurden inzwischen »perfekte« Linsen entwickelt, die keine Beugungseffekte zeigen. Das Schlagwort, das in diesem Zusammenhang seit einiger Zeit in der Physik auftaucht, lautet »linkshändig«. Die Rechte-Hand-Regel (für Richtung, elektrisches und magnetisches Feld einer Lichtwelle), die manchem vielleicht aus der Schule bekannt sein dürfte, gilt in linkshändigen Medien nicht. Dort verhalten sich die elektrischen und magnetischen Felder in einer Lichtwelle anders, und die Welle kann Linsen aus linkshändigen Medien tatsächlich ungebeugt passieren. Für sichtbares Licht gibt es (noch) keine solchen perfekten Linsen. Aber sogar wenn es sie gäbe, bliebe trotzdem eine Grenze für die Auflösung von optischen Mikroskopen. Beleuchten wir Objekte, die deutlich kleiner sind als die Wellenlänge des Lichts, dann wird das Licht von einem solchen Objekt nur als eine Huygens'sche Elementarwelle gestreut. Die Intensität der Welle ist zwar abhängig von der Größe des Objekts, aber die gesamte Information über seine Struktur geht in der kugelförmigen Streuwelle verloren. Wir sehen lediglich einen Lichtpunkt, aber keine Details. In Ultramikroskopen werden Teilchen, die kleiner als die Auflösungsgrenze sind, senkrecht zur Beleuchtungsrichtung vor einem dunklen Hintergrund betrachtet. Mit dieser Methode kann man sie zwar nicht näher untersuchen, aber zählen. In einem abgedunkelten Raum, in den z. B. durch ein Loch im Rolladen ein Sonnenstrahl hineinfällt, können wir manchmal etwas Ähnliches sehen. Staubkörnchen, die man bei normaler Beleuchtung nie wahrnehmen würde, sieht man im Sonnenstrahl vor dem dunkeln Hintergrund des Zimmers tanzen und könnte sie zählen wie in einem Ultramikroskop.

So beeindruckend es auch sein mag, eine 2-Euro-Münze auf einem solchen Fußballfeld sehen zu können – manchmal reicht nicht einmal das aus. Für viele Untersuchungen brauchen wir noch stärkere Auflösungen, als die optische Mikroskopie sie bietet. Hier müssen wir dann, um beim Bild des Fußballfelds zu bleiben, vielleicht sogar zwei im Rasen nebeneinander liegende Stecknadelköpfe erkennen können. Solche enormen Vergrößerungen können notwendig werden, wenn es z. B. um die Untersuchung von »Schmauchspuren« auf der Hand eines Verdächtigen, von Bruchspuren an Tatwerkzeugen oder an Glühwendeln von Autoscheinwerfern geht.

Um die Grenzen der Auflösung, auf die wir gestoßen sind, zu überschreiten, bieten sich uns verschiedene Ansätze. Der einfachste ist, Strahlung mit einer kürzeren Wellenlänge als sichtbares Licht zu wählen. Diese Idee und alles, was damit noch zusammenhängt, wird uns in den nächsten Kapiteln beschäftigen (wo auch die Schmauch- und Bruchspuren wieder auftauchen werden). Einen anderen Aspekt, den wir uns vorher noch ansehen sollten, haben wir bisher noch gar nicht angesprochen. Alle Beugungs- und Interferenzeffekte treten nur dann auf, wenn die Wellen überhaupt weit genug kommen, um gebeugt zu werden und zu interferieren. In unseren bisherigen Überlegungen haben wir die vom Objekt ausgehenden Lichtwellen weit entfernt beobachtet, das sogenannte »Fernfeld«. In einem normalen optischen Mikroskop lässt sich das schon allein wegen des notwendigen Abstands zwischen Objektiv und Okular gar nicht vermeiden. Es gibt aber eine Methode, dieses Problem zu umgehen.

Aus der Nähe betrachtet – Nahfeldmikroskopie

Normalerweise, wenn wir etwas genauer betrachten möchten, gehen wir einfach näher ran. Bei unserem Auge hilft das, wie wir gesehen haben, leider nur sehr wenig. Alles, was näher kommt als etwa 10 cm, sehen wir zwar größer aber immer unschärfer. Andere optische Instrumente, die ein direktes Abbild des Objekts produzieren, haben ähnliche Probleme. So hilft es uns auch nicht, wenn wir versuchen, mit einem Mikroskop näher an das Objekt heranzugehen. Aber anstatt sich ein Objekt aus der Ferne auf einmal anzusehen, kann man es Punkt für Punkt aus nächster Nähe, im »Nahfeld«, betrachten. Das vergrößerte Bild setzt sich dann, wie das Bild eines Fernsehers oder Computermonitors, aus einem Raster vieler einzelner kleiner Punkte zusammen. Die Voraussetzung ist, das Licht von verschiedenen, möglichst kleinen Punkten auf dem Objekt einzeln einzufangen und dann alle Punkte wie ein Mosaik wieder richtig zusammenzusetzen. Diese Art der »Rasterung« taucht bei einer ganzen Reihe von Mikroskoptypen auf, u. a. bei der optischen Nahfeldmikroskopie (engl. *scanning near-field optical microscopy*, SNOM).

Bei diesem Mikroskop sammelt die winzige Spitze einer Licht leitenden Faser möglichst viel von jenem Licht, das von einem Punkt an der Oberfläche des Objekts ausgeht. Solche Licht leitenden Fasern sind nicht nur als Glasfasern in Computernetzwerken sehr verbreitet, sondern auch in manchen Wohnungen zu finden. Es gibt eine Art von Zimmerlampen, bei der ein dickes Bündel Glasfasern nach oben ragt und dort auseinander fächert. Die Glasfasern sind alle gleich lang und bilden, wenn sie nach außen und nach unten hängen, eine Art Halbkugel, sodass diese Lampe ein wenig so aussieht, wie eine merkwürdige Perücke. Schaltet man die Lampe an, dann wird das Bündel Glasfasern in der Lampe von unten beleuchtet. Das Licht gelangt am unteren Ende in die Glasfaser hinein, läuft dann im Innern jeweils bis zur Spitze, und tritt am anderen Ende aus der Faser wieder aus – bei der Perücke leuchten dann die Haarspitzen. (Die Erklärung, wie die Glasfaser das Licht auch um eine Kurve leiten kann, kommt im Kapitel zum Infrarotlicht.) Mit demselben Prinzip funktioniert auch das Nahfeldmikroskop, nur dass man hier z. B. eine einzelne kurze Quarzspitze statt vieler längerer Glasfasern nimmt und sie über ein beleuchtetes bzw. durchscheinendes oder selbst leuchtendes Objekt führt, statt sie über eine Glühbirne zu halten.

Die Spitzen von guten Nahfeldmikroskopen haben Durchmesser von 10 nm oder weniger und werden nur einige Nanometer über der Oberfläche des Objekts positioniert. So sammeln sie das Licht nur aus dem Bereich des Objekts, der direkt unter der Spitze liegt und oft nicht größer als 5 bis 10 nm ist. Natürlich wird von einem so kleinen Bereich des Objekts auch bei starker Beleuchtung nur sehr wenig Licht reflektiert. Damit das bisschen Licht, das durch die Spitze in die Faser gelangt ist, möglichst nicht wieder verloren geht, sind die Spitzen seitlich meist mit Metall bedampft. Das Metall wirkt dann wie ein Spiegel und hält das Licht noch besser in der Faser gefangen. Tritt das Licht am anderen Ende der Faser wieder aus, kann es mit hochempfindlichen Detektoren nachgewiesen werden. Nachdem das Licht für einen Punkt des Objekts so »gemessen« wurde, fährt die Spitze auf den nächsten Punkt. Ist eine Zeile des Rasters abgearbeitet, fährt die Spitze auf den ersten Punkt der nächsten Zeile und so weiter. Eine solche Rasterung wird uns auch noch bei ganz anderen Arten von Mikroskopen begegnen, die nicht mit Licht funktionieren. Wir bekommen auf diese Weise für alle Punkte im Bildausschnitt einen Wert, wie viel Licht dort reflektiert wurde und ein Computer kann nachher das gesamte Bild wie ein Mosaik oder ein Fernsehbild aus diesen einzelnen Punkten zusammensetzen. Mit der Größe eines Punkts von 5 bis 10 nm schlägt die Auflösung des Nahfeldmikroskops natürlich jedes optische Fernfeldmikroskop. Aber das hat seinen Preis.

Ein solches Nahfeldmikroskop ist nicht nur komplizierter im Aufbau (und damit teurer), es ist vor allem auch viel aufwändiger zu betreiben. Beim »normalen« Mikroskop können wir die Vergrößerung recht frei wählen, weil unterschiedliche Objektive oft revolverartig am Mikroskop angebracht sind und sich schnell wechseln lassen. Außerdem ist das Bild »fertig«, sobald wir es scharf gestellt haben.

Beim Nahfeldmikroskop hingegen, lässt sich die Vergrößerung nicht ganz so leicht ändern und – wichtiger noch – es dauert wesentlich länger, ein einziges Bild zu produzieren, da der gesamte Bildausschnitt gerastert werden muss, also für jeden einzelnen von Tausenden von Punkten eine eigene Messung nötig ist. Aber die Nahfeldmikroskopie ist nicht die einzige Methode, die mit den Schwierigkeiten eines komplizierten Aufbaus oder der Rasterung zu kämpfen hat. Das gilt ebenso für solche Mikroskope, die kürzere Wellenlängen als sichtbares Licht verwenden oder die etwas ganz anderes als Licht zum »Sehen« nutzen. Ob und wie wir mit diesen anderen Wellenlängen bessere Mikroskope bauen können – und wie wir mit diesen Wellen noch auf andere Weise Verbrechen aufklären können – ist das Thema der nächsten Kapitel.

7
Durchschaut – Mit UV- und Röntgenstrahlen auf der Suche

Die Reise der Entdeckung liegt nicht darin, neue Landschaften zu suchen, als vielmehr neue Augen zu haben.

Marcel Proust

Das Ozonloch

Mitte der 1980er Jahre geriet die Antarktis in die Schlagzeilen – genauer gesagt, das jedes Jahr immer bedrohlicher wachsende Ozonloch über dem Südpol. Noch war es kein wirkliches Loch, denn das Ozon war in der oberen Erdatmosphäre nirgends völlig verschwunden. Allerdings schrumpfte die Ozonschicht über dem Südpol sehr wohl in jedem Frühling bis auf ein Drittel ihrer normalen Dicke. Da Ozon für Lebewesen gefährliche Strahlen aus dem Sonnenlicht herausfiltern kann, war diese Schädigung der Ozonschicht ganz besonders beunruhigend für die am nächsten zur Antarktis gelegenen Länder und Kontinente, wie etwa Australien oder Südamerika. Durch das geschwächte Schutzschild gelangte damals bereits verstärkt ultraviolette (UV) Strahlung zum Erdboden, die sowohl die Hornhaut unserer Augen schädigen kann als auch für Hautkrebserkrankungen verantwortlich gemacht wird.

Es gab damals zwei Konsequenzen. Zum einen verkauften sich Sonnencremes mit extrem hohem Lichtschutzfaktor auf einmal sehr gut, die die Haut vor der schädigenden UV-Strahlung besser schützen sollen. Zum anderen wurden die Hauptverursacher, die Fluorchlorkohlenwasserstoffe (oder kurz: FCKW), weltweit verboten. Der größte Teil des Problems ging nämlich auf das Konto des Menschen. Seit ihrer Erfindung im Jahr 1928 hatten sich FCKW in unserer Industriegesellschaft immer stärker verbreitet und waren inzwischen als Treibmittel in Spraydosen, als Kühlmittel in Kühlschränken oder

Physik auf der Spur, Voss–de Haan

ISBN: 3-527-40516-X

Klimaanlagen und als Produktionsbestandteile überall in der Industrie zu finden. Ursprünglich war man davon ausgegangen, dass diese chemisch verhältnismäßig stabilen Chlorverbindungen keinen Schaden anrichten könnten. Aber das war ein Irrtum. Denn nachdem man sie über Jahrzehnte in die Umwelt geblasen hatte, kamen sie schließlich in der Stratosphäre (25 km über dem Meeresspiegel) an und bauten dort das Ozon ab. Wegen der geringeren Ozon-Konzentration konnte mehr ultraviolettes Licht den Erdboden erreichen. Mit dem Verbot der FCKW hoffte man, die weitere Schädigung der Ozonschicht und damit das weitere Ansteigen der UV-Strahlung – zumindest auf lange Sicht – aufhalten zu können.

Was hat das Ozonloch mit Kriminaltechnik zu tun? Die Vorgänge um das Ozon zu verstehen und die »Schuldigen« zu finden, war zwar nicht ganz einfach – genauso wie bei vielen Verbrechen. 1995 erhielten der Niederländer Paul Crutzen, der Mexikaner Mario Molina und der US-Amerikaner Sherwood Rowland für ihre Forschungen zur Bildung und zum Abbau von Ozon in der Atmosphäre den Nobelpreis für Chemie. Aber diese »Spurensuche« ist natürlich nicht die eigentliche Verbindung zur Kriminaltechnik. Vielmehr haben die ultravioletten Sonnenstrahlen, die von einer intakten Ozonschicht absorbiert werden sollen, einiges mit der schon erwähnten Idee zu tun, wie man die Auflösung des Mikroskops verbessern könnte: Sie haben kürzere Wellenlängen als das sichtbare Licht.

Elektromagnetische Strahlung

Warum hält die Ozonschicht viel ultraviolettes Licht auf, lässt aber andere Strahlung passieren? Wer ein Sonnenbad nimmt, macht das meistens wegen der bräunenden Wirkung der wenigen UV-Strahlen, die uns erreichen. Allerdings wäre es am Strand weniger angenehm, wenn nicht noch vielmehr infrarote (IR) Strahlen von der Sonne kämen, die oft auch als Wärmestrahlung bezeichnet werden. Es sind nämlich nicht die UV-Strahlen, die wir als so angenehm warm empfinden – sonst müsste es schließlich in einem Solarium, in dem man schneller braun werden kann als am Strand, auch wärmer sein als in der prallen Sonne. Ultraviolette, sichtbare und infrarote Strahlen, sind – so unterschiedlich sie uns auch erscheinen – aus der Sicht des Physikers extrem ähnlich. Sie bilden zusammen mit den Röntgen-

und Gammastrahlen und den Mikro-, Radio- und Funkwellen das Spektrum der elektromagnetischen Strahlung.

1870 von James Clerk Maxwell vorhergesagt, wurden elektromagnetische Wellen erstmals um 1885 von Heinrich Hertz nachgewiesen. Hertz zeigte damals auch, dass die Funkwellen, die er erzeugte, genau wie Lichtwellen reflektiert, gebrochen und gebeugt werden können. Beide Wellen waren Formen derselben Art von Strahlung, und inzwischen wissen wir, dass dies auch für die anderen eben genannten Strahlungsarten gilt. So merkwürdig es auch klingen mag, aber Radiowellen, Licht und Röntgenstrahlen unterscheiden sich lediglich durch ihre Wellenlänge, genauso wie sichtbares, infrarotes und ultraviolettes Licht. Bei allen Arten von Wellen – sei es Licht, Schall oder etwas anderes – hängt mit dieser Wellenlänge, also dem Abstand zwischen zwei »Wellenbergen«, die Frequenz der Welle zusammen. Diese Frequenz gibt an, wie häufig die Welle in der Sekunde »schwingt«. Das Produkt aus Wellenlänge und Frequenz ist die Geschwindigkeit der Welle, mit der sie sich vorwärts bewegt. Die Schallgeschwindigkeit in der Luft beträgt etwa 330 m/s. Bei einer

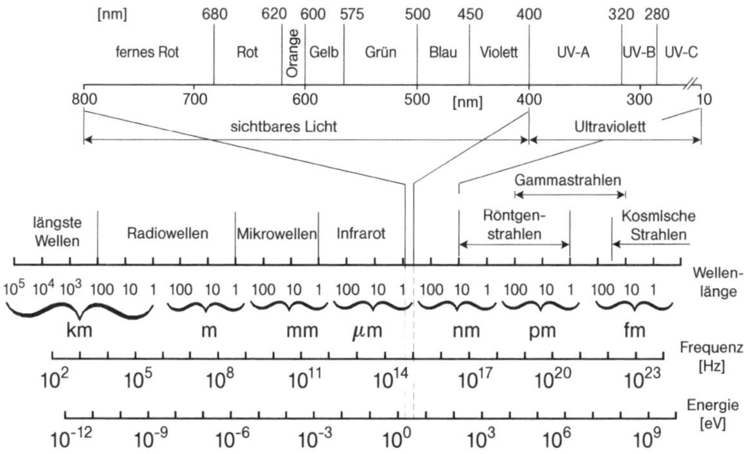

Abbildung 7.1: Spektrum der elektromagnetischen Strahlung. Die Wellenlängen, Frequenzen und Energien (in Elektronenvolt) sind für den Bereich von Radiowellen bis hin zu kosmischen Strahlen angegeben. Für die Kriminaltechnik sind außer dem sichtbaren Licht, das nur einen kleinen Teil des gesamten Spektrums umfasst, vor allem die ultravioletten und Röntgenstrahlen sowie das Infrarotlicht und ein Teil der Mikrowellen interessant.

Frequenz von 100 Schwingungen in der Sekunde (100 Hertz bzw. Hz) hat Schall demnach eine Wellenlänge von 3,3 m, bei 10.000 Hz (10 Kilohertz bzw. kHz) ist die Wellenlänge auf 3,3 cm geschrumpft. Licht ist mit etwa 300.000 km/s im Vakuum um einiges schneller als der Schall. Daher ist die Frequenz bei gleichen Wellenlängen entsprechend größer als beim Schall: Elektromagnetische Wellen mit 3 m Länge schwingen etwa 100 Millionen Mal in der Sekunde (100 Megahertz bzw. MHz) und sichtbare Lichtwellen, die weniger als ein tausendstel Millimeter lang sind, haben Frequenzen, die noch Millionen Mal größer sind.

Absorption näher betrachtet

Dass die verschiedenen Arten von elektromagnetischer Strahlung, wie Radiowellen, Licht und Röntgenstrahlen, sich im Wesentlichen nur durch ihre Wellenlänge (bzw. analog dazu durch ihre Frequenz) unterscheiden, uns jedoch so unterschiedlich erscheinen, zeigt welche Bedeutung diese Wellenlänge hat. Sie bestimmt, was passieren kann, wenn die Wellen auf Materie treffen. Sie ist auch der Schlüssel dafür, warum das Ozon der oberen Atmosphäre die Erdoberfläche vor dem schädlichen UV-Licht schützt, während es das sichtbare Licht nahezu ungehindert passieren lässt. Atome und Moleküle können nämlich immer nur zu ihnen »passende« Wellenlängen absorbieren. Was im Einzelfall für ein Atom »passt« hängt mit den Eigenschaften dieser Art von Atom zusammen. Kohlenstoffatome haben andere Eigenschaften als Schwefelatome und die Sauerstoffmoleküle, die wir zum Atmen brauchen und die aus zwei Atomen Sauerstoff bestehen, haben andere Eigenschaften als die Ozonmoleküle, die aus drei Sauerstoffatomen bestehen. Der genaue Prozess, wie das Ozon in der oberen Atmosphäre die ultraviolette Strahlung aus dem Sonnenlicht herausfiltert, ist nicht ganz einfach zu verstehen. Um ein Grundverständnis zu bekommen, können wir uns aber mit dem Bild helfen, das uns schon die Huygens'schen Elementarwellen veranschaulicht hat. In jenem Bild bringt eine vorbeilaufende Lichtwelle Elektronen und Kern in einem Atom zum Schwingen, indem es beide abwechselnd in verschiedene Richtungen zerrt. Durch die oszillierende Polarisation wird dann eine neue Elementarwelle ausgesandt. Wenn eine Lichtwelle auf ein Atom trifft, kann es dabei auch passieren, dass keine neue Elementarwelle ausgesandt, sondern die ursprüngliche Lichtwelle vom Atom einfach absorbiert wird. Das Atom verschluckt in diesem Fall die Lichtwelle und ihre Energie. (Der gesamte Lichtstrahl besteht, abhängig von seiner Intensität, aus unglaublich vielen solcher »einzelnen« Wellen, die absorbiert werden können. Wie wir uns diese einzelnen Teilwellen vorstellen können, werden wir im Abschnitt zu »Plancks Quanten und Einsteins Photonen« sehen.) Genauer gesagt wird die Energie von den Elektronen aufgenommen, die sich in »Orbitalen« im Atom befinden. Auch wenn es sich ein wenig so anhört, entspricht das zwar nicht den Umlaufbahnen eines Planeten um die Sonne, aber so wie wir im Sonnensystem Planeten nur auf einigen wenigen Umlaufbahnen finden, so halten sich die Elektronen im Atom auch nur in einigen vorgegebenen Orbitalen auf. Elektronen dürfen aber, im Gegensatz zu Planeten, von ihrem Orbital zu einem anderen freien Orbital wechseln, vergleichbar etwa einer Rakete, die von der Umlaufbahn eines Planeten zu der eines anderen geschossen werden kann. Ähnlich wie die Rakete braucht das Elektron für diesen Übergang Energie, die es von der absorbierten Welle bekommt. Elektronen können aber immer nur von einem Orbital in ein anderes wechseln – so wie wir auf einer Leiter immer nur von einer Sprosse zu einer anderen gehen, aber nie zwischen zweien stehen können. Somit kann das Atom eine elektromagnetische Welle nur dann verschlucken, wenn deren Energie genau zu einem solchen »Übergang« zwischen zwei Orbitalen im Atom passt. Ansonsten müsste die übrig gebliebene Energie verschwinden, was in der Physik aber nicht erlaubt ist. (Nur wenn die Welle sehr viel Energie hat, kann ein Elektron auch komplett aus dem Atom herausgeschlagen werden, so wie die beiden Weltraumsonden Voyager I und II genug Energie haben, um aus unserem Sonnensystem zu entkommen. In diesem Extremfall kann ein Elektron etwas überschüssige Energie mitnehmen. Auch dieser »Photoeffekt« wird uns noch begegnen.) Die Orbitale im Atom bestimmen daher, welche Energien diese Art von Atom absorbieren kann. Da die Frequenz und damit auch die Wellenlänge von Licht aber direkt von der Energie der einzelnen Welle abhängt, können verschiedene Arten von Atomen auch verschiedene Wellenlängen absorbieren. Diese Wellenlängen sind charakteristisch für das jeweilige chemische Element, zu dem diese Art von Atom gehört [11].

Das Spektrum der elektromagnetischen Strahlung

Ozonmoleküle, die aus drei Sauerstoffatomen bestehen, können, genauso wie einzelne Atome, nur Wellen mit bestimmten Energien absorbieren. Die Ozonschicht fungiert daher als eine Art Lichtfilter in der oberen Atmosphäre. So wie etwa ein roter Farbfilter Licht mit langer »roter Wellenlänge« passieren lässt, aber kürzere »blaue Wellenlängen« absorbiert, so lässt auch das Ozon das langwelligere sichtbare Licht vorbei, hält aber das ultraviolette auf, weil es kürzere Wellenlängen hat, die vom Ozon absorbiert werden können. Ozon ist damit zwar kein Filter für Farben, wie wir sie sehen, aber sehr wohl für Wellenlängen.

Die Bereiche der Röntgen- und Gammastrahlen haben kürzere Wellenlängen als das UV, die infraroten Strahlen, die Mikro-, Radio- und Funkwellen haben allesamt größere Wellenlängen. Die Wellenlängen bzw. die damit zusammenhängenden Frequenzen bestimmen die Eigenschaften der jeweiligen Strahlung – und nicht nur, ob sie von einem Farbfilter oder auch einem Gas wie Ozon verschluckt oder durchgelassen wird, sondern auch welche Wirkung diese Strahlung z. B. auf unseren Körper hat. Sichtbares Licht bewirkt in den Sehzellen unserer Augen eine Nervenreaktion. Nur so können wir überhaupt unsere Umwelt sehen. Infrarotes Licht können wir nicht sehen aber als »Wärmestrahlung« fühlen, wenn es auf unsere Haut trifft. Ultraviolettes Licht können wir ebenfalls nicht sehen, aber es kann sowohl unsere Haut bräunen als auch zur Bildung von Hautkrebs beitragen. *Genau genommen unterteilt man den ultravioletten Bereich in UV-A (nahes Ultraviolett, 400 320 nm) und UV-B (320–280 nm) und noch einige andere Gebiete bis hinunter zu 10 nm, wo das Spektrum in den Bereich der Röntgenstrahlen übergeht. Während das langwelligere UV-A-Licht dafür verantwortlich ist, wenn wir im Urlaub braun werden, sind es vor allem die kurzwelligeren UV-B-Strahlen, die mit Hautkrebs in Verbindung gebracht werden und vor denen wir uns schützen sollten.* Von (zu häufigem) Röntgen gehen schließlich noch größere gesundheitlichen Gefahren für den ganzen Körper aus. Wie unterschiedlich sich diese verschiedenen Arten elektromagnetischer Strahlung bei allen möglichen Stoffen verhalten, wird uns durch die nächsten beiden Abschnitte begleiten. Einen Aspekt haben wir bei der Suche nach Fingerabdrücken schon kennen gelernt: Fingerabdrücke können leuchten, wenn wir sie mit dem richtigen Licht bestrahlen. UV-Licht bringt aber nicht nur die Spuren von Fingern zum Fluoreszieren.

Fluoreszierendes Blut und die gefälschten Hitler-Tagebücher

In der Nacht des 21. August 1927 erschlug Jesse Watkins, ein entlassener Stallarbeiter, seinen ehemaligen Chef im Presidio, einer Militärbasis in San Francisco in der Nähe der Golden Gate Brücke. Da es keine Zeugen für die Tat gab und sich außer einem Schuhabdruck im Staub des Zimmers des Opfers kein einziger weiterer Hinweis am Tatort finden ließ, war die Polizei auf die Hilfe der Kriminaltechnik angewiesen. Edward Heinrich, ein Experte an der University of California, konnte das charakteristische Muster des Absatzes tatsächlich eindeutig den Schuhen von Jesse Watkins zuordnen. Er war wegen einer Schusswunde aufgefallen, die er sich bei der Tat zugezogen hatte. Aber bisher waren die Beweise gegen Watkins noch sehr schwach. Die Schusswunde wies ihm keinen Mord nach, und vom Schuhabdruck konnte niemand sagen, wann er entstanden war. Sein Hemd, das er während der Tat trug, wurde ihm jedoch zum Verhängnis. Heinrich beleuchtete das Hemd mit ultraviolettem Licht und machte so die vielen Blutflecken wieder sichtbar, die Watkins bereits herausgewaschen hatte. Aber auch das stärkste Schrubben hatte nicht die geringen Blutreste entfernen können, die zwar nicht mehr zu sehen waren, aber tief in den Fasern saßen und unter der richtigen Beleuchtung hell fluoreszierten. Watkins, der die Tat später gestand, wurde zu lebenslanger Haft verurteilt. Vorher bemerkte er noch, hätte er vom »violetten Licht« gewusst, dann hätte er das Hemd verbrannt und nicht nur gewaschen. In einem anderen Fall etwas neueren Datums, in dem UV-Licht eine Rolle spielt, wäre allerdings weder waschen noch verbrennen eine Option gewesen, um die verräterischen Spuren loszuwerden.

»Hitlers Tagebücher entdeckt« war die einzige Schlagzeile auf dem Titelblatt der Zeitschrift »Stern« vom 28. April 1983. Die Geschichte des dritten Reichs müsse »in weiten Teilen« neu geschrieben werden, hieß es in einer der vollmundigen Ankündigungen, aber stattdessen waren es die vermeintlichen Tagebücher, die in Wirklichkeit neu geschrieben worden waren. In seinem 33. Jahrgang war der »Stern« einer der spektakulärsten Fälschungen der Geschichte auf den Leim gegangen. Erste Gutachten hatten vorab sogar die Echtheit bestätigt. Die Experten hatten dafür die Schrift der Tagebücher mit anderen Dokumenten aus Hitlers Feder verglichen, die für die Gutachten zur Verfügung gestellt worden waren. Offensichtlich war den Experten aber nicht bekannt, dass sie bei ihren Vergleichsuntersuchungen die fraglichen Tagebücher mit Dokumenten verglichen, die aus derselben zweifelhaften Quelle stammten wie die Tagebücher selbst – auch wenn sie dieselbe Handschrift wie die Tagebücher aufwiesen, bedeutete das noch nichts. Hingegen waren die Ergebnisse der naturwissenschaftlichen Untersuchungen, die das Bundeskriminalamt damals durchführte, eindeutig: Die Tagebücher waren gefälscht. Unter ultraviolettem Licht zeigten der Einband und das Papier von den untersuchten Bänden blaufluoreszierende Weißtöne – ein untrügliches Zeichen dafür, dass das Papier bestimmte »optische Aufheller« enthielt, die es weißer machen sollen. Zusätzliche chemische Analysen (die sog. Dünnschichtchromatografie) bestätigten dieses Ergebnis. Solche Aufheller, wie sie sich in diesem Papier fanden, waren aber erst nach dem II. Weltkrieg, und aller Wahrscheinlichkeit erst nach 1955, in den deutschen Handel gekommen. Eine weitere Analyse, beschäftigte sich mit der Veränderung der Tinte. Bestimmte Bestandteile der Tinte, die Chloridionen, wandern in den Monaten nach dem Schreiben aus einer Tinte heraus. Die Anzahl der in den Schriften noch vorhandenen Chloridionen bewies, das angebliche Tagebuch des Jahres 1943 war in Wirklichkeit nur knapp ein Jahr vor der Untersuchung – also nach 1980! – geschrieben worden. Der »Stern«-Reporter Gerd Heidemann und der Fälscher Konrad Kujau wurden beide zu mehrjährigen Haftstrafen verurteilt, aber auch der »Stern« musste sich wegen seiner nicht gerade umsichtigen Vorgehensweise viel Kritik und Spott gefallen lassen, so z. B. in der sehr freien Umsetzung dieses Falls im Film »Schtonk!« von 1992[2].

Ins Extreme

An die Grenzen des optischen Mikroskops waren wir gelangt, weil die zu große Wellenlänge des sichtbaren Lichts wegen der Beugungseffekte einfach keine besseren Auflösungen erlaubt. Es drängt sich die Idee förmlich auf, statt sichtbaren Lichts lieber die kürzerwelligen UV-Strahlen einzusetzen, um ein stärkeres Mikroskop zu konstruieren. Der ultraviolette Bereich der elektromagnetischen Strahlung erstreckt sich etwa von 400 nm bis hinunter zu 10 nm. Im Prinzip müssten sich damit also 40-mal bessere Auflösungen erreichen lassen als mit sichtbarem Licht, das oberhalb von 400 nm liegt. Im Prinzip ... aber leider ändern sich mit der Wellenlänge eben auch einige andere Eigenschaften dieser Wellen.

Obwohl sie viel geringere Beugungseffekte versprechen, sind UV-Mikroskope bisher kaum zu finden. Leider wird ultraviolette Strahlung von Glas und den meisten Materialien, aus denen Linsen und andere optische Elemente hergestellt werden, wesentlich stärker absorbiert als sichtbares Licht. Insofern wird das UV-Licht zwar weniger gebeugt, aber es kommt auch viel weniger davon beim Betrachter bzw. der Kamera an. Die Linsen im Objektiv und Okular schlucken es vorher. Beim nahen (langwelligeren) UV lässt sich das Problem mit anderen Materialien, wie Quarz oder Fluorit, mildern, und es gibt UV-Mikroskope, die so – besonders bei bestimmten biologischen Proben – sehr kontrastreiche Vergrößerungen liefern. Aber je kürzer die Wellenlänge wird – je mehr Auflösung wir also gewinnen könnten –, desto drastischer wird auch das Problem der Absorption. Im Bereich der kürzesten UV-Strahlen, dem sogenannten extremen UV (oder EUV) nahe der 10 nm, werden die Strahlen nicht nur von Glas und Ozon, sondern selbst von der normalen Luft absorbiert. Trotzdem gelang es Forschern von deutschen Fraunhofer Instituten bereits, ein EUV-Mikroskop zu bauen, das mit Wellenlängen zwischen 11 und 14 nm arbeitet. Die Absorption in der Luft können sie dabei vermeiden, indem sie die Luft aus dem Inneren des Geräts absaugen. Statt Linsen benutzen sie außerdem hochreflektierende Spiegelelemente, die das Licht ähnlich wie eine Linse fokussieren. Da die Strahlen bei Spiegeln nicht wie bei Linsen durch Material hindurchlaufen müssen, sind die Verluste viel geringer. Noch ist dieses EUV-Mikroskop mit einer Auflösung von einigen hundert Nanometern nicht viel besser als optische Mikroskope. Die Ursache findet sich aber weder in der Beugung noch im Prinzip des UV-Mikroskops, sondern in der Technik der Kameras, die man benutzt, um das vergrößerte Bild aufzunehmen. Aber selbst wenn UV-Mikroskope mit besseren Kameras irgendwann einmal die Auflösungen der optischen Mikroskopie hinter sich lassen, können sie mit dem Preis und der leichten Handhabung ihrer optischen Verwandten lange nicht konkurrieren. Daher sind UV-Mikroskope noch »Exoten« in der Naturwissenschaft und kein Handwerkszeug der Kriminaltechniker. Um glaubhaft und verständlich zu sein, muss die Kriminaltechnik vor allem auf weit verbreitete und lang bewährte Methoden setzen.

Nachdem sich UV-Mikroskope für die Zwecke der Kriminaltechnik nicht so gut eignen, ist unser nächster logischer Schritt, es einmal mit noch kürzeren Wellen zu versuchen. Diese Wellen kennt heute jeder. Entdeckt wurden sie erst, als die optische Mikroskopie bereits anfing zu »boomen«. Was das genau für Strahlen waren, die er da entdeckt hatte, davon hatte Wilhelm Conrad Röntgen damals auch noch keine rechte Ahnung. »Welcher Natur die Strahlen sind, ist mir ganz unklar«, schrieb er an einen Mitarbeiter. Dieses Schicksal teilten die meisten seiner Kollegen der damaligen Zeit, und erst siebzehn Jahre nach der Entdeckung der Röntgenstrahlen wurde ihre Natur schließlich in einem Experiment geklärt. Das mag spät erscheinen, aber viel wichtiger war, was durch ihre Entdeckung möglich wurde [29].

Röntgens Strahlen

Am 8. November 1895 entdeckte Röntgen jene Strahlen, die ihn in kürzester Zeit berühmt machen sollten. Er war eher zufällig auf sie gestoßen, als er mit sogenannten »Gasentladungen« experimentierte. So bezeichnen Physiker den Vorgang, wenn elektrischer Strom durch ein Gas fließt. Da Gase Strom im Allgemeinen nicht leiten, weil die Teilchen im Gas elektrisch neutral sind, muss die angelegte Spannung so groß sein, dass einzelne Gasteilchen ionisiert werden. Das bedeutet, dass durch das starke elektrische Feld Elektronen aus den Atomen quasi herausgerissen werden. Durch die dabei entstehenden positiv geladenen Ionen bzw. die freien, negativ geladenen Elektronen kann dann ein elektrischer Strom fließen. Ein Blitz, wie wir ihn vom Gewitter kennen, ist ein sehr extremes Beispiel für eine Gasentladung. Ein wesentlich alltäglicheres Beispiel ist der Funke, der manchmal von unserer Hand auf eine Türklinke überspringt, wenn wir durch statische Elektrizität »aufgeladen« sind (vgl. Kap. zur Daktyloskopie). Was Gasentladungen kurz vor jener Jahrhundertwende so interessant machte, waren die Leuchterscheinungen, die dabei typischerweise zu sehen sind. Außer Blitzen und Funken, die immer nur für einen kurzen Moment auftreten, gehören zu diesen Leuchtphänomenen auch Glimmentladungen, die man in einer »Entladungsröhre« beliebig lange beobachten kann. An solchen Röhren experimentierte Röntgen, um die Leuchterscheinungen besser zu verstehen. Dabei fiel ihm auf, dass außer der gut sichtbaren Glimmentladung auch noch andere Strahlen in der Röhre produziert wurden. Diese Strahlen waren für das Auge nicht zu erkennen, wurden aber sichtbar, wenn sie auf bestimmte fluoreszierende Materialien trafen, wie z. B. manche Glassorten, die damals verwendet wurden. Außerdem hatten diese Strahlen gleichzeitig die Eigenschaft, dass sie unterschiedliche Materialien unterschiedlich stark durchdringen konnten. Heute wissen wir, was Röntgenstrahlen sind und dass sie entstehen können, wenn schnelle geladene Teilchen sehr stark abgebremst werden, wie es z. B. in den Entladungsröhren geschieht. Auch wenn Röntgen damals zwar weder erklären konnte, wie die Strahlen entstehen, noch verstand, was genau ihre Natur ist und sie deswegen selber als »X-Strahlen« bezeichnete, so erkannte er aber sehr wohl die Möglichkeiten, die diese X-Strahlen weit über die Physik hinaus boten.

Kurz nach Weihnachten desselben Jahres hielt Röntgen einen Vortrag »Über eine neue Art von Strahlen« – kennzeichnenderweise vor der Physikalisch-Medizinischen Gesellschaft in Würzburg. Er zeigte dabei, dass die Knochen der menschlichen Hand mit diesen Strahlen auf einem Leuchtschirm als direktes Abbild sichtbar gemacht werden können. Der Siegeszug der Röntgenstrahlen durch die Medizin war begonnen und hat inzwischen fast jeden Teilbereich der Medizin in irgendeiner Form erreicht.

Für viele Aspekte der Physik spielen die Röntgenstrahlen eine nicht so auffällige aber ebenso bedeutsame Rolle. Als 1901 zum ersten Mal die Nobelpreise verliehen wurden, war es daher Conrad Röntgen, der für seine Entdeckung und Untersuchung der Eigenschaften der Röntgenstrahlen mit dem Nobelpreis für Physik ausgezeichnet wurde. Trotzdem dauerte es noch eine Weile, bis die Physiker erklären und zeigen konnten, was diese X-Strahlen sind: elektromagnetische Wellen, genau wie Licht oder Radiowellen, aber mit einer viel kürzeren Wellenlänge. Max von Laue kam 1912 auf die Idee, Röntgenstrahlen an Kristallen zu beugen, was noch im selben Jahr auch im Experiment gelang. Für diese Idee und die Theorie zur Beschreibung des Effekts bekam von Laue zwei Jahre später den Nobelpreis. Die im Kristall regelmäßig angeordneten Atome, das »Kristallgitter«,

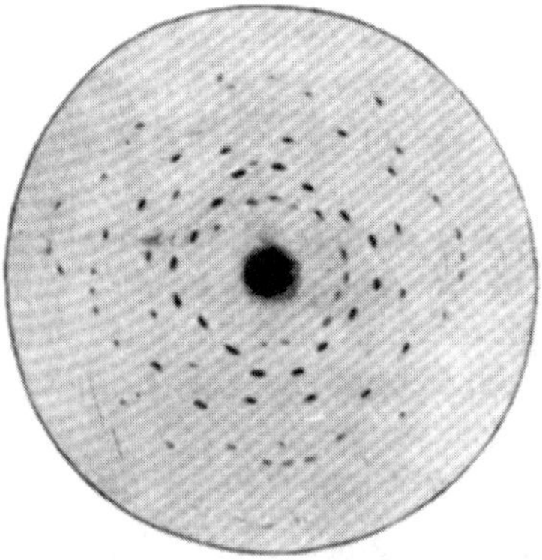

Abbildung 7.2: Röntgenstrahlbeugung an einem Kristall. Aufgrund ihres Wellencharakters können Röntgenstrahlen gebeugt werden und interferieren. Vom Interferenzmuster des Röntgenstrahls, der hier an den Atomen eines Zinkblende-Kristalls (ZnS) gebeugt wurde, lässt sich auf die Anordnung der Atome im Kristall schließen (aus: Bergmann/Schäfer, Lehrbuch der Experimentalphysik. 10. Aufl., Band 3: Optik, Abb. 374, S. 399. © De Gruyter, Berlin).

wirken bei diesem Experiment als Hindernisse und führen zu charakteristischen Beugungsmustern hinter dem Kristall. So ließ sich beweisen, dass es sich tatsächlich um elektromagnetische Strahlung und nicht etwa um Teilchen handelte, wie manche Wissenschaftler angenommen hatten. Im elektromagnetischen Spektrum umfassen die Röntgenstrahlen den Wellenlängenbereich unterhalb der UV-Strahlen. Von etwa 10 nm bis hinab zu einem tausendstel Nanometer (1 Pikometer oder pm) spricht man von »weichen«, bei noch kürzeren Wellenlängen von »harten« Röntgenstrahlen. Nachdem die ultravioletten Strahlen uns kein praktisches Mikroskop mit besserer Auflösung brachten, haben wir jetzt vielleicht eine neue Chance mit kürzeren Wellenlängen weiterzukommen ... [30]?

Die Strahlen, die man in Röntgenmikroskopen verwendet, haben typische Wellenlängen von 3 nm und sie erreichen Auflösungen um 10 nm. Das ist zwar weit entfernt von der Grenze, die durch die Beugung bei dieser Wellenlänge vorgegeben ist, aber immer noch deutlich besser als die Werte bei optischen Mikroskopen. Trotzdem haben Röntgenmikroskope eine Reihe von Nachteilen. Zwar werden Röntgenstrahlen nicht wie UV-Licht von Luft absorbiert. Dafür ist es in diesem Wellenlängenbereich aber noch schwieriger, geeignete »Linsen« zu finden, als für das Ultraviolette. Außerdem sind Röntgenstrahlen wesentlich gefährlicher für lebende Organismen als etwa UV-Strahlen. Die entsprechend aufwändigen Geräte, die kompliziertere Handhabung, die höheren Kosten und nicht zuletzt auch die geringere Qualität der Abbildungen sorgen dafür, dass die Röntgenmikroskopie im Vergleich zur optischen Variante ebenso ein Exot geblieben ist wie die UV-Mikroskopie. Bei elektromagnetischer Strahlung scheinen wir mit kürzeren Wellenlängen das gewünschte Mikroskop für die Kriminaltechnik mit noch besserer Auflösung nicht zu bekommen. Nichtsdestotrotz haben die Röntgenstrahlen inzwischen bei der Verbrechensbekämpfung eine ganze Reihe von Anwendungen gefunden, die zwar nichts mit Vergrößern, aber sehr viel mit Bildern zu tun haben.

Röntgen in der Medizin

Was Röntgenstrahlen so interessant macht, ist die Möglichkeit, die auch Röntgen selbst sofort erkannt hatte: Wir können mit ihnen durch die verschiedensten Dinge hindurch- bzw. in sie hineinsehen. In der Medizin ist der Vorteil offensichtlich. Die wenigsten Krankheiten sind allein von außen zu erkennen und zu untersuchen. Ärzte hatten lange Zeit keine Möglichkeit, in den Körper hineinzusehen und dementsprechend begrenzt waren die Möglichkeiten der Medizin bis zum Ende des neunzehnten Jahrhunderts. Selbst jenes Röntgenbild, das Conrad Röntgen von der Hand seiner Frau machte, zeigte schon erstaunlich viele Details der Skelettstruktur der Hand. Und wer sich schon einmal einen Knochen gebrochen hat, weiß, welch feine Strukturen man auf medizinischen Röntgenbildern inzwischen erkennen kann.

Das Prinzip ist einfach: Röntgenstrahlen werden von unterschiedlichen Materialien unterschiedlich stark absorbiert. Die Sehnen und das Muskelgewebe z. B. durchdringen sie viel leichter als die dichteren Knochen, Gelenkkapseln oder Zähne. Beleuchtet ein Arzt ein gebrochenes Bein gleichmäßig mit Röntgenstrahlen und platziert er einen fotografischen Film oder einen Röntgendetektor hinter dem Bein, dann kann er sehen, wo die Röntgenstrahlen den Körper leichter passieren konnten und an welchen Stellen dichteres Gewebe die Strahlen stärker absorbiert hat. So kann er erkennen, ob und wo der

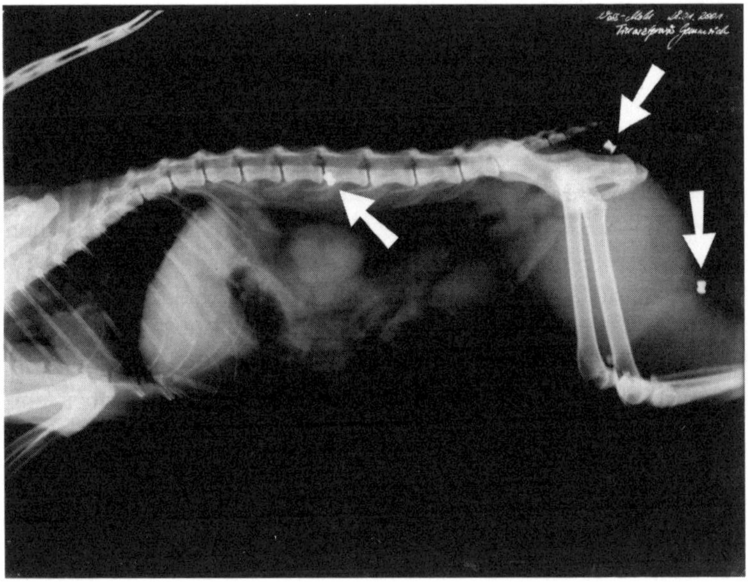

Abbildung 7.3: Röntgenbild des Katers Tommie der Familie des Autors. Von Knochen, Muskeln und inneren Organen sind die unterschiedlich starken Schatten, die auf dem Negativbild weiß erscheinen, gut zu erkennen. Bei einer Untersuchung wurde in diesem Fall entdeckt, dass jemand auf den Kater geschossen hatte. Die drei Luftgewehrgeschosse sind im Röntgenbild deutlich zu sehen; eines wurde danach chirurgisch entfernt. Anhand der Spuren des Laufs des Luftgewehrs auf dem Geschoss wäre es im Prinzip möglich, die Tatwaffe zu identifizieren, wenn sie gefunden wird.

Knochen gebrochen ist, weil die Strahlen genau diese »Öffnung« im Knochen besser passieren können als den Knochen selber. *Ein ähnliches Prinzip verwenden wir manchmal, wenn wir ein kleines Loch auf einem bedruckten Blatt Papier oder in einem Stück Stoff vermuten, es aber nicht finden können: Wir halten das Papier vor die Sonne oder vor eine Lampe. Das Papier wird dann zwar insgesamt etwas durchscheinen, aber das Loch wird viel mehr Licht hindurchlassen und vor dem dunkleren Papier gut sichtbar sein.*

Zahnschemata und der Fall »Mengele«

Sogar dieses medizinische Röntgen kann mit der Aufklärung von Verbrechen zu tun haben. Dabei geht es dann aber weniger um den Täter als um das Opfer, genauer gesagt: um ein unbekanntes Mord- oder auch Unfallopfer. Wird eine Leiche entdeckt, dann lassen die Umstände oft schon darauf schließen, um wen es sich handelt, z. B. wenn der Fundort eine Wohnung oder ein Auto ist. Auch sonst ist in den meisten Fällen die Identität relativ einfach herauszufinden, wenn der oder die Tote Ausweispapiere, Kreditkarten, Handys oder ähnlich aufschlussreiche Dinge bei sich tragen. Um sicherzugehen, nicht den falschen Menschen für tot zu erklären, wird man seine Fingerabdrücke vergleichen, falls sie einmal gespeichert wurden, oder einen Verwandten des Toten bitten, ihn zu identifizieren. Manchmal sind aber weder Fingerabdrücke noch Verwandte vorhanden – oder aber das Gesicht und die Fingerabdrücke der Leiche sind einfach nicht mehr zu erkennen. Bei Flugzeugabstürzen etwa sind Tote oft bis zur Unkenntlichkeit verbrannt. Bei so einer Katastrophe lässt sich die Identität der Leiche aber meist auf einige wenige Menschen einschränken, wie z. B. die Passagiere des Flugzeugs. Seit einiger Zeit kann die DNA-Analyse in solchen Fällen helfen, vorausgesetzt es existieren Analysen oder Vergleichsproben aus der Zeit vor dem Unfall. Schon wesentlich länger sehen sich die Ermittler auch die Zähne des Opfers an, die selbst bei schweren Unfällen oft unversehrt bleiben. Vor allem aber ändern sich viele Merkmale der Zähne des Menschen wenn überhaupt dann nur sehr langsam. Da Zahnärzte häufig Röntgenbilder vom Gebiss ihrer Patienten machen, können die Ermittler dann diese Bilder mit den Röntgenaufnahmen vergleichen, die sie von den Zähnen eines unbekannten Opfers anfertigen. Die von Mensch zu Mensch unterschiedlichen Strukturen der Zähne – Gestalt, Größe, Stellung – und dazu noch die Formen der Füllungen, Kronen, Brücken und Implantate können auf Röntgenbildern ebenso eindeutig sein wie ein Fingerabdruck. Oft war dies schon die einzige Chance, ein Opfer zu identifizieren und die Ermittlungen in einem Kriminalfall voranzubringen.

Eines der wohl ungewöhnlichsten Beispiele für die Identifizierung eines Toten hatte allerdings nichts mit einem Opfer zu tun. Es ging um einen Mann, der unter dem Namen Wolfgang Gerhard 1979 in Brasilien begraben worden war. Nach Hinweisen von Bekannten sollte der Tote Josef Mengele sein, der als »Todesengel von Auschwitz« zu trauriger Berühmtheit gelangte KZ-Arzt. Nach der Exhumierung der Leiche im Jahr 1985 machten sich mehrere Gruppen von Wissenschaftler aus verschiedenen Staaten an die Untersuchung der Überreste. Alle Erkenntnisse über den Toten, Alter, Größe, Kopfumfang usw., passten zu den wenigen Informationen, die es von Mengele gab. Darüber hinaus wurden Fotos von Mengeles Kopf mit dem gefundenen Schädel und ein altes (handgezeichnetes) Zahnschema mit einem Röntgenbild von Mengeles Zähnen verglichen: Der Tote war Josef Mengele. Manche Menschen waren weiter skeptisch und glaubten, aus den unterschiedlichsten Gründen, der Verbrecher lebe in Wirklichkeit noch und verstecke sich weiterhin irgendwo. In 1992 bestätigte jedoch auch eine DNA-Vergleich mit Proben noch lebender Verwandter Mengeles, dass es sich bei dem Toten im Grab aus Brasilien tatsächlich um Josef Mengele handelte [2].

Ähnlich wie der Vergleich von Zahnschemata bei der Identifizierung von unbekannten Toten immer weiter durch die DNA-Analyse verdrängt wird, so hat inzwischen auch das klassische Röntgen in der Medizin enorme Konkurrenz bekommen. Hier sind es eine Reihe von physikalischen Methoden – vor allem Kernspin- und Computertomografie –, die ganz neue, tiefere und detailliertere Einblicke in den menschlichen Körper erlauben und dabei manchmal auch die Strahlenbelastung für den Menschen durch das Röntgen senken können. Trotzdem wird das medizinische Röntgen in der Form, wie es der Entdecker in seinem ersten Vortrag um Weihnachten 1895 schon demonstrierte, wohl noch lange Zeit unersetzlich bleiben. Eine etwas andere Verwendung für seine Entdeckung, die inzwischen ebenfalls unersetzlich ist, hätte Röntgen sich damals sicher nicht träumen lassen. Heute ist sie für uns manchmal schon so selbstverständlich, dass wir kaum noch über sie nachdenken, wenn wir ihr begegnen. Diese Art des Röntgens hat weniger das Ziel, Verbrechen aufzuklären, als vielmehr unschuldige Menschen davor zu schützen, überhaupt Opfer von Verbrechen zu werden. Was passiert, wenn dies nicht gelingt, ist mit einer traurigen Regelmäßigkeit in den Zeitungen zu lesen.

Postdurchleuchtung

Am Abend des 5. Dezember 1993 öffnet der Wiener Bürgermeister Helmut Zilk einen Brief der den Absender »Graf Rüdiger von Starhemberg« trägt. Die Bombe, die im Brief versteckt ist, explodiert und verletzt den Politiker schwer. Er überlebt den Anschlag, verliert aber drei Finger der linken Hand. Eineinhalb Jahre später, im Juni 1995, erreicht eine Briefbombe vom selben Absender das Redaktionsbüro der Fernsehmoderatorin Arabella Kiesbauer und verletzt dort eine Mitarbeiterin. Beide Anschläge waren Teil einer ganzen Serie, die damals viel Aufsehen erregte, und – so erschreckend das auch klingen mag – beide Opfer hatten noch Glück. Denn bei jener Serie von Attentaten in Österreich und Deutschland wurden nicht nur fünf Menschen schwer verletzt, sondern vier weitere sogar getötet. Diese Briefbombenanschläge beschäftigten die Medien noch bis zum Herbst 1997, als die Polizei den Täter schließlich fassen konnte.

Ein »normaler« Mensch läuft größere Gefahr, von einem Blitz erschlagen zu werden, als jemals in Kontakt mit einer Briefbombe zu kommen. Viele Institutionen, besonders öffentliche Einrichtungen wie z. B. Parlamente, Ministerien und Polizeibehörden sind aber sehr wohl potenzielle Ziele von Attentätern und müssen sich vor Briefbomben schützen. In den letzten Jahren waren etwa die Organe der UNO und der EU wiederholt Ziel solcher Anschläge bzw. Anschlagsversuche. Die erhöhte Furcht vor terroristischen Anschlägen seit dem 11. September 2001 hat besonders in den USA auch immer mehr große Wirtschaftsunternehmen dazu bewegt, ihre Post vorsichtiger zu behandeln.

Wie schützt man sich aber vor Briefbomben? Das Problem, vor dem jeder steht, der eine Briefbombe unter hunderttausenden normaler Briefe und Päckchen finden soll, ist dem Problem des Arztes nicht unähnlich: Beide möchten gerne in etwas hineinsehen, ohne es aufmachen zu können – der Arzt, weil er den Patienten nicht unnötig operieren will, der Sprengstoffexperte, weil er die Bombe nicht auslösen will. Entsprechend ähnlich sind die Lösungen.

So wie beim Röntgen der dichtere Knochen durch das Muskelgewebe hindurch sichtbar wird, genauso lassen sich auch durch einen Briefumschlag oder den Karton eines Päckchens die dichteren Metallteile erkennen, die für Bomben typisch sind. Drähte, Batterien, viele elektronische Bauteile und auch andere Metallteile, die wegen

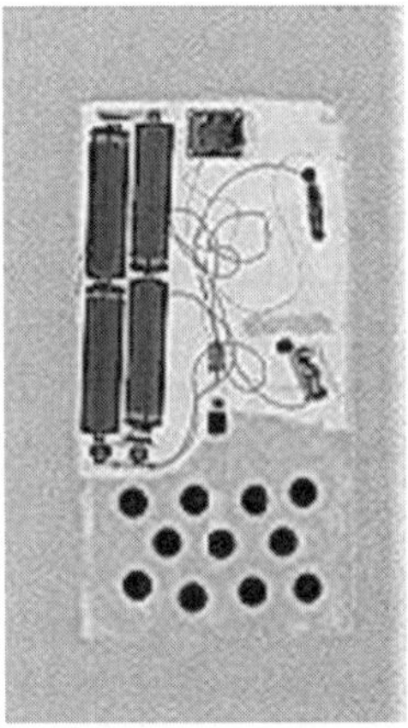

Abbildung 7.4: Röntgenbild einer Buchbombe. Die metallischen Teile der Batterien zur Stromversorgung und der Verkabelung der Bombe sind durch die unterschiedlich starke Absorption gut zu erkennen (Abdruck mit freundlicher Genehmigung der Smiths Heimann GmbH, Wiesbaden).

ihren zerstörerischen Splitterwirkung oft in Briefbomben zu finden sind, fallen auf Röntgenbildern von verdächtiger Post relativ leicht auf.

Der britische Geheimdienst MI5 führt auf seiner Internetseite eine Liste von Merkmalen auf, die auf eine Briefbombe hinweisen können. Dazu gehören beispielsweise ein fehlender oder erdachter Absender, eine deutliche Überfrankierung oder ein überraschend hohes Gewicht im Verhältnis zur Größe des Briefs oder Päckchens. Es gibt aber keine sicheren Zeichen, um eine Briefbombe zu erkennen, sodass bei stark gefährdeten Einrichtungen die Durchleuchtung eine wichtige Hilfe ist. Schließlich sind nicht alle Briefbombenattentäter so unaufmerksam wie derjenige, von dem im Internet berichtet wird, er habe seine Briefbombe nicht ausreichend frankiert und dann das zurückgeschickte Päckchen selber geöffnet [31, 32].

Es gibt eine Umgebung, in der diese Röntgensuche selbst normalen Menschen regelmäßig begegnet: Im Fluggepäck sind Bomben und auch Waffen viel schwieriger zu erkennen als in Briefen, können gleichzeitig aber noch viel mehr Schaden anrichten.

Der Anschlag von Lockerbie

Drei Tage vor Weihnachten, am Abend des 21. Dezember 1988, ist der Pan-Am Jumbo »Maid of the Seas« (Seejungfrau) auf seinem Flug vom Londoner Heathrow Airport nach New York City. In etwa zehn Kilometern Höhe über dem schottischen Festland bereitet er sich auf die Atlantiküberquerung vor, als er ganz plötzlich von den Radarschirmen der Shanwick Oceanic Control Flugüberwachung verschwindet. Beim Absturz von Flug PA 103 werden alle 259 Passagiere und Besatzungsmitglieder getötet. Die herabregnenden Trümmer der Maschine fallen auf die Stadt Lockerbie, und als eine Tragfläche mit Kerosintanks beim Aufprall explodiert, sterben auch elf der Einwohner von Lockerbie.

Die genaue Ursache des Absturzes herauszufinden, war damals eine gewaltige Aufgabe. Schnell wurde klar, dass eine Bombe die Maschine zerrissen haben musste, aber die Ermittler mussten Art und Ort dieser Bombe so genau wie möglich bestimmen, um den Tätern auf die Spur kommen zu können. Obwohl die Trümmer über ein Gebiet von mehr als 2000 Quadratkilometer verteilt waren, gelang es aber schließlich 85 % des Flugzeugs in einer Art riesigem Puzzle wieder zusammenzusetzen. Vor allem aus den Teilen, die dort fehlten, konnten die Experten auf den Ursprung der Explosion in einem bestimmten Teil des Gepäckraums schließen. Außerdem fanden sie winzige Fragmente eines Kassettenrekorders und Spuren des Sprengstoffs Semtex auf den Überresten eines kupferfarbenen Koffers. Auch die Zünder der Bomben, die zwischen den Trümmern gefunden wurden, ließen sich zurückverfolgen und gaben, ebenso wie andere Gegenstände aus dem Koffer, weitere Hinweise auf die Täter. Alle Hinweise und anderen Ermittlungsergebnisse deuteten auf zwei Mitarbeiter des lybischen Geheimdienstes hin. Erst nach langwierigem politischen Gezerre wurden ihnen im Mai 2000 wegen des Anschlags auf Pan-Am 103 in den Niederlanden nach schottischem Recht und vor schottischen Richtern der Prozess gemacht. In 2001 wurde einer der beiden Angeklagten des Mordes schuldig befunden, der andere wurde freigesprochen.

Die Welt war damals vom Lockerbie-Anschlag schockiert, aber es sollte nur ein erster Vorgeschmack auf den Terror sein, der für den Anfang des nächsten Jahrhunderts kennzeichnend werden sollte. Knapp dreizehn Jahre nach Lockerbie wurde deutlich, dass der Terrorismus inzwischen eine andere Art und Dimension angenommen hatte. Die Attentäter vom 11. September 2001 stammten nicht nur aus einem ganz anderen Umfeld und hatten andere Motive, sie verwendeten auch eine ganz andere Methode. Statt eine Bombe in einem Flugzeug zu platzieren, um es zum Absturz zu bringen, schmuggelten sie Waffen an Bord und entführten die Flugzeuge, um mit ihnen noch viel mehr Menschen zu töten. Ungeachtet aller Unterschiede zeigen aber diese beiden Anschläge, wie wichtig die Überprüfung der Passagiere und ihres Gepäcks ist.

Gepäckdurchleuchtung

Die Gepäckdurchleuchtung ist im Grunde der große Bruder des Brieferöntgens, und manche kommerziellen Geräte sind auch tatsächlich für beide Zwecke geeignet. Trotzdem gibt es einige Unterschiede zwischen Briefen und Gepäck, die es dem Sicherheitspersonal an Flughäfen nicht immer einfach machen.

Natürlich haben Kontrolleure beim Sicherheits-Check auf der einen Seite einen Vorteil: Wenn das Röntgenbild nicht eindeutig ist, können sie, insbesondere beim Handgepäck, den Koffer vom Besitzer einfach öffnen lassen und nachschauen. Eine im Koffer versteckte Bombe soll ja nicht – wie eine Briefbombe – beim Öffnen an der Gepäckkontrolle explodieren, sondern erst während des Flugs. Aber damit enden im Grunde die Vorteile der Gepäckkontrolle, und Nachteile gibt es leider eine ganze Reihe.

Zum einen muss das Sicherheitspersonal im Fluggepäck auf viel mehr Dinge achten als bei Briefen. Bei der Postkontrolle geht es im Wesentlichen nur um Bomben, denn eine Pistole in einem Brief bedeutet kaum eine ernsthafte Gefahr für den Empfänger. Beim Handgepäck von Fluggästen sieht das jedoch ganz anders aus, wie der 11. September 2001 gezeigt hat. Die Flugzeugentführer brauchten keine Bombe an den Sicherheitskontrollen vorbei in die Maschinen zu schmuggeln, um die Flugzeuge zu entführen und sie später in die Türme des World Trade Centers und in das Pentagon zu steuern. Was eigentlich schon längst bekannt war, wurde durch die Anschläge schließlich überdeutlich: Schon eine simple Waffe wie ein Teppichmesser, das an Bord eines Flugzeugs gelangt, kann mindestens ebenso verheerende Folgen haben wie eine Bombe im Gepäckraum.

Als der kommerzielle Flugbetrieb nach den Anschlägen wieder anfing, war eine der ersten Reaktionen, die Sicherheitskontrollen auf Flughäfen rund um den Globus und speziell bei Flügen von und nach Nordamerika massiv zu verschärfen.

Die Regeln zur Gepäckkontrolle bringen manchmal recht merkwürdige Auswüchse hervor. Einen dieser Auswüchse dokumentierte Michael Moore in seinem Film »Fahrenheit 9/11«, als er zwei Gasfeuerzeuge und vier Schachteln Streichhölzer mit an Bord nehmen durfte – aber nicht mehr! Von den manchmal schwer nachvollziehbaren Regeln abgesehen, ist aber die Kontrolle der Passagiere bzw. insbesondere die Durchleuchtung ihres Gepäcks zum Schutz vor Anschlägen und Flugzeugentführungen unersetzlich.

Zum anderen müssen die Kontrolleure im Gepäck nicht nur nach viel mehr Arten von Objekten suchen, sie haben auch noch mit einem viel verwirrenderen »Hintergrund« zu kämpfen. In Briefen und Paketen sind eher selten elektronische Geräte drin, sodass Kabel, Batterien und andere Bauteile einer Bombe leicht auffallen. Der recht abwechslungsreiche Inhalt des Gepäcks von Reisenden macht aber die Interpretation der Röntgenbilder wesentlich schwieriger als bei Briefen. Tragbare Computer, elektrische Rasierer, batteriebetriebene Radios und Digitalwecker, Regenschirme, Schuhe, Kleidung, Nahrungsmittel und vieles mehr, bis hin zu den Metallteilen der Koffer selbst, liegen in mehreren Lagen übereinander. Trotzdem müssen in diesem verwirrenden Durcheinander jedes Messer, jede Pistole und jede Bombe gefunden werden, wenn die Kontrolle etwas nutzen soll. Dabei ist es in vielen Koffern schon schwer, etwas zu finden, selbst wenn sie geöffnet sind.

Schließlich kommt noch ein weiterer Unterschied zwischen Gepäck- und Postdurchleuchtung hinzu: Briefe beschweren sich nicht, wenn sie eine Weile in der Schlange vor dem Röntgengerät warten müssen. Fluggäste hingegen neigen dazu, auf ausgedehnte Wartezeiten bei der Gepäckkontrolle recht empfindlich zu reagieren, und Fluggesellschaften sind ebensowenig begeistert, wenn ihre Passagiere zu spät zum Flugsteig kommen, weil sie so lange bei der Gepäckkontrolle festsaßen.

Die Durchleuchtung am Flughafen muss also nicht nur die verschiedensten und vielleicht sehr gut versteckten Objekte und Materialien erkennen (von organischem Sprengstoff bis hin zum Metall von Waffen) und all diese Objekte von der oft ähnlichen aber ungefährlichen Habe der Passagiere unterscheiden – die Kontrolle muss auch noch schnell sein. Offensichtlich reicht das Prinzip des medizinischen Röntgens, wie wir es aus vielen Krankenhäusern und Arztpraxen kennen, hier nicht mehr aus. Allein die Wartezeit, bis für jeden Koffer der fotografische Film entwickelt wäre, würde natürlich den Betrieb jedes Flughafens lahmlegen. Hinzu kommt, dass ein solches Röntgenbild von vielen unterschiedlichen, übereinander liegenden Dingen kaum noch zuverlässig zu interpretieren ist. Wie aber funktioniert eine Durchleuchtung, die das alles (auch noch schnell) schaffen kann? Dafür werden wir die Röntgenmethode etwas verfeinern und erweitern müssen.

Photodioden und CCD-Bildsensoren

Mit fotografischen Filmen können wir offensichtlich nicht arbeiten. Demnach brauchen wir zuerst einmal andere Detektoren für die Röntgenstrahlen. Sie sollten ohne chemische Entwicklung auskommen und am besten elektronisch funktionieren. Für sichtbares Licht gibt es dafür z. B. Photozellen und CCD- (engl.: *charge-coupled device*) Bildsensoren, wie sie in Lichtschranken oder Digitalkameras vorkommen. Photozellen, oder genauer: »Photodioden«, kehren einfach das Prinzip der Leuchtdiode (engl.: *light emitting diode*, LED) um, die uns heute von fast allen elektrischen Geräten entgegenleuchtet – vom Autoradio und der PC-Maus über Wasserkocher und Taschenlampen bis hin zu Verkehrsampeln. Fließt Strom durch eine LED, wird dabei Licht einer bestimmten Wellenlänge produziert. Die Wellenlänge hängt dabei vor allem von den Eigenschaften der Atome und Moleküle ab, aus denen die Diode besteht. Daher leuchten LEDs immer in einer ganz bestimmten Farbe. *Mit einigen Tricks, z. B. indem man die Temperatur verändert, kann man zwar die Emissionswellenlänge einer Leuchtdiode und damit ihre Farbe verändern. Leuchtanzeigen, die die Farbe wechseln, benutzen aber meistens keine solchen physikalischen Tricks, sondern beherbergen einfach zwei LEDs verschiedener Farben, die abwechselnd leuchten.* Eine Photodiode kehrt wie gesagt den Prozess der Leuchtdiode um: Fällt Licht einer bestimmten Wellenlänge (bzw. eines bestimmten Wellenlängenbereichs) auf die Diode, dann wird die Energie dieser Photonen in elektrische Energie umgewandelt. Je größer die Intensität des einfallenden Lichts ist, desto größer ist der Strom, der daraufhin zu fließen beginnt. Auch die CCD-Elemente arbeiten nach demselben Prinzip und wandeln einfallendes Licht in Elektrizität um, die sich als Information sehr leicht »weiterverarbeiten« lässt. Röntgenstrahlen sind mit herkömmlichen Photodioden oder CCDs, die für den sichtbaren Wellenlängenbereich gebaut sind, nicht zu sehen, sehr wohl aber mit »Szintillationsdetektoren«. Die wandeln die Röntgenphotonen in einem Kristall zuerst in sichtbares Licht um. Wie bei der Fluoreszenz, die wir schon kennen, geben sie nur einen Teil der ursprünglichen Photonenenergie an jedes neu emittierte Photon wieder ab. So vergrößert sich die Wellenlänge und die sichtbare Strahlung lässt sich dann ganz einfach nachweisen.

Insofern ist es kein Problem ein »elektronisches Röntgenbild« zu bekommen, das sich sogar mit Computern weiterverarbeiten lässt. Trotzdem ist so ein simples Röntgenbild vom Inhalt eines Koffers oft viel zu durcheinander, um es eindeutig zu interpretieren. Wir brauchen etwas mehr Informationen, damit wir versteckte Bomben und Waffen schnell und sicher finden können. Um dieses Problem zu lösen, müssen wir uns zuerst näher mit der Absorption von Röntgenstrahlen und mit der Natur des Lichts beschäftigen.

Der Photoeffekt – Licht als Teilchen

Für die Lupe und das Mikroskop war der Wellencharakter des Lichts bzw. allgemein der elektromagnetischen Strahlung wichtig. Dieses Wellenverhalten ist, wie wir schon gesehen haben, die Grundlage für Effekte wie Brechung, Beugung und Interferenz. Weil die Effekte sich mit Lichtteilchen nicht erklären ließen, wurde der Wellencharakter des Lichts letztlich allgemein akzeptiert – auch wenn es manchen großen Physikern wie Isaac Newton damals gar nicht passen wollte. Um die Jahrhundertwende, als Conrad Röntgen seine weltbewegende Entdeckung machte, arbeitete ein anderer Physiker, der ihn an Berühmtheit bald übertreffen sollte, an einer Frage, die der Diskussion um die Natur des Lichts noch einmal ganz neues Leben geben sollte. Obwohl fast jeder ihn vor allem mit der Relativitätstheorie in Verbindung bringt, hat Albert Einstein den Nobelpreis für eine ganz andere Arbeit bekommen. Auf den Arbeiten von Max Planck aufbauend formulierte er 1905 die Lichtquantenhypothese. In seinem unscheinbar lautenden Aufsatz »Über einen die Erzeugung und Verwandlung des Lichtes betreffenden heuristischen Gesichtspunkt« gab er eine Erklärung für den Photoeffekt und legte damit einen Grundstein für einen der zentralen Bereiche der modernen Physik, die Quantentheorie [33, 34].

Heinrich Hertz hatte den Photoeffekt bereits 1887 entdeckt. Er bemerkte, dass Licht, wenn es auf eine Metalloberfläche trifft, dort Elektronen »herausschlagen« kann. *Bemerken konnte er dies, weil sich das normalerweise elektrisch neutrale Metall auflud – wenn negativ geladene Elektronen das Metall verließen, musste der Rest eine entsprechende positive Ladung tragen.* Nach der klassischen Vorstellung, die Licht nur als Wellen beschreibt, ist die Energie eines Lichtstrahls proportional zu seiner Intensität. Man erwartete daher, dass bei größerer Intensität – z. B. indem man zwei identische Lampen nimmt, das Licht also die »doppelte Energie« hat – auch die Energie der herausgeschlagenen Elektronen zunimmt: Sie sollten schneller werden. *Eine höhere Intensität des Lichts entspräche im Wellenbild einer größeren »Amplitude«, also einer größeren Wellenhöhe. Wenn die Elektronen durch die einfallenden Lichtwellen herausgeschlagen werden, dann sollten größere Wellen die Elektronen mit »mehr Wucht« herausschlagen.* Interessanterweise zeigte sich aber, dass mit der Lichtintensität zwar die Anzahl der produzierten freien Elektronen wächst, ihre Geschwindigkeit sich aber nicht verändert, egal wie intensiv das einfallende Licht ist! Außerdem wurden in Experimenten mit *sichtbarem* Licht bei vielen Metallen überhaupt keine Elektronen aus dem Metall gelöst, egal wie intensiv die Strahlung war, egal also wie viel Energie die Lichtwellen insgesamt zur Verfügung stellten. Um die Verwirrung perfekt zu machen, konnte aber ultraviolettes Licht bei diesen Metallen den Photoeffekt sogar dann bewirken, wenn es selber nur sehr schwach war. Was war mit der Energie hier los? Eigentlich sollte doch eine stärkere Welle, also mehr Energie, auch einen größeren Effekt bewirken. Warum sollte die »Kraft« etwa einer Wasserwelle oder einer Schallwelle von ihrer Frequenz nicht aber ihrer Amplitude abhängen? Bis zu Einsteins Lichtquantenhypothese fast zwei Jahrzehnte nach der Entdeckung des Photoeffekts hatte die Physik keine passende Antwort darauf, wie es zu diesem merkwürdigen Verhalten beim Photoeffekt kommt.

Plancks Quanten und Einsteins Photonen – die Erklärung

Eine Voraussetzung für Einsteins Hypothese hatte Max Planck im Jahr 1900 mit seinem Strahlungsgesetz geschaffen. Er formulierte als erster die damals revolutionäre Idee, die Energie der Strahlung würde nur in kleinen Paketen abgegeben, in »Energiequanten«, die nur ganz bestimmte Werte annehmen können. Auf dieser Grundlage ließen sich endlich eine Reihe von Experimenten erklären, die sich mit der Abhängigkeit der Strahlungsintensität von der Temperatur beschäftigten. Aber erst Einstein erkannte, wie viel weiter die Bedeutung dieses Prinzips der »Quantelung« wirklich reicht. Nicht nur die Energie, mit der die Wellen abgestrahlt wurden, sondern das Licht selbst ist »gequantelt«. Licht kann man somit als Photonen oder »Lichtteilchen« verstehen, die eine bestimmte Frequenz haben. Zusammen mit der Lichtgeschwindigkeit ergibt sich aus der Frequenz (wie bei Schall oder Wasserwellen) die Wellenlänge des Lichts; zusammen mit dem »Planck'schen Wirkungsquantum« erhalten wir aber aus der Frequenz auch die Energie des einzelnen Photons. Je höher die Frequenz, desto größer ist die Energie des Photons. Die Intensität des Lichts auf der Metalloberfläche hängt dann noch davon ab, wie viele Photonen dort in jeder Sekunde auftreffen.

Was passiert also wenn ein einzelnes »ultraviolettes« Photon auf eine Metalloberfläche trifft? Wird es dort absorbiert, dann kann es mit seiner Energie ein Elektron aus dem Metall schlagen. Das gelingt aber nur, wenn die Energie des Photons – also seine Frequenz – ausreicht. *Etwa so, wie man einen Magneten von einer Metalloberfläche nur dann abziehen kann, wenn man genügend Kraft hat. Ansonsten wird der Magnet hängen bleiben, egal wie lange oder wie oft man an ihm zieht.* Ist die Frequenz des Photons hingegen geringer, dann kann es zwar absorbiert werden, aber es wird dabei kein Elektron freigesetzt. Stattdessen kann die Energie in Wärme umgewandelt oder erneut als Photon wieder abgestrahlt werden (vgl. Lumineszenz im Kap. zur Daktyloskopie).

Alle Beobachtungen in den Experimenten zum Photoeffekt, die wir oben kennen gelernt haben, ließen sich so mit Einsteins Idee endlich erklären: Ist die Frequenz des Lichts zu gering, d. h. die Wellenlänge für dieses Metall zu lang, wie z. B. bei sichtbarem Licht, dann wird auch sehr intensives sichtbares Licht keinen Effekt bewirken. Egal wie viele Photonen der gleichen Wellenlänge auf die Me-

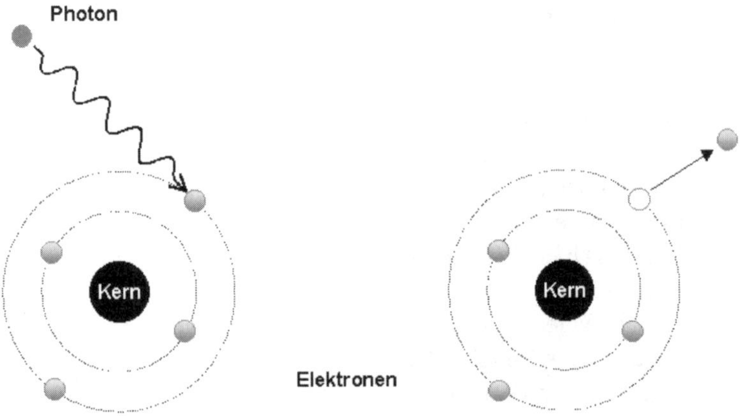

Abbildung 7.5: Photoeffekt. Ein Photon trifft auf ein Atom (links) und löst dabei eines der Elektronen aus der Hülle des Atoms. Das Photon wird dabei absorbiert und nur das Elektron entkommt dem Atom (rechts). Nur wenn die Energie des Photons groß genug ist, seine Wellenlänge also kurz genug ist, kann ein Elektron der Anziehung des Atomkerns entkommen.

talloberfläche treffen, keines hat genug Energie, um ein Elektron zu lösen. *Im Bild des Magneten gesehen: Auch wenn hundert oder tausend Leute, die jeder für sich zu schwach sind, nacheinander versuchen, den Magneten abzuziehen, wird jeder einzelne scheitern. Dass zwei Photonen »gleichzeitig auf dasselbe Elektron treffen«, also zwei der Leute gemeinsam am Magneten ziehen, ist zwar im Prinzip möglich, kommt aber viel zu selten vor – bei 300.000 km/s ist das eine Photon meist schon wieder weg, bevor das nächste vorbei kommt.* Erst wenn die einzelnen Photonen im Strahl jeweils genug Energie haben, der Strahl also eine ausreichend kurze, z. B. ultraviolette Wellenlänge hat, werden Elektronen produziert. Dann allerdings reichen schon die geringsten Intensitäten, also ganz wenige UV-Photonen im Strahl, um den Photoeffekt auszulösen. *Es reicht eben, wenn ein Einziger einmal am Magneten zieht, solange er nur stark genug ziehen kann.* Ebenso steigt schließlich, wie beobachtet, die Anzahl der ausgeschlagenen Elektronen mit der Intensität des Lichts, weil in diesem Fall mehr Photonen auf dem Metall ankommen und mehr Elektronen befreien. Trotzdem werden diese Elektronen nicht schneller, weil die Energie jedes einzelnen Photons unverändert bleibt, jedes einzelne Elektron also weiterhin dieselbe Energie bekommt.

So einfach diese Ideen uns heute erscheinen mögen und so selbstverständlich sie für jeden Naturwissenschaftler heute sind, so schwierig war es damals sogar für Physiker, sich mit diesen ersten Ideen der Quantentheorie anzufreunden. Trotzdem begann diese Theorie innerhalb der nächsten zwei Jahrzehnte nach Einsteins Erklärung ihren Einzug in die verschiedensten Gebiete der Physik. Sie erlaubte endlich, eine ganze Reihe von Effekten zu erklären, die in Experimenten zwar beobachtet worden waren, aber einfach nicht zur klassischen Physik passen wollten. Ein grundlegendes Prinzip der Physik ist, dass jede Theorie sich an der Natur und den Experimenten messen lassen muss. Das gelang der Quantenphysik und daher setzten sich ihre Ideen durch, obwohl sie vielen abwegig und jeder Intuition zu widersprechen schienen. Selbst Einstein kämpfte lange Zeit mit manchen Vorstellungen und Konsequenzen, die sich aus jener Quantenphysik ergaben, die er mit auf den Weg gebracht hatte.

Der Welle-Teilchen-Dualismus

Wo sind wir nun gelandet? Auf der einen Seite haben wir gesehen, dass einige Effekte, z. B. die Beugung, sich nur erklären lassen, wenn Licht *Wellen*charakter hat. Auf der anderen Seite ist der Photoeffekt nur möglich, wenn Licht *Teilchen*charakter hat. Diese etwas schizophrene Eigenschaft des Lichts und der elektromagnetischen Strahlung schlechthin bezeichnet die Physik als »Dualismus« von Welle und Teilchen (oft auch »Dualität«). Man kann Licht weder *nur* als Welle, noch *nur* als Teilchen erklären.

Die gängigen Erklärungen in Physikbüchern lauten oft, Licht verhalte sich in bestimmten Situationen wie eine Welle und in anderen Situationen wie Teilchen. Das ist missverständlich, weil es den Eindruck erweckt, Licht würde seine Natur ändern oder sich der Situation anpassen – etwa so wie ein Chamäleon, das die Farbe wechseln kann, oder wie Wasser, das mal flüssig und mal fest ist. Das stimmt aber nicht. Licht hat nämlich *gleichzeitig* Eigenschaften, die wir zum einen mit Wellen und zum anderen mit Teilchen verbinden. Wir können es uns schlecht vorstellen, weil wir aus dem Alltag nichts kennen, das solche Eigenschaften auf ähnliche Weise kombiniert. Es sind aber nur unsere begrenzte Erfahrung und Vorstellungskraft, die uns glauben machen wollen, Teilchen und Welle schlössen sich gegenseitig aus und seien zwei gegensätzliche Dinge.

Bei anderen Gelegenheiten haben wir keine Probleme, zwei scheinbar widersprüchliche Dinge unter einen Hut zu bringen. Jeder hat in seinem Leben genügend Zylinder und Dosen gesehen, um ganz selbstverständlich zu wissen, dass ein solches Ding mal wie ein Kreis aussieht (wenn man die Dose von oben betrachtet) und mal wie ein Rechteck (wenn man sie von der Seite ansieht). Wie würden wir reagieren, wenn wir noch nie eine Dose gesehen hätten und zuerst von oben und dann von der Seite auf ein solches Ding schauen (aber nie schräg) und dabei scheinbar einmal einen Kreis und einmal ein Rechteck zu sehen bekommen? So ähnlich geht es uns beim Dualismus von Welle und Teilchen. Wir müssen leider akzeptieren, dass es in unserem Alltag nichts gibt, das alle Eigenschaften des Lichts zugleich beschreiben kann: Wir kennen Zylinder aber kein »Wellenteilchen« und keine »Teilchenwelle«. Wenn wir uns jedoch eine Weile mit Licht und seinen Eigenschaften beschäftigen, dann können wir uns an diesen Dualismus genauso gewöhnen und mit ihm umgehen, wie mit Dosen, die mal wie Kreise und mal wie Rechtecke aussehen.

Was in der Vorstellung der Physiker dem Licht am nächsten kommt, ist ein »Wellenpaket«. Die größte Schwierigkeit, Welle und Teilchen unter einen Hut zu bekommen, besteht darin, dass eine Welle (also nicht ein einzelner Wellenberg, sondern die ganze Gruppe zusammengehörender Wellen) ziemlich weit ausgedehnt ist und oft noch nicht einmal klare Ränder hat, während Teilchen ganz eindeutig auf einen bestimmten, meist recht kleinen Bereich eingegrenzt sind. (Außerdem dehnt sich eine Welle auch noch in alle Richtungen aus!) Ein Wellenpaket ist nun eine Gruppe von wenigen Wellenbergen und -tälern, die nur innerhalb eines kleinen Bereichs existieren. In der Mitte dieses Pakets sind die Wellenberge am höchsten, zu Rand werden sie schnell kleiner und verschwinden bald ganz. Diese Wellenberge bewegen sich im Raum genauso fort wie eine »normale« Welle mit vielen gleich hohen Wellenbergen. Dadurch wandert dieses Wellenpaket durch den Raum und immer nur innerhalb des Pakets existiert eine Welle. Auf diese Weise sind die Eigenschaften von Welle und Teilchen (weitgehend) vereint: Jemand oder etwas, an dem dieses Wellenpaket vorbeikommt, wird eine Welle sehen, aber trotzdem

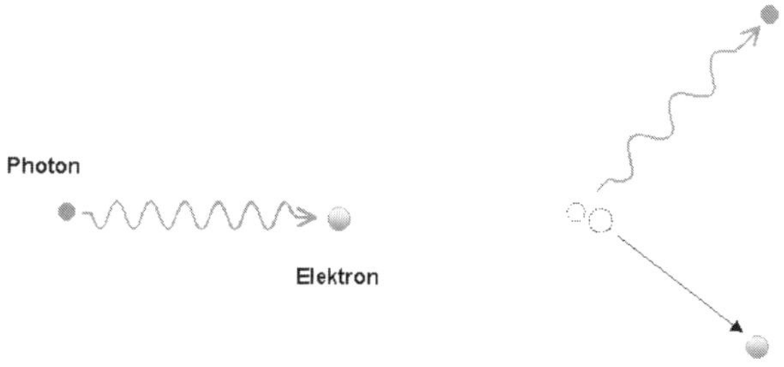

Abbildung 7.6: Comptoneffekt. Ein Photon läuft auf ein ruhendes Elektron zu (links). Nach dem Aufprall (rechts) bewegt sich das Elektron davon, während das Photon sich mit etwas weniger Energie und entsprechend größerer Wellenlänge nun in eine andere Richtung bewegt. Das Phänomen ist nur zu verstehen, wenn Photonen auch Teilchen und nicht nur Wellen sind.

ist diese Welle wie ein Teilchen auf einen kleinen Teil des Raums beschränkt.

Der Compton-Effekt

Dieses merkwürdige Verhalten von Licht war anfangs auch für Wissenschaftler schwer zu glauben – und noch schwerer zu verstehen. Nachdem die Ideen von Planck und Einstein das Licht der Wissenschaft erblickt hatten, dauerte es wie schon angedeutet noch eine ganze Weile, bis sie sich wirklich durchsetzen konnten. 1919 bzw. 1921 wurden Planck und Einstein schließlich für ihre Beiträge zu den Grundlagen der modernen Physik mit dem Nobelpreis ausgezeichnet. Kurz nachdem ihre Ideen und Leistungen so auch offiziell gewürdigt und anerkannt worden waren, führte Arthur Compton ein Experiment durch, das schließlich auch die letzten verbliebenen Skeptiker überzeugen sollte.

Er bestrahlte Elektronen mit Röntgenstrahlung. Überraschenderweise veränderten sich dabei die Wellenlänge und die Richtung eines Teils der Strahlung, und sogar Elektronen wurden ein wenig abgelenkt. Die einzige mögliche Erklärung war, dass manche Photonen auf Elektronen prallten, dabei abgelenkt wurden und gleichzeitig einen Teil ihrer Energie abgaben. Diese Vorgänge beim Compton-Effekt lassen sich gut mit einem Billardspiel vergleichen.

Beim Billard stößt die Spielkugel auf eine andere Kugel, die irgendwo auf dem Billardtisch liegt. Bei solch einem Stoß wird die Spielkugel meist ihre Richtung ändern und auf jeden Fall einen Teil ihrer Energie an die zweite Kugel abgeben, die daraufhin davonrollt. Ganz ähnlich trifft beim Compton-Effekt das Photon (als Spielkugel) auf ein Elektron (als zweite Billardkugel). Auch bei diesem Stoß wird das Photon meist von seinem ursprünglichen Weg abgelenkt und einen Teil seiner Energie an das Elektron abgeben. Wie beim Billard wird dadurch auch das Elektron abgelenkt. Im Unterschied zum Billard kann allerdings das Photon, die Spielkugel, nicht langsamer werden, weil sich Photonen nun einmal immer mit Lichtgeschwindigkeit fortbewegen. Der Energieverlust verringert stattdessen die Frequenz des Photons und vergrößert seine Wellenlänge entsprechend. Die genaue Veränderung der Wellenlänge lässt sich berechnen und Compton konnte 1922 zeigen, dass Theorie und Experiment wunderbar übereinstimmen. Für die Entdeckung und Deutung dieses Effekts und die Bestätigung der Quantentheorie erhielt Compton 1927 ebenfalls den Nobelpreis – nur inzwischen wesentlich schneller als das bei Planck und Einstein geschehen war.

Selbst dem Nobelpreiskomitee fiel es übrigens lange Zeit nicht leicht, den Welle-Teilchen-Dualismus zu akzeptieren. Planck, Einstein und Compton waren zwar schon längst geehrt worden, aber erst 1929 findet sich eine öffentliche Aussage dieses Komitees, die sowohl den Teilchen- als auch den Wellencharakter anerkennt. (»It thus seems that light is at once a wave motion and a stream of corpuscles. Some of its properties are explained by the former supposition, others by the second. Both must be true.«) Ironischerweise kam diese Aussage anlässlich der Verleihung des Nobelpreises an Louis-Victor de Broglie, der für seine Entdeckung der Wellennatur des Elektrons geehrt wurde – also ein entsprechender Dualismus bei etwas, das man immer für ein Teilchen gehalten hatte. Dieser Dualismus wird uns im übernächsten Kapitel noch näher beschäftigen [35].

Licht und Materie

Elektromagnetische Strahlung aller Wellenlängen, sei es nun sichtbares Licht, Röntgenstrahlung oder ein anderer Teil des Spektrums, ist zugleich Welle und Teilchen. Trotzdem unterscheiden sich die Teile des Spektrums – je nach Wellenlänge – recht drastisch. Während sichtbares Licht nur durch wenige, transparente Materialien hindurchgelangt und sonst schon von einem dünnen Blatt Papier leicht aufgehalten wird, können Röntgenstrahlen viele Stoffe fast problemlos durchdringen. Auf der anderen Seite tritt der Compton-Effekt bei sichtbarem Licht nicht auf: Wenn man ein weißes Blatt Papier mit einer grünen Lampe anstrahlt, dann hat das Blatt schließlich genau dieselbe Farbe wie das sichtbare Licht der Lampe. Die Wellenlänge des grünen Lichts ändert sich hierbei offensichtlich nicht wie beim Compton-Effekt. Warum verhalten sich Röntgenstrahlen und sichtbares Licht so unterschiedlich? Was entscheidet, ob nun der Photoeffekt, der Compton-Effekt oder ein anderes Ereignis auftritt, wenn ein Photon auf Materie trifft? Und schließlich: Was entscheidet, wie unterschiedliche Materialien von Röntgenstrahlen durchdrungen werden und wie sie auf einem Röntgenbild tatsächlich aussehen? Die Antworten hängen von der Art der Materie und von der Energie des Photons ab.

Erinnern wir uns: Der Ausgangspunkt für unsere Überlegungen waren die Röntgen-Scanner. Jeder Gepäckkontrolleur steht dabei vor dem Problem, das verwirrende Schattenbild aller übereinander liegenden Objekte im Koffer verstehen zu müssen. Bei der Unterscheidung von Schokolade und Sprengstoff, von Haarspraydosen und Rohrbomben, von Spielzeug-Wasserpistolen und echten Schusswaffen, soll ihm die Physik helfen. Um all diese Stoffe optimal auseinander halten zu können, verwenden die meisten Durchleuchtungsgeräte nicht nur Röntgenstrahlen mit einer Energie, sprich einer Wellenlänge, sondern sie senden ein ganzes Spektrum von Wellenlängen aus. Im übertragenen Sinne benutzen die Geräte Röntgenlicht vieler verschiedener »Farben«, die alle ein wenig anders mit Materie wechselwirken. Dieser Ansatz entspricht genau unserem alltäglichen Sehen: Wenn in einem Raum kein weißes Licht gibt, sondern nur gelbes oder grünes, dann fällt es uns viel schwerer, Dinge zu erkennen. Unter weißem Licht hingegen, das alle Farben enthält, die wir sehen können, sind Objekte unterschiedlicher Farben für uns viel besser zu unterscheiden.

Unterschiedliche Energien

Typische Durchleuchtungsgeräte arbeiten mit Röntgenstrahlen im Bereich von 30.000 bis 140.000 »Elektronenvolt«. Ein Elektronenvolt (eV) ist dabei eine Einheit für Energie, die Physiker gerade im Zusammenhang mit Strahlung und Teilchen gerne verwenden, anstatt sich auf Frequenz oder Wellenlänge zu beziehen. Welcher Energie das genau entspricht, ist für uns hier nicht so wichtig, wir können aber die Energie der Photonen von Röntgenstrahlen und sichtbarem Licht vergleichen: 30.000 eV bedeuten eine Wellenlänge von 0,04 nm, also etwa nur noch ein Zehntausendstel der Wellenlänge von blauem Licht. Blaue Photonen haben bei 400 nm entsprechend nur ein Zehntausendstel der Energie, um 3 eV. Die noch stärkeren Röntgenphotonen der Gepäckscanner haben mit 140.000 eV (oder 140 keV = Kiloelektronenvolt) eine Wellenlänge von nur noch etwa einem hundertstel Nanometer.

Wenn Photonen dieser kurzen Wellenlängen bzw. hohen Energien (etwa über 100.000 eV) auf Materie treffen, dann tritt vor allem der Compton-Effekt auf. Die Photonen werden dabei nicht komplett verschluckt, sondern nur abgelenkt und verlieren Energie. Welcher Anteil der Photonen dabei tatsächlich auf Elektronen stößt und welcher Anteil völlig unverändert durch die Materie hindurchrauscht, hängt bei dieser Energie nicht so stark von der Art der Materie ab – Metalle und organische Substanzen etwa, verhalten sich hier recht ähnlich. Primär kommt es auf Dichte und Dicke des Objekts an. Es ist klar, dass ein dickeres Objekt aus demselben Material auch mehr Strahlung absorbiert, so wie immer weniger Sonnenlicht zu sehen ist, je tiefer man im Wasser taucht. Gleichzeitig ist aber auch die Dichte des Objekts wichtig: Bei zwei ansonsten identischen Gegenständen wird derjenige mehr Röntgenstrahlung absorbieren, dessen Atome dichter beieinander liegen, so ähnlich wie Wasserdampf und Nebel umso undurchsichtiger sind, je dichter sie werden. Das Röntgenbild, das durch Photonen über 100 keV erzeugt wird, sagt also etwas über die Kombination aus Dicke und Dichte der Objekte im Koffer aus. Dichtere und dickere Objekte werden einen stärkeren Schatten werfen, also dunkler erscheinen. Allerdings erfahren wir auf diese Weise noch fast nichts über die Substanzen, aus denen die Objekte bestehen. Gerade das ist aber nötig, um gefährliche Sprengstoffe und Waffen von ungefährlichen Nahrungsmitteln und Spielzeugen zu unterscheiden. Dafür brauchen wir die Röntgenstrahlung unterhalb 100 keV.

In diesem Energiebereich dominiert der Photoeffekt, während der Compton-Effekt kaum noch auftritt. Auch beim Photoeffekt hängt die gesamte Absorption der Strahlung natürlich ebenfalls von der Dicke und der Dichte der Objekte ab: Je dicker und dichter, desto dunkler der Schatten. Im Unterschied zum Compton-Effekt kann aber die Art der Substanz einen riesigen Unterschied machen. Die Wahrscheinlichkeit für ein Photon, von einem Atom im Objekt verschluckt zu werden und dabei ein Elektron herauszuschlagen, hängt ganz stark von der »Kernladungs-« oder »Ordnungszahl« des Atoms ab, die man mit »Z« bezeichnet. Die Kernladungszahl gibt an, wie viele Protonen im Kern des Atoms und wie viele Elektronen in der Hülle des Atoms vorhanden sind. (Nach dieser Zahl sind übrigens die Elemente im Periodensystem geordnet, das einem noch aus dem Chemieunterricht in der Schule bekannt sein könnte.) Alle Elemente, die wir kennen, unterscheiden sich durch diese Kernladungszahl. Das leichteste Element ist Wasserstoff. Es besitzt nur ein Proton und hat daher die kleinste Kernladungszahl $Z = 1$. Kohlenstoff, ein anderer wichtiger Bestandteil von organischen Substanzen, ist ebenfalls relativ leicht. Er hat nur sechs Protonen, also $Z = 6$. Metalle hingegen gehören meist zu den schwereren Elementen: Eisen hat z. B. schon 26 Protonen, und Blei, das sehr oft zur Abschirmung gegen Röntgenstrahlen genommen wird, hat sogar ein Z von 82. Da die Absorption der Röntgenstrahlen durch den Photoeffekt proportional zu Z^5 ist, absorbiert Blei etwa 500.000-mal so stark wie Kohlenstoff. Deswegen wird häufig Blei – und nicht etwa Eisen – zur Abschirmung vor Röntgenstrahlen verwendet. Auf dem Röntgenbild der Photonen unter 100 keV werden somit Objekte, die wie organische Stoffe vor allem aus leichten Elementen bestehen, nur einen ganz leichten Schatten werfen, auch wenn sie relativ dick sind. Hingegen können auch schon dünne Gegenstände sehr dunkel erscheinen, wenn sie aus schweren Metallen bestehen.

Bei Energien über einer Million Elektronenvolt (1 MeV, entspricht nur noch einer Wellenlänge von einem tausendstel Nanometer) gibt es einen anderen wichtigen Effekt, durch den Röntgenstrahlen Energie verlieren: die »Paarbildung«. Dabei können ein Teilchen und sein Antiteilchen geschaffen werden, z. B. ein Elektron und ein Positron. Dieses Paar entsteht nicht aus dem Nichts, sondern aus der Energie des Photons. Damit dieser Effekt auftritt, braucht das Photon daher mindestens eine Energie, die der Summe der Massen der beiden Teilchen entspricht. Um diesen Vorgang zu verstehen, müssten wir uns näher mit Einsteins Idee der Äquivalenz von Energie und Masse beschäftigen, die hinter seinem viel zitierten $E = m \cdot c^2$ steckt. In typischen Geräten zur Gepäckdurchleuchtung liegt aber die Energie der Röntgenstrahlen deutlich unter dieser Grenze für die Paarbildung, sodass der Effekt dort nicht auftritt und wir ihn hier auch nicht weiter betrachten brauchen.

Einen kurzen Blick sollten wir auch noch einmal auf die Vorgänge bei Energien unterhalb von 30 keV werfen, also bei Wellenlängen von mehr als einem zwanzigstel Nanometer. Der Compton-Effekt tritt hier zwar nicht mehr auf, sehr wohl aber der Photoeffekt. Hertz hatte diesen Effekt ja gerade bei UV-Strahlen entdeckt. Bei noch längeren Wellenlängen, bis hinein ins sichtbare Licht, wird aber auch dieser Effekt immer seltener. Die Energie reicht dann einfach nicht mehr aus, um ein Elektron aus der Oberfläche herauszuschlagen. Wenn sie nicht transmittiert werden, dann können die Photonen bei solchen Energien nur noch absorbiert oder reflektiert werden. Die Absorption haben wir schon kennen gelernt: Nur wenn die Energie eines Photons zu den Orbitalen in den Atomen oder Molekülen eines Stoffs passt, kann das Photon absorbiert werden und ein Elektron das Orbital wechseln. Die Reflexion kennen wir aus dem Kapitel »Lupe«. Sie kann auch bei den geringsten Energien stattfinden.

Auf diese Weise ist jetzt auch zu verstehen, warum das weiße Papier in grünem Licht genau so grün aussieht wie die grüne Lampe: Der Compton-Effekt, der die Wellenlänge verringern und so die Farbe der Photonen verändern könnte, tritt bei sichtbarem Licht wegen der zu geringen Energie nicht auf. Auch für den Photoeffekt auf Papier haben die Photonen zu wenig Energie, und da das Papier weiß ist, absorbiert es keine der Wellenlängen im sichtbaren Bereich (sonst wäre es ja farbig, grau oder schwarz). Also wird das Licht mit derselben, grünen Wellenlänge reflektiert. Für das Röntgen sind aber nur jene Photonenenergien wichtig, bei denen der Photoeffekt und der Compton-Effekt dominieren.

Nun können wir wieder zu den Röntgengeräten und speziell zu den Gepäckscannern zurückkommen. Wir haben im Wesentlichen die Physik zusammen, wie die Absorption von Röntgenstrahlen in Gepäckstücken oder dem menschlichen Körper funktioniert und wie

Röntgenbilder entstehen. Mit der Vorstellung von elektromagnetischen Strahlen als Welle und Teilchen und unserem Verständnis von Photo- und Compton-Effekt lässt sich vor allem auch verstehen, wie wir Bomben und Waffen auch wirklich von Hemden und Büchern unterscheiden können. Denn damit können wir auch den kleinen Haken beheben, den das einfache Prinzip der medizinischen Röntgenbilder hat.

Zurück zur Medizin ...

Röntgenbilder im Krankenhaus und bei der Gepäckkontrolle entstehen als Schattenbilder (engl.: *shadowgram*). Dort, wo mehr Röntgenstrahlen auf ihrem Weg durch die Objekte absorbiert werden, ist der Schatten dunkler. (Medizinische Röntgenbilder sind allerdings Negative, sodass hier der »Schatten« weiß erscheint.) Die Schatten auf einem einfachen Röntgenbild allein sagen dabei aber noch nichts über die Dicke oder das Material der Objekte aus – denn je nachdem, aus welchem Material das Objekt besteht, wie dick und dicht es ist, können ganz unterschiedliche Gegenstände ähnliche Schatten werfen. Obwohl die Muskeln um einen Knochen herum meist deutlich dicker sind als der Knochen selber, wirft der Knochen sogar einen viel stärkeren Röntgenschatten.

In der Medizin bereitet das weniger Probleme, weil der Arzt recht genau weiß, was sich im Körper des Patienten befindet und wie das Bild eigentlich aussehen sollte. Dass verschiedene Gewebearten in unserem Körper ähnlich stark absorbieren und sich im Röntgenbild nur wenig voneinander unterscheiden, macht es dem Arzt zwar sicher nicht einfacher aber eben auch nicht unmöglich, das Röntgenbild zu »lesen«. Aufgrund seiner Erfahrung und Kenntnisse der Anatomie kann er die Details des Bilds gut und schnell identifizieren. Er muss vor allem die Abweichungen vom Röntgenbild eines Gesunden erkennen und kann sich dafür auch etwas mehr Zeit nehmen, falls das nötig ist. Bei Gepäckstücken sieht das aber etwas anders aus.

... und zur Gepäckdurchleuchtung

Am Flughafen können die Kontrolleure zwar auch Erfahrungen sammeln, aber es gibt beileibe keine feste »Anatomie des Fluggepäcks«, an der sie sich orientieren könnten. Stattdessen müssen sie die Röntgenbilder in kürzester Zeit und – im wahrsten Sinne des Wortes – am laufenden Band interpretieren. Dabei alle Bedrohungen zuverlässig zu erkennen ist nicht einfach. Zum einen können die merkwürdigsten Dinge in den Koffern mancher Passagiere auftauchen, ohne dass sie eine Gefahr darstellen. Zum anderen versuchen Terroristen natürlich, Waffen oder Sprengstoff in ihrem Gepäck so harmlos wie nur möglich aussehen zu lassen. Gerade viele Plastiksprengstoffe lassen sich in alle möglichen Formen modellieren. Ein einfaches Schattenbild allein, wie auf medizinischen Röntgenbildern, verrät daher viel zu wenig. Mit der Physik müssen wir aus den Koffern noch etwas mehr Informationen herausholen. Hierbei helfen uns der Photo- und der Compton-Effekt.

Um das verwirrende Durcheinander des typischen Touristenkoffers im Röntgenbild besser zu verstehen, kombinieren die Gepäckscanner die Informationen der beiden Effekte. Sie messen nicht einfach nur die gesamte Schwächung der Strahlung, die den Koffer durchläuft. Vielmehr unterscheiden ihre Detektoren zwischen den niedriger energetischen Röntgenstrahlen, deren Absorption vor allem durch den Photoeffekt verursacht wird, und den höher energetischen Strahlen, deren Intensität vor allem durch den Compton-Effekt geschwächt wird. Im übertragenen Sinn »sehen« die Detektoren die Farben des Röntgenlichts. Für jeden Punkt des Röntgenbilds wird somit die Schwächung der Strahlung im unteren und im oberen Energiebereich getrennt gemessen. Das Verhältnis dieser beiden Absorptionen ist charakteristisch für die Kernladungszahl des Objekts an dieser Stelle: Je stärker die Absorption im unteren Energiebereich im Vergleich zum oberen ist, desto größer ist Z. Kennt man so erst einmal die Elemente, aus denen die Objekte bestehen, dann lässt sich aus der gesamten Absorption der Röntgenstrahlung auch etwas über die Dicke des Objekts sagen.

In der Praxis verknüpfen die Scanner dafür ihre Messwerte mit Farbtabellen. Im Röntgenbild auf dem Bildschirm des Gepäckscanners repräsentiert die Farbe dann die Art des Materials und die Helligkeit die Dicke des Objekts. Das entstehende Bild sagt schon viel mehr über den Inhalt des Koffers, zu viele Farben können aber trotzdem noch verwirrend sein. Um die Interpretation etwas zu vereinfachen, reduziert man die Farbskala oft auf drei Bereiche. Organische Materialien, mit einem *Z* zwischen 1 und 10, Elemente mit mittlerer Kernladungszahl zwischen 10 und 18 und schwerere Elemente, mit mehr als 18 Protonen im Kern, werden dabei jeweils in einer eigenen Farbe dargestellt. Auf diese Weise kann ein Kontrolleur dann »Sprengstoff-Kandidaten«, die organischer Natur sind, im Röntgenbild z. B. als orangefarbene Objekte erkennen. Schuss- oder Stichwaffen, die meist aus Metall bestehen, tauchen zusammen mit Spraydosen, Nagelscheren und Kleingeld am anderen Ende der Farbskala auf, etwa als blaue Silhouetten. Auf diese Weise wird das Durcheinander des Koffers durchschaubarer. Das Sicherheitspersonal kann nicht nur die Umrisse einzelner Objekte durch die verschiedenen Farben viel besser erkennen, sie bekommen auch einen sehr guten Eindruck von der Dicke des Gegenstands und aus welchem Material er bestehen kann. Aber selbst diese Hilfe der Physik bringt noch keine ausreichende Sicherheit. Es reicht nicht immer aus, ein Objekt auf dem Röntgenbild als organisches Material zu erkennen und seine Umrisse zu sehen – Schokoladen und Sprengstoffe können da recht ähnlich sein. Beim Gepäck, das beim Check-In aufgegeben wird, kann man schlecht jeden zehnten Fluggast bitten, es später vor dem Flugzeug noch einmal zu öffnen. Deswegen muss man in manchen Fällen noch etwas mehr über das Material erfahren, aus dem der verdächtige Gegenstand besteht. Dieselbe Methode, die das ermöglicht, verwendet man auch bei einer ganz anderen Art von »Gepäckstücken«, die noch etwas problematischer zu durchleuchten sind als die Koffer von Flugreisenden.

Das Container-Problem

Weit über vier Millionen Container werden jedes Jahr allein im Rotterdamer Hafen umgeschlagen, dem größten europäischen Frachthafen. In den Häfen von Los Angeles und Hamburg, den größten Containerhäfen der USA und Deutschlands, werden ähnliche Mengen umgeschlagen, in den großen asiatischen Häfen oft sogar noch mehr. In Hong Kong und Singapur, den beiden größten Containerhäfen der Welt, kommt man jeweils sogar fast auf das Dreifache von

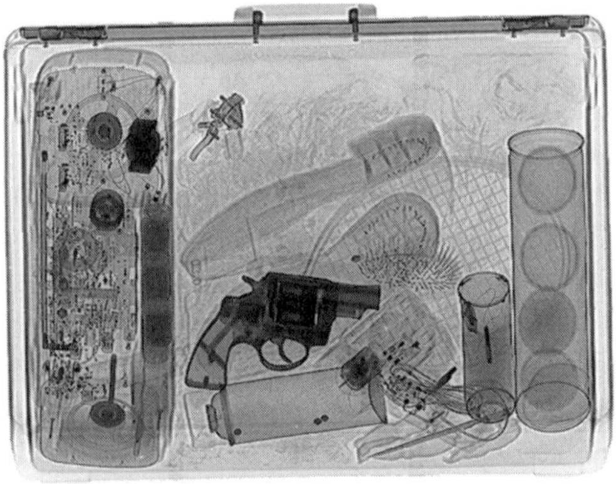

Abbildung 7.7: Bild eines Koffers im Gepäckscanner. Neben dem auffälligen Revolver sind u. a. auch noch ein paar weniger gefährliche Gegenstände gut zu erkennen: ein Kofferradio, ein Satz Tennisbälle mit dem dazugehörigen Schläger, eine Haarbürste und ein paar Schuhe. (Abdruck mit freundlicher Genehmigung der Smiths Heimann GmbH, Wiesbaden).

Rotterdam. Ein großer Teil des internationalen Handels, bei dem es nicht um Öl, Gas, Kohle, Erze oder ähnliche Schüttgüter geht, wird mit Containern auf dem Seeweg abgewickelt. Auch auf der Straße finden sich, besonders in Europa, zahllose Lkw, die ihre Ladung in Containern über viele Grenzen hinweg transportieren. Container sind aber dem Gepäck von Fluggästen nicht unähnlich: Von außen ist nichts zu erkennen; man kann sie unmöglich alle aufmachen und durchsuchen; und selbst wenn man einen aufmacht, ist es oft nicht einfach, alles Verdächtige zu finden. Gleichzeitig lassen sich in ihnen, im Vergleich mit Touristenkoffern, viel größere Dinge unterbringen und dabei oft auch noch leichter und besser verstecken. Die Gefahr durch einen Container ist natürlich für ein Schiff oder einen Laster selber zwar geringer als für ein Flugzeug, das eine Bombe in einem Koffer hat. Aber den Verbrechern muss es gar nicht um das Schiff oder den Lastwagen gehen.

Seit dem Terroranschlag auf das World Trade Center in 2001 wird eine Vielzahl von Horror-Szenarien zu terroristischen Angriffen auch in der Öffentlichkeit diskutiert. Am bedrohlichsten erscheint für viele Menschen ein Angriff mit einer nuklearen Waffe – entweder eine Atombombe, wie in Hiroshima und Nagasaki, oder eine »dreckige« Bombe, die aus konventionellem Sprengstoff besteht aber auch radioaktives Material enthält. Bei der Explosion würde dies über einen sehr großen Bereich verteilt, der radioaktiv verseucht würde. Während die Wahrscheinlichkeit für einen solchen Anschlag viel kleiner ist als für eine konventionelle Autobombe, eine Flugzeugentführung oder Ähnliches, so wären aber die Folgen viel verheerender. Die Materialien, die man für nukleare Bomben benötigt, sind heute kaum in den Staaten zu bekommen, die selber Ziel eines solchen Angriffs sein dürften. Entweder die Bombe oder das Material müssten also über die Grenze geschmuggelt werden. Weder Post noch Passagiergepäck würden sich dafür eignen, sehr wohl aber Container.

Es muss jedoch gar nicht immer um Bomben gehen. Nicht nur für Terroristen, sondern auch für andere Verbrecher können Container sehr interessant sein. Drogen- und Menschenhändler sind immer auf der Suche nach Schlupflöchern, durch die sie ihr Schmuggelgut möglichst sicher von einem Land ins andere bringen können. Container (oder Container-ähnliche Lastwagen) sind dafür attraktiv, weil sie nur schwer gründlich zu überprüfen sind. Aber auch Tabak, Alkohol, Waffen und vieles andere, das kriminellen Profit verspricht, macht seinen Weg in Containern. Gleichwohl ist es nicht machbar, alle Container und ihre Ladung an Häfen und Grenzübergängen einzeln von Hand bzw. mit dem Auge zu überprüfen: Schon im Rotterdamer Hafen bräuchte man Tausende von Kontrolleuren, die Verzögerungen und zusätzlichen Kosten wären für die Wirtschaft mehr als schädlich und die Kontrolleure hätten dennoch Schwierigkeiten, alles Verdächtige auch wirklich zu entdecken. Wie kann man sich also davor schützen, dass Verbrecher Bomben, Drogen oder Menschen in Containern ins Land schaffen?

Größere Scanner

Die Röntgenmethode, wie wir sie bei der Gepäckdurchleuchtung kennen gelernt haben, ist auch für Container im Prinzip ein guter Ansatz. Sie erlaubt einen schnellen Blick in das Innere eines Containers, und vieles können wir so von außen erkennen. Im Vergleich zur Gepäckkontrolle am Flughafen gibt es hier allerdings zwei kleine Unterschiede. Erstens sind unsere »Gepäckstücke« um einiges größer. Typische Schiffscontainer erreichen Längen von 15 m und mehr, Lastzüge sind oft noch länger. Zweitens geht es beim Waren-

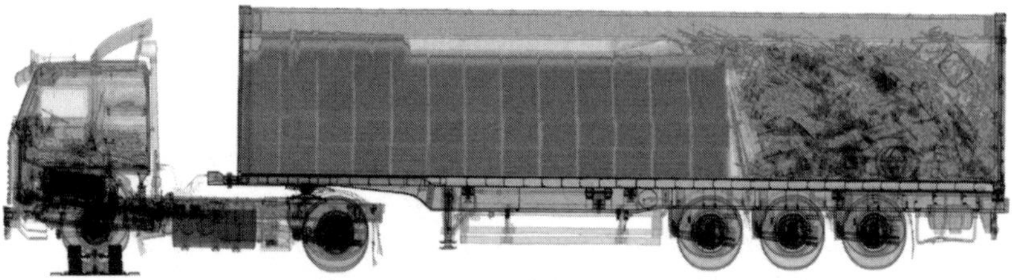

Abbildung 7.8: Röntgenbild eines Lastwagens mit Schmuggelgut. Die vier Millionen Zigaretten wären für einen Zöllner hinter der Tarnladung kaum zu entdecken (Abdruck mit freundlicher Genehmigung der Smiths Heimann GmbH, Wiesbaden).

transport – anders als beim Flugverkehr – seltener um Objekte wie Messer oder Schusswaffen, die meist aus Metall sind. Stattdessen sind es noch mehr die organischen Substanzen, die wir erkennen und unterscheiden müssen.

Hat ein Schmuggler in einem Lastzug z. B. Zigaretten hinter einer Tarnladung von Metallschrott versteckt, dann würde der Zoll dies noch nicht einmal beim Öffnen des Lkws ohne Weiteres bemerken können. Ohne den Schrott abzuladen, hätte ein Zöllner keine Chance, die geschmuggelten Zigaretten zu entdecken. Macht er mit einem überdimensionalen Gepäckscanner ein Röntgenbild des Lasters, dann sieht das allerdings ganz anders aus. Der Container wird dafür durch eine Art Tor gefahren, in dem auf der einen Seite die Röntgenquelle und auf der anderen Seite der Detektor stecken, so wie die Koffer im Flughafen auf dem Gepäckband am Scanner vorbeifahren. Dabei wird mit einem dünnen, fächerförmigen Röntgenstrahl der Container jeweils zeilenweise gescannt. Immer wenn der Container sich etwas weiter am Detektor vorbeibewegt hat, wird die nächste Zeile aufgenommen, und nach kaum einer Minute wird aus den einzelnen Zeilen das fertige Bild zusammengesetzt. So können beliebig lange Objekte durchleuchtet werden, auch ganze Lkw. Anhand der Umrisse im Röntgenbild sieht man dann zwar nicht unbedingt, dass es Zigaretten sind, die im Laster versteckt wurden – aber selbst für einen Laien wäre nicht zu übersehen, dass hier nicht nur die deklarierten Schrottteile geladen sind. Spätestens jetzt muss der Lastwagen ohnehin geöffnet und genau überprüft werden.

Während wir somit das Problem der »Gepäckgröße« weitgehend in den Griff bekommen können, indem wir einfach größere Scanner bauen, ist es nicht so einfach organische Substanzen besser zu unterscheiden und zu identifizieren. Hier muss wieder die Physik helfen.

Gestreut, nicht geschluckt

Bisher haben wir nur jene Systeme betrachtet, bei denen die Röntgenstrahlen durch das Objekt hindurchlaufen und auf der anderen Seite einen Detektor erreichen. Diese Transmissionstechnik ist prinzipiell weniger gut geeignet, organische Objekte darzustellen als metallische. Im höheren Energiebereich des Compton-Effekts werden Röntgenstrahlen von allen Materialien weniger stark absorbiert als im Bereich geringerer Energien, bei denen der Photoeffekt dominiert. Während metallische Gegenstände wegen ihres hohen Z wenigstens im Bereich des Photoeffekts starke Absorption zeigen, ist dies bei organischen Stoffen mit geringen Kernladungszahlen anders. Zwar können die Geräte anhand der Messung bei zwei verschiedenen Energien feststellen, dass es sich hier um organisches und nicht um metallisches Material handelt, aber die genaue Struktur und Form gerade kleinerer Gegenstände ist oft schwer zu erkennen. Die relativ geringe Schwächung der Intensität des Röntgenstrahls bei niedrigen *und* hohen Energien macht es – so wie der schlechte Kontrast auf einem überbelichteten Foto – schwer, die organischen Objekte auf dem Röntgenbild zu erkennen und zu unterscheiden. Außerdem lassen sich viele organische Substanzen nicht voneinander unterscheiden, weil ihre sowieso schon geringe Absorption sich untereinander noch weniger unterscheidet. Mit der Transmissionstechnik kommen wir hier nicht weiter. Allerdings ignoriert diese Methode einen kleinen aber sehr interessanten Teil der Röntgenstrahlen, von dem wir genau jene Informationen bekommen können, die uns noch fehlen. Einige Photonen werden nämlich nicht geschluckt, sondern auf ganz bestimmte Art und Weise gestreut.

Anstatt komplett absorbiert zu werden (Photoeffekt) oder mit Energieverlust gestreut zu werden (Compton-Effekt), gibt es noch eine weitere Möglichkeit, was mit einem Röntgenphoton passieren kann, das auf einen Gegenstand trifft. Wenn seine Energie nicht allzu groß ist, kann das Photon von einem Elektron in jede beliebige Richtung abprallen, ohne dabei Energie zu verlieren. Dieser Effekt nennt sich »elastische« oder »kohärente« Streuung. *Den entsprechenden Effekt bei sichtbarem Licht nennt man Rayleigh-Streuung – er ist übrigens dafür verantwortlich, dass der Himmel bei Tag blau und bei Sonnenuntergang rot erscheinen kann.* Dabei können die Photonen (wie beim Billard) in alle Richtungen gestreut werden, nach vorne, zur Seite oder nach hinten. Am Bild des Billards lässt sich auch grob veranschaulichen, warum die Photonen bei diesem Zusammenstoß im Gegensatz zum Compton-Effekt keine Energie abgeben. Wenn wir eine Billardkugel auf eine andere stoßen lassen, dann wird sich die zweite Kugel in Bewegung setzen und die erste wird etwas an Geschwindigkeit, also Energie, verlieren. Wenn wir aber einen Tischtennisball auf eine Billardkugel rollen lassen, dann wird der Ball abprallen, ohne dass die Kugel sich bewegt. Beim Stoß wird (fast) keine Energie übertragen, weil der Tischtennisball viel leichter ist als die Billardkugel. Im Vergleich zum Elektron ist auch das Röntgenphoton bei der elastischen Streuung »viel leichter«, weil es eine vergleichsweise geringe Energie hat – entsprechend Einsteins Idee der Äquivalenz von Masse und Energie. Daher wird das Photon am Elektron ohne Energieverlust gestreut, so wie der Tischtennisball an der Billardkugel. Nur wenn das Photon ausreichend Energie besitzt, also »schwer genug« ist, kann es zum Compton-Effekt kommen.

Die Streumethode

Bei Transmissionsröntgengeräten ist die elastische Streuung nicht weiter wichtig. Zwar wird immer ein Teil der Photonen auf diese Weise gestreut und trifft somit nicht auf den Detektor, aber weil diese Streuung im Vergleich zum Photo- und Compton-Effekt nur selten auftritt (und relativ wenige Photonen ablenkt), trägt sie fast nichts zu den Schatten im Transmissionsröntgenbild bei. Bei Streutechnik sieht das allerdings ganz anders aus: Diese Geräte produzieren ihre Röntgenbilder einzig und allein aus den gestreuten Photonen und ignorieren die Transmission. Allerdings müssen die Rückstreusysteme jeden Punkt des Objekts einzeln bestrahlen, weil die Photonen dort in alle Richtungen gestreut werden. Würde, wie bei den Transmissions-Scannern, eine ganze Zeile auf einmal bestrahlt, dann wüsste anschließend der Detektor nicht, welches bei ihm ankommende Photon von welchem Punkt der bestrahlten Zeile gestreut wurde, weil er die Richtung der ankommenden Photonen nicht erkennen kann. Er muss das Spektrum der gestreuten Photonen für jeden Punkt des Objekts einzeln mit Beispieldaten bekannter Materialien vergleichen. Nur dann kann er erkennen, woraus das bestrahlte Objekt an diesem Punkt besteht. Das Gesamtbild entsteht dann aus dieser Rasterung so ähnlich wie beim Nahfeldmikroskop.

Es gibt einen sehr auffälligen Unterschied bei dieser Streutechnik: Im Gegensatz zur Transmissionstechnik können wir den Detektor auf derselben Seite des Objekts platzieren wie die Röntgenquelle, weil die Photonen in alle Richtungen, eben auch zurück, gestreut werden (engl.: *back scattered*). Bei Touristenkoffern macht es zwar keinen großen Unterschied; bei Containern aber, die oft mehrere Lagen hoch und auch dicht nebeneinander gestapelt sind, kann es sehr hilfreich sein, mit einem fahrbaren Backscatter-Scanner allein von einer Seite in die Container hineinzusehen. Der Nachteil dieses Hineinsehens ist allerdings, dass die Gegenstände im Container umso schwächer zu sehen sind, je mehr andere Objekte vor ihnen liegen. Durch diese Objekte wird sowohl auf dem Hinweg als auch auf dem Rückweg immer ein Teil der Photonen absorbiert, sodass weniger gestreute Photonen zum Detektor gelangen und das Bild schwächer wird.

Die Streumethode hat außer dem *Hinein*sehen noch einen weniger auffälligen aber dafür umso wichtigeren Vorteil. Die elastische Streuung tritt nämlich – ähnlich wie der Photoeffekt – vor allem bei niedrigeren Energien auf. Sie ist aber – im Gegensatz zum Photoeffekt – überwiegend für kleine Z, also bei leichten Atomen, zu beobachten. In Elementen mit hohem Z hingegen werden, wie wir schon herausgefunden haben, Röntgenphotonen mit geringen Energien durch den Photoeffekt leicht absorbiert. So werden in Objekten aus schwereren Elementen zwar ebenfalls viele Photonen gestreut, aber nur wenige gelangen bis zurück zum Detektor, weil auch ein viel größerer Teil vorher auf dem Hin- oder Rückweg absorbiert wird. Anders bei den leichten Elementen: Sie absorbieren viel schwächer, sodass nicht nur viele Photonen gestreut werden, sondern sie den Detektor dann auch tatsächlich erreichen. Während bei der Transmissionstechnik die schweren Metalle oft undurchsichtig und die organischen Stoffe weitgehend transparent erscheinen und bestenfalls schwache Schatten werfen, ist es bei der Streutechnik genau umgekehrt. Leichte Elemente lassen sich mit der Streutechnik sogar besser erkennen als Metalle.

Dieser Vorteil ist insofern teuer erkauft, weil diese Streusysteme nicht gleich ein ganzes Bild aufnehmen können, wie medizinische Röntgengeräte, und das Objekt auch nicht zeilenweise durchleuchten können, wie die Gepäckscanner. Stattdessen muss eben jeder Punkt des Objekts einzeln bestrahlt werden. Aus den Tausenden von einzelnen Messungen lässt sich das Bild zusammensetzen. Mit entsprechenden technischen Kniffen können wir es zwar trotzdem schaffen, Container oder Lkw im Minutentakt zu durchleuchten. Der Preis dafür ist aber eine geringere Anzahl von Punkten im Bild: Die Auflösung ist deutlich schlechter als bei guten Transmissionssystemen. Außerdem kann die Rückstreumethode nicht so weit in die Objekte hineinsehen, weil die Röntgenstrahlen ja wieder den ganzen Weg zurück zum Detektor kommen müssen, ohne noch mal gestreut oder absorbiert zu werden. Alternativ können wir Detektoren natürlich auch auf der anderen Seite des Objekts platzieren, weil die Strahlen schließlich in alle Richtungen, also auch nach vorne, gestreut werden. So geht aber zumindest der Vorteil verloren, ein Bild einfach von einer Seite eines Containers aufnehmen zu können.

Dichte Sprengstoffe

Nichtsdestoweniger bleibt die Streutechnik aus der Sicht der Verbrechensbekämpfung hochinteressant. Das liegt vor allem an ihrer Fähigkeit, viele organische Materialien unterscheiden zu können. Sie erlaubt es auf der einen Seite, in Autos, Lastern und Containern versteckte Drogen leicht und schnell zu entdecken, die man sonst kaum finden könnte. Man müsste den größten Teil der Ladung ausladen und untersuchen oder gar das Gefährt selber auseinander nehmen. Außerdem zeichnen sich auf der anderen Seite gerade Sprengstoffe durch eine – für organische Substanzen – hohe Dichte aus. Sie sind um ein Vielfaches dichter als etwa typische Kleidungsstücke und um ein Drittel oder die Hälfte dichter als die meisten Kunststoffe. Da die Anzahl der gestreuten Photonen mit der Dichte des Objekts steigt, auf das sie treffen, heben sich Sprengstoffe dadurch von anderen organischen Objekten sehr gut ab, sogar wenn sie aus den gleichen chemischen Elementen bestehen. Keine andere Röntgenmethode bietet diese Möglichkeit.

So ergänzen sich die Transmissionstechnik und die Streumethode und lassen sich gut kombinieren. Gerade an Flughäfen werden sie oft gemeinsam eingesetzt. Mit Transmissionsröntgengeräten lassen sich z. B. bei eingecheckten Koffern noch kleinste Details erkennen aber auch Metalle und organische Stoffe schon sehr gut voneinander unterscheiden. Wenn man sich immer noch nicht sicher sein kann, dass die Objekte ungefährlich sind, dann wird dieser Koffer zusätzlich mit der Streumethode untersucht. Dadurch lassen sich dann – ohne den Koffer jemals geöffnet zu haben – sogar Sprengstoffe erkennen oder aber die meisten vermeintlichen »Bomben« als ungefährliche Plastikspielzeuge, Kleidungsstücke oder Nahrungsmittel identifizieren. Allein an der Form sind Zahnpasta, ein Stück Schweizer Käse oder Schokolade nun einmal schlecht von einer Bombe zu unterscheiden – wenn es nicht vielleicht gerade ein Schokoladen-Osterhase ist. Trotz der gleichen chemischen Elemente verrät aber die geringere Dichte, um was es sich wirklich handelt. Nur wenn diese Kombination der zwei Röntgenmethoden noch keine Sicherheit bringt, muss der Koffer dann schließlich noch von Hand untersucht werden.

Beugen und schnüffeln

Um diese Handarbeit noch weiter zu verringern, werden immer mehr neue Methoden entwickelt, die vor terroristischen Anschlägen aber auch vor Drogenschmuggel schützen sollen. Einige Geräte betrachten nicht mehr nur wie stark die Strahlen gestreut werden, sondern vor allem auch das Muster, wie die Strahlen am Detektor ankommen. Abhängig von der molekularen Struktur des Materials entsteht durch Beugungs- und Interferenzeffekte eine charakteristische Verteilung der Strahlen. Nach einem Vergleich mit Beispielmustern können wir so noch eine ganze Menge mehr über die einzelnen Objekte im Koffer sagen. Trotzdem bleiben die Röntgenbilder oft immer noch verwirrend. Um das Durcheinander bei der Gepäckkontrolle noch besser zu durchschauen, wird inzwischen auch schon die Röntgentomografie angewendet, die lange Zeit der Medizin vorbehalten war. Bei der Untersuchung von inneren Organen und Knochen ist diese Methode unersetzlich geworden, weil sie an Anschaulichkeit kaum zu übertreffen ist. Ähnlich hilfreich wie bei der Suche nach

Tumoren kann sie bei der Suche nach Bomben und Waffen sein. Die Geräte erlauben es, dreidimensionale Bilder des geröntgten Objekts oder beliebige Querschnitte davon anzusehen. Dabei arbeiten sie nach keinem neuen Prinzip, sondern nehmen lediglich Transmissionsbilder aus verschiedenen Richtungen auf. Die räumliche Anordnung der Stoffe aus diesen verschiedenen Blickwinkeln wird dann für den Betrachter von einem Computer berechnet. Daher bezeichnet man diese Methode auch als Computertomografie (CT). Sie funktioniert ein wenig so wie unser dreidimensionales Sehen, das uns räumliche Objekte erkennen lässt, obwohl unsere Augen nur ganz leicht unterschiedliche, zweidimensionale Bilder liefern – und wenn das nicht reicht, gehen wir schließlich auch um das Objekt herum, so wie der Computertomograf Aufnahmen aus verschiedenen Richtungen macht.

Unser Weg fing bei Conrad Röntgens Entdeckung an und hat uns inzwischen über Photoeffekt, Compton-Effekt und Dualismus zu den verschiedensten Arten von Röntgensystemen gebracht. Das klassische medizinische Röntgen, das wir im Alltag unter »Röntgen« verstehen, wirkt fast schon primitiv im Vergleich zu der Vielfalt von Post-, Gepäck-, Container- und Lkw-Scannern. Sie benutzen Röntgenstrahlen unterschiedlicher Energien; mal verwenden sie die transmittierten Strahlen, dann wieder die gestreuten oder gebeugten Photonen. Man könnte meinen, damit seien alle gefährlichen oder geschmuggelten Dinge zu erkennen und somit alle Sicherheitslücken gestopft. Aber natürlich hat jedes System seine Grenzen und lässt sich meist auch auf irgendeine Weise täuschen. Daher gibt es noch viele andere Varianten und Methoden zur Untersuchung von Gepäck und Frachtgut, die auch keineswegs alle mit Röntgenstrahlen arbeiten. Auch wenn wir uns im Rahmen dieses Buchs nicht alle physikalischen Aspekte dahinter ansehen können, sollten wir zumindest einige der Prinzipien kennen lernen. Manche Methoden beschäftigen sich überhaupt nicht mit der Form, sondern nur mit der chemischen Zusammensetzung der Stoffe. Sie untersuchen die äußere Hülle von Koffern oder Notebook-Computern auf geringste Spuren von verdächtigen Stoffen. Sehen ein Notebook oder ein Kofferradio im Röntgenbild etwa verdächtig aus, dann kann der Passagier sie kaum »mal eben« an der Gepäckkontrolle öffnen und das Sicherheitspersonal in das Innenleben schauen lassen. Hat er aber wirklich Sprengstoff oder etwas Ähnliches im Gerät versteckt, dann sollten sich winzigste Spuren davon auch auf der Außenseite des Geräts finden lassen. Hier greift wieder Edmond Locards »Austauschprinzip«. Bei der Montage und dem Einbau der Bombe in das Gerät wird etwas vom Sprengstoff zuerst an den Händen oder Handschuhen des Täters, am Tisch oder an den Werkzeugen hängen bleiben und schließlich außen am Gerät landen. Streicht man bei der Gepäckkontrolle mit einem speziellen Teststreifen über die Außenseite des verdächtigen Objekts, dann werden die Spuren auch auf dem Teststreifen zu finden sein. Mit einfachen chemischen Indikatoren bis hin zu hochempfindlichen chemisch-physikalischen Analysegeräten können dort Sprengstoffspuren und viele andere chemische Verbindungen erkannt werden, selbst wenn das untersuchte Objekt vorher gründlich gereinigt worden war. Für manche kommerziell erhältlichen Systeme wird angegeben, dass sie so bereits weniger als ein milliardstel Gramm eines Sprengstoffs erkennen oder relative Konzentrationen von weniger als einem Molekül des Sprengstoffs unter je einer Milliarde Luftmoleküle (engl.: *parts per billion*, ppb) nachweisen. Zum Vergleich: Dieses Buch hat etwa eine halbe Million Buchstaben. Ein ppb wäre somit ein einziger Buchstabe in 2000 Büchern, den wir finden müssten.

Umklappende Kerne

Eine andere Methode nutzt das Prinzip der »Kernspin-« oder »kernmagnetischen Resonanz« (engl.: *nuclear magnetic resonance*, NMR). Wie beim Röntgen und der Computertomografie hat vor allem die Medizin dieses Phänomen in der Öffentlichkeit bekannt gemacht: Der Kernspintomograf ist in vielen Krankenhäusern ein unersetzliches Werkzeug geworden, um Bilder aus dem Inneren des Körpers zu bekommen, ohne dabei den Patienten aufschneiden zu müssen. Das Prinzip hinter dem Kernspintomografen beruht darauf, die Atomkerne im Körper eines Patienten durch einen sehr starken Magneten im Wesentlichen in einer Richtung auszurichten. Einmal so ausgerichtet, lassen sich die Kerne dann durch eine elektromagnetische Welle in die andere Richtung »umklappen«, kehren aber nach kurzer Zeit wieder in die vorgegebene Ausrichtung zurück. Bei dieser Rückkehr geben sie selber elektromagnetische Wellen ab – eine Art Echo der eingestrahlten Welle. Da die Kerne verschiedener Elemente sich unterschiedlich verhalten, verrät auch das Echo, das von einem Punkt im Körper ausgeht, etwas über die Substanz an diesem Punkt. Diese unterschiedlichen Echos fängt der Kernspintomograf auf und wandelt sie in ein Bild um. Am Kontrast zwischen den verschiedenen Substanzen im Körper kann der Arzt so z. B. Fett, Muskeln oder Knochen unterscheiden.

Die Ausrichtung des Atomkerns am Magnetfeld, das Umklappen und Zurückschwingen lassen sich in etwa mit einem Kompass vergleichen, an dem wir ein größeres Metallstück oder gar einen Magneten vorbeiführen. Normalerweise ist die Nadel entlang des Magnetfelds der Erde ausgerichtet. Kommt aber ein Stück Eisen oder ein anderes magnetisierbares Metall dem Kompass nahe genug, dann klappt die Nadel von Norden in Richtung auf das Metallstück um. Nehmen wir das Metall weg, dann schwingt die Nadel wieder zurück nach Norden. Auch die Kompassnadel sendet bei diesem Zurückschwingen elektromagnetische Wellen aus, die z. B. von der Größe der Kompassnadel und der Stärke ihres magnetischen Felds abhängen. Allerdings sind die Wellen der Atomkerne einfacher und genauer zu messen. Sie sind zwar kleiner, aber es gibt auch mehr von ihnen und sie reagieren schneller.

Bei der Suche nach Sprengstoff können wir eine etwas unterschiedliche Methode nutzen, die aber auf demselben Prinzip beruht. Die Kernquadrupolresonanz (engl.: *nuclear quadrupole resonance,* NQR), ist eine spezielle Form der NMR, die keinen starken Magneten benötigt. Dadurch wird das Gerät nicht nur wesentlich billiger, sondern ist auch an einem Flughafen zu betreiben. Der starke Magnet eines NMR-Geräts würde jede Gürtelschnalle und jeden Schlüsselbund, die in seine Nähe kommen, an sich reißen und noch allerlei anderes Unheil mit magnetischen Materialien anrichten können. Bei der Quadrupol-Methode bestrahlen wir das zu untersuchende Objekt mit elektromagnetischen Wellen (genauer gesagt Radiowellen), die auf die explosiven chemischen Verbindungen abgestimmt sind, die wir suchen. Von den Echos, die unser Gerät auffängt, interessieren uns dabei vor allem die Signale von chemischen Verbindungen von Stickstoff, der in Sprengstoffen enthalten ist. Dabei ist das genaue Echo, das der Kern eines Stickstoffatoms abgibt, abhängig von den Elementen, mit denen dieses Stickstoffatom jeweils chemisch verbunden ist. Die unterschiedlichen Moleküle, die die Stickstoffatome enthalten, z. B. Kunststoffe, Eiweiße oder aber der Sprengstoff TNT, lassen sich so unterscheiden. Die Signale der verschiedenen Verbindungen können dabei so charakteristisch sein wie Fingerabdrücke.

Minensuchgeräte und Schuhanalysen

Ursprünglich war es gar nicht das Ziel dieser Quadrupol-Systeme, die Passagierkontrollen an Flughäfen zu verbessern. Angesichts der Millionen von Landminen, die noch in der Erde vieler aktueller oder ehemaliger Bürgerkriegsgebiete lauern, gibt es für Sprengstoffdetektoren genug zu tun, sei es in Afrika, in Asien oder hier in Europa, etwa in Bosnien. Auch Jahre nach den eigentlichen Kriegen werden immer noch viele unschuldige Zivilisten durch diese Waffen verletzt, verkrüppelt oder getötet – oft genug Frauen und Kinder, die auf den ehemaligen Schlachtfeldern jetzt die Feldarbeit verrichten. Um die Zivilbevölkerung zu schützen, müssen wir zuerst einmal die Minen finden. Aber das ist nicht leicht. Metalldetektoren sind ein mögliches Hilfsmittel. Gerade in ehemaligen Kriegsgebieten produzieren sie jedoch eine Unmenge falscher Alarme wegen der vielen Geschosshülsen, die sich dort im Boden befinden. Mit der Kernquadrupolresonanz können wir aber zum einen leere Geschosshülsen von gefüllten Landminen unterscheiden und zum anderen sogar nicht-metallische Minen finden, die entwickelt wurden, damit sie eben nicht mit einfachen Metalldetektoren zu entdecken sind.

Nachdem allerdings die Furcht vor terroristischen Anschlägen in den letzten Jahren zugenommen hat, finden sich auch andere Möglichkeiten, diese Technik einzusetzen. Am 22. Dezember 2001 schmuggelte der Brite Richard Reid in seinen Schuhen Sprengstoff an Bord des Flugs American Airlines 63 von Paris nach Miami. Nur das Eingreifen der Flugbegleiter und anderer Passagiere verhinderte, dass er seine selbst gebastelte Bombe während des Flugs zünden konnte. Seither müssen Passagiere zumindest in den USA bei der Sicherheitskontrolle auch ihre Schuhe ausziehen und überprüfen lassen. Um den Passagieren diesen Schuh-Striptease zu ersparen, aber auch um das Verfahren zu vereinfachen und zu beschleunigen, gibt es Überlegungen, Passagiere und ihre Schuhe automatisiert auf Sprengstoff zu untersuchen. Eine Idee besteht – leicht vereinfacht –

darin, ein Minensuchgerät umzudrehen und jeden Passagier daraufzustellen.

Nukleares Material

Das am Anfang des Kapitels schon erwähnte Szenario eines terroristischen Angriffs mit einer nuklearen Bombe hat inzwischen auch den Wunsch geweckt, radioaktive Materialien entdecken zu können, die man für solche Waffen benötigt. Solche Substanzen geben verschiedene Arten von Strahlung ab, unter anderem sogenannte Gammastrahlen. Diese Strahlen sind ebenfalls elektromagnetische Wellen und den Röntgenstrahlen sehr ähnlich; sie haben lediglich noch kürzere Wellenlängen. Daher lassen sie sich im Prinzip recht einfach mit Geräten entdecken, die eigentlich für den Nachweis von Röntgenstrahlen gebaut sind. Man braucht dafür das Objekt noch nicht einmal mit Strahlen zu durchleuchten, sondern muss die vom radioaktiven Objekt selbst ausgesandten Strahlen lediglich mit einem Detektor nachweisen. (Daher spricht man auch von einem »passiven« Nachweis.) Eine Reihe von kommerziell erhältlichen Fracht- und Containerscannern bietet inzwischen eine solche Möglichkeit. Allerdings lassen sich radioaktive Materialien leicht abschirmen. Gammastrahlen werden, wie Röntgenstrahlen, gerade von Blei relativ gut absorbiert, sodass geschmuggeltes Kernwaffenmaterial mit passiven Methoden nicht unbedingt sicher zu entdecken ist. Durch eine ausreichend dicke Abschirmschicht käme nur noch so wenig Strahlung hindurch, dass die gefährliche Ladung nicht mehr eindeutig erkannt werden könnte. Die sehr wenigen Strahlen ließen sich nicht von den sehr geringen Mengen ähnlicher Strahlung unterscheiden, die immer und überall in unserer Atmosphäre zu finden sind.

Um auch entsprechend abgeschirmtem Kernwaffenmaterial auf die Spur zu kommen, gibt es in den USA inzwischen Überlegungen zu aktiven Systemen. Der zu untersuchende Container soll dabei mit einem intensiven Neutronenstrahl »durchleuchtet« werden. Treffen die Neutronen auf geschmuggeltes kernwaffenfähiges Material, dann werden sie den radioaktiven Zerfall dort verstärken. *Eine Kernspaltung in einem Kernkraftwerk beruht darauf, dass bei jedem Spaltungsvorgang eines einzigen Atomkerns mehrere Neutronen freiwerden, von denen jedes wieder einen Kern spalten kann, der wiederum mehrere*

Neutronen abgibt und so weiter. Von den dabei vermehrt ausgesandten Gammastrahlen würde dann auch ein größerer Teil durch eine Abschirmschicht hindurchgelangen, und der Detektor könnte sie, auch vor der Hintergrundstrahlung in unserer Atmosphäre, entdecken. Natürlich könnten Verbrecher oder Terroristen die Abschirmschicht noch dicker machen, aber ab einer bestimmten Dicke und Größe kann eine solche Abschirmung selber schon wieder im Bild eines einfachen Röntgen-Scanners verräterisch sein. Wenn das Gerät, außer den Gammastrahlen zusätzlich auch noch die von Uran und Plutonium bei der Kernspaltung ausgesandten Neutronen nachweist, dann müsste die Abschirmung im Container auch diese Teilchen aufhalten. Dafür ist Blei allerdings überhaupt nicht geeignet. Vielmehr bräuchten die Schmuggler zusätzlich Materialien, wie z. B. Wasser oder Holz, die einen möglichst großen Anteil leichter Elemente wie Wasserstoff enthalten. Radioaktives Schmuggelgut wäre somit kaum noch sicher vor Entdeckung zu schützen. Vieles ist bei dieser aktiven Methode aber noch fraglich. Nicht nur die Geschwindigkeit und Zuverlässigkeit der Untersuchung werden sich erst noch erweisen müssen. Vorsicht ist auch geboten wegen der möglichen Effekte auf blinde Passagiere in Containern, die einen Weg zur illegalen Einreise suchen, und auf Nahrungsmittel. Allesamt würden durch die Bestrahlung mit Neutronen zu einem gewissen Grad radioaktiv – vom französischen Rotwein bis zur Schweizer Schokolade.

8
Infrarotlicht und Radarwellen – Von Schaum, Rasern und kaltem Licht

Lernen ist wie Rudern gegen den Strom. Sobald du aufhörst, treibst du zurück.

Chinesische Weisheit

Der Columbia-Absturz

Es war der Morgen des 1. Februar 2003 als ein langes, tiefes Grollen viele Einwohner im Osten von Texas südlich von Dallas auf dem Weg zur Schule oder zur Arbeit überraschte. In etwa 60 km Höhe raste das Spaceshuttle »Columbia« mit über 20.000 km/h (also fast 6 km/s oder 18fache Schallgeschwindigkeit) über ihre Köpfe hinweg – und brach auseinander. Die gesamte siebenköpfige Crew der Columbia starb. Die über zwei Millionen Einzelteile der Raumfähre, eine der komplexesten Maschinen, die je gebaut worden war, verteilten sich über ein Gebiet von vielen tausend Quadratkilometern in den Bundesstaaten Texas und Louisiana. Viele kleine Bruchstücke verglühten noch in der Atmosphäre, aber Hunderttausende von Trümmerteilen landeten auch auf der Erde. Ein über fünf Zentner schweres Stück des Haupttriebwerks schlug einen fast zwei Meter großen Krater auf einem Golfplatz in Fort Polk, als es sich dort mit über 2000 km/h in die Erde bohrte. 84.000 Einzelteile, etwas weniger als 40 % des Raumgleiters, wurden von den Suchmannschaften auf einem Gebiet gefunden, das fast halb so groß ist wie Hessen. Anschließend wurden alle Fundstücke so weit wie möglich wieder zusammengesetzt. Die physikalische Ursache des Absturzes war eine Beschädigung im Hitzeschild an der vorderen linken Tragfläche der Columbia. Dieser Hitzeschild schützt die Raumfähre normalerweise beim Wiedereintritt in die Atmosphäre vor den extremen Temperaturen, die bei den hohen Geschwindigkeiten durch die Reibung mit der Luft entstehen.

Physik auf der Spur, Voss–de Haan

ISBN: 3-527-40516-X

Die Rekonstruktion

Wie die Experten der NASA und die einberufene Untersuchungskommission später feststellten, hatte sich kurz nach dem Start ein Stück des Isolierschaums vom Haupttank gelöst und war auf die Vorderkante der Tragfläche geprallt. Dieser Schaum schützt den extrem kalten Treibstoff (flüssiger Wasserstoff und flüssiger Sauerstoff) im riesigen Tank unter dem Bauch des Spaceshuttles beim Start vor der vergleichsweise warmen Umgebung. Als das etwa 40 cm breite und 60 cm lange Stück dieses Schaums mit über 260 m/s auf die Tragfläche schlug, verletzte es dabei das RCC-Element Nr. 8 am linken Flügel. Die speziellen RCC-Elemente (engl.: *reinforced carbon-carbon*), die außer den Tragflächenkanten auch die Nasenspitze des Spaceshuttles schützen, bestehen aus einer Kohlenstoffverbindung, die dem Fiberglas verwandt ist und extrem hohe Temperaturen aushalten kann. Als die Columbia nach ihrem zweiwöchigen Raumflug wieder aus der Erdumlaufbahn zurückkehrte und in die Erdatmosphäre eintrat, mussten die Vorderkanten der Tragflächen Temperaturen von über 1600 °C aushalten. Während dies normalerweise kein Problem für die RCC-Elemente ist, konnte durch den Bruch in diesem Hitzeschild extrem heiße Luft in das Innere des linken Flügels eindringen. Beim Einströmen erhitzte sich diese wohl noch weiter auf über 2700 °C und begann, die innere Aluminium-Konstruktion der Tragfläche zu schmelzen. Der Flügel konnte so nach wenigen Minuten den aerodynamischen Kräften, die beim Wiedereintritt wirken, nicht mehr standhalten. Die Columbia zerbrach.

Den genauen Ablauf der Ereignisse zu rekonstruieren war außerordentlich schwierig. Die Wissenschaftler erkannten bei der Untersuchung der Trümmerteile schnell, dass das Innere der linken Tragfläche noch vor dem Zerbrechen der Raumfähre beschädigt worden war. Die zentrale Frage war somit, wo genau die heiße Luft eindringen konnte und wie dieses Leck entstanden war. Hinweise, ein herausgebrochenes Stück Isolierschaum könnte die Außenhaut der Columbia beim Start verletzt haben, gab es schon innerhalb von 24 Stunden nachdem Columbia die Umlaufbahn erreicht hatte. Diese Ursache wurde in der nachträglichen Untersuchung klar bestätigt, auch wenn NASA während des Raumflugs immer nur von einer geringen Schädigung ausgegangen war, was sich später als folgenschwerer Irrtum erwies. Die Frage nach dem Ort des Lecks war viel schwieriger zu beantworten, allein schon weil vom linken Tragflügel viel weniger Trümmerteile gefunden werden konnten als vom rechten. Allerdings zeigte die Röntgenaufnahme von einem Trümmerstück des RCC-Elements Nr. 8 charakteristische, winzige, kugelförmige Ablagerungen, die, wie sich herausstellte, aus einer speziellen Legierung, Inconel 718, bestanden und kein Aluminium enthielten. Solche Spuren fanden sich, im Gegensatz zu Aluminium, auf keinem anderen Fundstück der linken Tragfläche. Die einzig logische Schlussfolgerung war, dass RCC-Element Nr. 8 durch den Schaum beschädigt worden war. Beim Wiedereintritt in die Erdatmosphäre gelangte schon sehr früh extrem heiße Luft an dieser Stelle in das Innere der Tragfläche und schmolz zuerst ein Bauteil direkt hinter dem RCC, das Inconel 718 enthielt. Daher waren diese kleinen Kugeln direkt auf der Oberfläche des RCCs unter allen anderen Rückständen zu finden. Nachdem der Bruch im Hitzeschild größer geworden war, drang mehr heiße Luft ein und begann die gesamte Aluminium-Struktur zu schmelzen. Die Überreste des Aluminiums (aber kein Inconel 718) fanden sich daher auf den übrigen Trümmerteilen des linken Flügels. Es war also tatsächlich RCC-Element Nr. 8, das von dem Schaumstück so schwer beschädigt wurde, dass es beim Wiedereintritt dem Druck und der Hitze nicht standhalten konnte. Danach war die Katastrophe nicht mehr aufzuhalten. Als Konsequenz des Unfalls und der Untersuchungen wurden die Shuttle-Flüge ausgesetzt, bis diese Gefahrenquelle behoben ist. Eine Methode, die einmal helfen soll, auch solche Unfälle zu vermeiden, führt uns von den kurzwelligen Röntgenstrahlen auf »die andere Seite« des sichtbaren Spektrums zum Infrarotlicht und seinen noch langwelligeren Nachbarn [36].

T-Rays

Auch schon vor dem Columbia-Unglück sind mehrfach Schaumstücke beim Start von Raumfähren aus der Hülle des großen Shuttle-Treibstofftanks herausgebrochen, allerdings bis dahin ohne derartig katastrophale Folgen. Die genauen Ursachen für dieses Geschehen sind noch nicht wirklich verstanden. In einem so komplexen System unter so extremen Bedingungen wie bei einem Raketenstart ist es schwer, alle Möglichkeiten vorherzusehen. Allerdings gibt es in solchen Schäumen immer wieder größere Luftblasen, die ein möglicher Ausgangspunkt für einen Riss oder Bruch sein können, besonders

Abbildung 8.1: Die Columbia auf der Startrampe. Der obere Kreis zeigt die Stelle, aus der das Schaumstück beim Start später herausbrach. Der untere Kreis zeigt den Ort des Aufpralls auf die linke Tragfläche (Columbia Accident Investigation Board, Report Volume I, 2003, NASA).

wenn sich in ihnen Flüssigkeit sammeln kann. Wenn solche Defekte im Inneren des Schaums nicht entdeckt werden, können sie durch die enormen Belastungen beim Start zu »Sollbruchstellen« werden. Die Defekte aber zu finden, ohne den Schaum dabei zu beschädigen und damit neue »Sollbruchstellen« zu schaffen, ist schwierig. Auch hier stehen wir wieder vor dem Problem, in etwas hineinsehen zu wollen, das wir nicht öffnen dürfen. Mit Röntgenstrahlen würden wir durch den Schaum einfach nur hindurchsehen, aber keine gefährlichen Luftblasen erkennen können. Es gibt aber auch andere

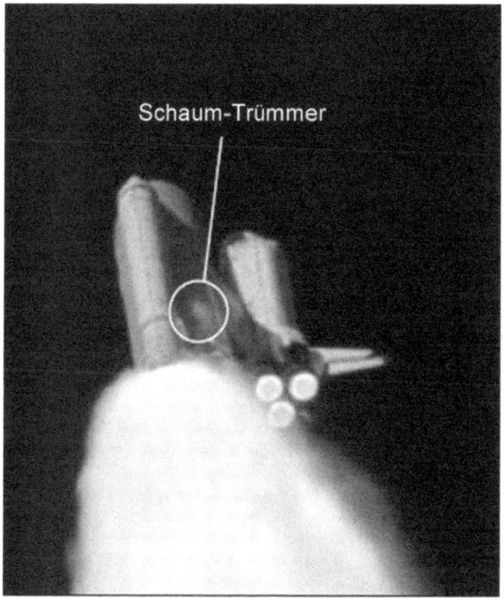

Abbildung 8.2: Die Columbia kurz nach dem Start. In dieser später ausgewerteten Aufnahme ist die Wolke von Überresten des gerade auf den Flügel geprallten Schaumstücks zu erkennen (Columbia Accident Investigation Board, Report Volume I, 2003, NASA).

Strahlen, die zumindest in einige Materialien hineingelangen und diese Informationen sammeln können.

Unterhalb der Wellenlängen des sichtbaren Lichts kommt zuerst die Infrarotstrahlung (IR), die oft auch als Wärmestrahlung bezeichnet wird. Die Wellenlängen des infraroten Bereichs beginnen etwa bei 800 nm, jenseits des sichtbaren roten Lichts, und enden etwa bei einem Millimeter. Anschließend kommen die Mikrowellen, die (ein wenig mit dem Infraroten überlappend) bei etwa 0,1 mm beginnen und bis über 10 cm reichen. Danach schließen sich die Radiowellen an mit UKW, Kurzwellen, Mittelwellen und Langwellen, deren Wellenlängen etwa zwischen 1 m und 10 km liegen. Bei Mikrowellen und der noch längerwelligen Strahlung nennt man oft statt der Wellenlänge lieber die Frequenz, wie wir das auch vom Radio kennen. Langwellen mit den größten Wellenlängen haben die geringsten Frequenzen ab etwa 10 kHz, UKW liegt bei etwa 100 MHz und die Mikrowellen reichen von etwa 1 GHz (Gigahertz, eine Milliarde Schwingungen pro Sekunde) bis zu 1 THz (Terahertz, tausend

Milliarden Schwingungen pro Sekunde). Während sichtbares Licht und auch das ihm »nahe Infrarot« von den meisten Materialien sehr stark absorbiert wird, können insbesondere die längeren Mikrowellen viele Materialien sehr gut durchdringen. An der Grenze zwischen den Regimen des Infraroten und der Mikrowellen – und auch zwischen den Transmissionseigenschaften jener beiden Strahlungen – liegt der Bereich der Terahertz-Wellen. Mit ihnen können wir auch in den Isolierschaum des Spaceshuttle hineinsehen.

Das besondere an den Wellen im Terahertz (THz)-Bereich ist, dass sie eben stark genug in den Schaum und in andere Stoffe eindringen können, um mehr als nur die Oberfläche zu untersuchen, aber gleichzeitig das Material nicht so leicht durchdringen, dass sie einfach durch das Material hindurchgehen. (Aus diesem Grund eignen sich Röntgenstrahlen nicht für die Untersuchung des vor allem aus organischen Elementen bestehenden Isolierschaums: Sie durchdringen den Schaum fast vollständig. Er erscheint einfach »durchsichtig«, und es lassen sich keine Strukturen erkennen.) Die Methode, ein Bild eines Objekts mit THz-Wellen aufzunehmen, erinnert stark an die Rückstreusysteme der Röntgen-Scanner: Ein Strahl der THz-Wellen – im Englischen in Anlehnung an die »X-rays« oft auch als »T-rays« bezeichnet – wird nacheinander auf alle Punkte des Objekts gerichtet und bei jedem Punkt werden die reflektierten Wellen aufgefangen. Aus der Intensität der Reflexion lässt sich Einiges über die innere Struktur des Objekts aussagen. Beim Shuttle-Schaum werden die Strahlen in Luftblasen an den Übergängen zwischen Schaum und Luft – wegen der unterschiedlichen Brechungsindizes in beiden Materialien – verstärkt gestreut. In den Bildern tauchen solche Blasen daher in der übrigen Struktur des Schaums als dunkle Kreise mit einem hellen Zentrum auf. Mit dieser Methode könnten einmal die Treibstofftanks der Raumfähren vor weiteren Starts auf versteckte Blasen und andere Defekte untersucht werden, um eine Wiederholung des Columbia-Unglücks zu vermeiden.

Leider ist es bisher nicht ganz einfach, T-Rays gezielt zu produzieren. Im Gegensatz zu sichtbarem Licht und Infrarotlicht mit kürzeren bzw. Radiowellen mit längeren Wellenlängen stellen die Wellenlängen knapp unter einem Millimeter technisch immer noch ein kleines Problem dar. Trotzdem haben diese Wellen auch einen großen Vorteil, weil es für sie (im Gegensatz etwa zum UV und den Röntgenstrahlen) sehr gut geeignete Linsen gibt. Der starke Kon-

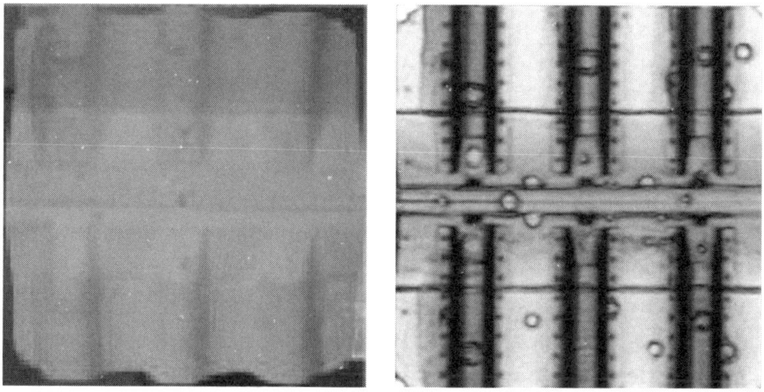

Abbildung 8.3: Untersuchung des Spaceshuttle-Schaums mit T-Rays. Während in der Außenansicht (links) des ca. 60 cm × 60 cm großen Stücks keine Defekte zu erkennen sind, zeigt der Blick ins Innere des Schaums (rechts) eine Reihe von Luftblasen (Abdruck mit freundlicher Genehmigung des Rensselaer Polytechnic Institute, Troy NY, USA).

trast, den wir mit dieser Methode so erreichen, ist für die Medizin außerordentlich attraktiv. T-Rays sind besonders empfindlich für den Wassergehalt von Körperzellen und für bestimmte chemische Signalstoffe von Krebs und einigen anderen Krankheiten. Diese besondere Empfindlichkeit bezahlen wir allerdings mit dem Nachteil, nicht weit in den Körper hineinsehen zu können. Auf der Suche nach weiteren möglichen Anwendungen für solche Systeme, haben einige kreative Wissenschaftler bereits vorgeschlagen, sehr empfindliche und leicht zu beschädigende antike Bücher zu lesen oder sogar zu »kopieren«, ohne sie zu öffnen. Durch den Einband und die Seiten hindurch könnten die Terahertz-Wellen die Tinte im Inneren des Buchs sichtbar machen, so wie die Luftblasen im Schaum des Shuttles. Sollte sich diese Methode realisieren lassen, dann wäre sogar ein Verwendung in der Kriminaltechnik denkbar, etwa wenn es um verfälschte Dokumente geht, bei denen oft verschiedene Tinten – von Original und späterer Verfälschung – übereinander liegen. Aber diese Idee ist noch mehr Vision als Wirklichkeit. Viel näher bei der Verbrechensbekämpfung liegen da schon ganz andere Möglichkeiten der Wellen im Bereich »unterhalb« des sichtbaren Lichts.

Radar – Asteroiden und Autos

Radar war ursprünglich vor allem eine militärische Entwicklung. Dieses »*radio detecting and ranging*«, was soviel heißt wie »Funkermittlung und Entfernungsmessung«, wird inzwischen aber viel mehr im zivilen Leben genutzt. Der zivile Luftverkehr wäre unmöglich ohne die Radarüberwachung vom Boden und an Bord der Flugzeuge selber, und auch die Schifffahrt wäre ohne den Rundumblick mit Radarwellen bei Nacht und spätestens bei Nebel fast blind – hätte es damals schon Radarsysteme gegeben, wäre der Untergang der Titanic einfach zu vermeiden gewesen. Die Fähigkeit der beim Radar verwendeten langen Mikrowellen bzw. kurzen Radiowellen (etwa zwischen einem Millimeter und einem Meter), viele Stoffe durchdringen und dabei auch noch sehr weit »sehen« zu können, ist hier oft lebenswichtig. Aber auch bei der Wetterüberwachung und -vorhersage sind z. B. Radarsatelliten, die Wolkenbewegungen aus dem Weltraum beobachten, inzwischen unverzichtbar geworden. Für die Wissenschaft ist Radar ebenfalls wichtig geworden, besonders in der Astronomie. Mit entsprechenden Radargeräten auf der Erde oder an Bord von Weltraumsonden lassen sich sogar andere Planeten in unserem Sonnensystem untersuchen. Die Oberfläche der Venus konnte wegen der extrem dichten Wolkendecke erst mit Radaruntersuchungen vermessen werden, und auch »Mars Express«, die neueste europäische Sonde, die den Mars umkreist, hat mit MARSIS ein Tiefen-Radargerät an Bord, um auf und unter der Oberfläche des Mars nach Spuren von Wasser zu suchen. Schließlich werfen Astronomen mit Radarstrahlen auch einen Blick auf Asteroiden, die der Erde nahe kommen. Diese die Sonne umlaufenden Himmelskörper sind zwischen einigen Metern bis zu tausend Kilometern groß. Ein Aspekt ist die Gefahr des Einschlags eines solchen Himmelskörpers auf der Erde – auch wenn die Wahrscheinlichkeit einer solchen Katastrophe winzig ist. Der Asteroid, der uns seit Anfang der Messungen am nächsten kam, war »1994 XM«, der die Erde am 9. Dezember 1994 in einer Entfernung von etwas über 100.000 km passierte. Er kam damit zwar bis knapp auf ein Viertel der Mondentfernung bzw. das Neunfache des Erddurchmessers an uns heran, aber sein Durchmesser betrug gerade einmal 13 m.

Mit einem anderen Radarsystem, das der Kriminaltechnik schon näher ist, wird ebenfalls versucht »Geschosse« zu erwischen, die

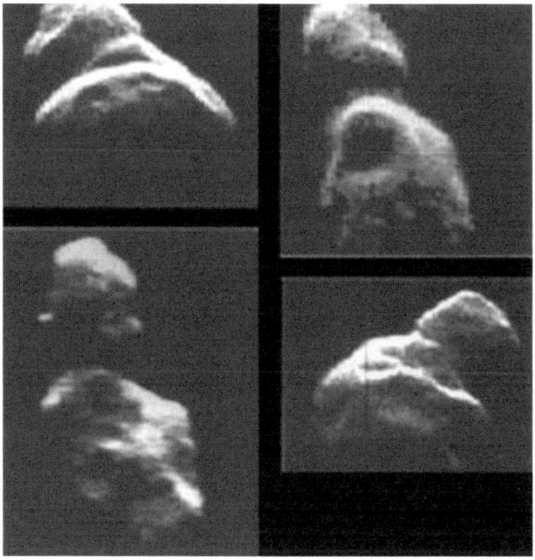

Abbildung 8.4: Radaraufnahmen des Asteroiden Toutatis. Die Aufnahmen wurden mit einer 70-m-Radarantenne gemacht, die ein 400-Kilowatt-Radarsignal in die Richtung des damals 4 Millionen Kilometer entfernten Toutatis schickte. Der Durchmesser des sehr ungewöhnlich geformten Asteroiden liegt zwischen 2 und 5 km. Der große Krater, der im Bild oben rechts sichtbar ist, hat einen Durchmesser von ca. 700 m. (Abdruck mit freundlicher Genehmigung von Steven Ostro, JPL.)

knapp am Betrachter vorbei rauschen. Hier geht es allerdings weniger um Verbrechen als vielmehr um zu schnelles Fahren. Die physikalischen Prinzipien, wie man mit Radarwellen sehen und vor allem Geschwindigkeiten messen kann, sind allerdings dieselben, wie in der Luftfahrt oder der Radarastronomie. Wichtig ist die Reflexion der Wellen an der Oberfläche des Flugzeugs, Asteroiden oder Autos.

Die Pulsmethode

Die simpelste Methode beruht darauf, einen kurzen Strahlungspuls abzugeben und dann die Zeit zu messen, bis das Echo kommt. Das Prinzip ist in jedem zweiten U-Boot-Film zu sehen. Ein »Ping« wird abgegeben, woraufhin der Schall vom anderen U-Boot wie von einer Haus- oder Bergwand »abprallt« und zurückkommt. Das Echolot muss dann lediglich die Zeit zwischen Absenden und Empfangen messen. Eine Sekunde Verzögerung ergibt zusammen mit der Schallgeschwindigkeit unter Wasser (ca. 1500 m/s), dass das andere U-Boot demnach 750 m entfernt ist. (Eine halbe Sekunde Hinweg und eine halbe Sekunde Rückweg, d. h. die einfache Entfernung beträgt die Hälfte von 1500 m.) Wenn man zusätzlich noch richtungsempfindliche Mikrophone hat, kann man auch erkennen, wo das Echo herkam. Beim Radar brauchen wir lediglich den Schall durch die Radarwellen zu ersetzen, die von metallischen Oberflächen sehr gut reflektiert werden, und benutzen statt Mikrophonen natürlich Antennen. Meist sind es Parabolantennen, die wie die »Satellitenschüsseln« möglichst viel der manchmal sehr schwachen Signale einsammeln und messbar machen sollen. Diese Methode ist für Abstandsmessungen ausgezeichnet geeignet, hat jedoch einen Nachteil, wenn wir damit Geschwindigkeiten z. B. von Autos messen wollen. Mit Radarpulsen ist das am einfachsten möglich, indem wir mit zwei kurz aufeinander folgenden Pulsen die Entfernung des Autos zu zwei verschiedenen Zeitpunkten messen. Daraus erhalten wir die Strecke, die es in der Zwischenzeit zurückgelegt hat, und dieser Wert geteilt durch die Zeit ergibt die Geschwindigkeit. Die Schwächen dieser Methode kommen von der Ungenauigkeit der Entfernungsmessung.

Wenn ein Formel-1-Rennwagen mit 360 km/h über die Zielgerade rast, dann legt er dabei in einer tausendstel Sekunde nur 10 cm zurück. Bei einer Lichtgeschwindigkeit von 300.000 km/s schaffen Radarwellen in derselben Zeit aber 300 km. Mit einer Genauigkeit von einer tausendstel Sekunde können wir daher niemals sinnvoll eine Geschwindigkeit, ja noch nicht einmal einen Abstand messen. Denn ginge unser Messgerät nur um eine solche tausendstel Sekunde falsch, hätten wir sofort einen Fehler von 300 km in unserer Abstandsmessung. Geht unsere Uhr auf eine Millionstel Sekunde genau, sind es immer noch 300 m, die das Licht zurücklegt, und selbst wenn unsere Uhr nur um eine Milliardstel Sekunde (eine Nanosekunde) irren kann, entspricht das einem Messfehler von 30 cm. Für Abstandsmessungen kann eine Unsicherheit von 30 cm, auch von 3 m oder sogar mehr akzeptabel sein. Aber bei der Geschwindigkeit eines Autos müssen wir genauer sein, als selbst eine Nanosekunde es erlaubt – die Pulsmessmethode reicht nicht.

Bei dieser Methode erhalten wir den gesamten Messfehler aus den jeweils 30 cm, um die sich unser Radargerät bei jeder der beiden Messungen

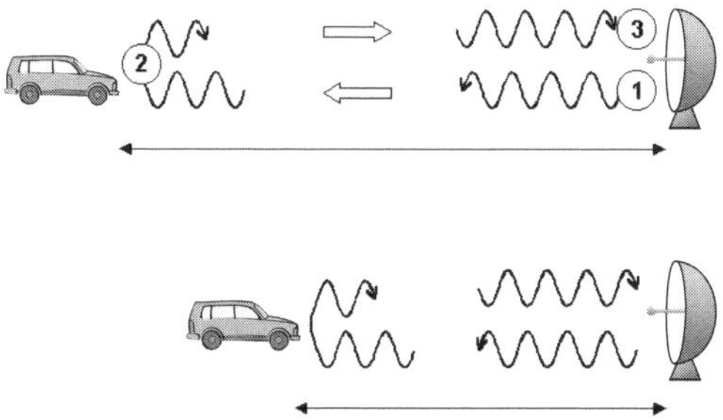

Abbildung 8.5: Das Pulsradar sendet einen kurzen Radarpuls aus (1), der vom Objekt reflektiert wird (2). Aus der Zeit, die vergeht, bis der Puls zur Radarantenne zurück kehrt (3), lässt sich die Entfernung zum Objekt bestimmen. Mit einer zweiten solchen Pulsmessung, z. B. nach einer Sekunde, ergibt sich aus der geänderten Entfernung die Geschwindigkeit des Objekts.

typischerweise irren kann. Um auch nur einigermaßen sicher zu gehen, dass wir wirklich niemanden »schneller« messen, als er gefahren ist, sollten wir für jede einzelne Messung eher einen Fehler von 50–60 cm annehmen. Im ungünstigsten Fall könnten sich die Fehler der beiden Messungen addieren, sodass wir uns dann insgesamt um mehr als einen Meter irren. Gleichzeitig können wir ein Auto auf der Straße nur über eine Strecke von wenigen Metern zweimal hintereinander messen. Wir könnten also – selbst bei Geräten, die auf Nanosekunden genau arbeiten – immer noch massive Abweichung von der tatsächlichen Geschwindigkeit bekommen. Solche Schwankungen sind nicht unbedingt eine gute Voraussetzung, um daraufhin eine Fahrer zu bestrafen.

Der Doppler-Effekt

Mit einem ganz anderen Prinzip arbeitet das Doppler-Radar. Den Doppler-Effekt, zuerst von Christian Johann Doppler 1842 entdeckt und beschrieben, kennt jeder aus eigener Erfahrung. Ein und dasselbe Auto hört sich unterschiedlich an, wenn es auf einen zukommt oder es sich von einem entfernt. Bei hupenden Autos oder Rettungswagen mit Sirene hören wir den Effekt noch deutlicher. Solange sich der Rettungswagen uns nähert, ist der Ton – also die Frequenz – der Sirene höher. Sowie er uns passiert hat, ist der Ton deutlich tiefer. Je schneller die Sirene sich bewegt, desto drastischer tritt der Effekt auf. Das Prinzip funktioniert bei Schallwellen und könnte sich auch für Radarwellen eignen. Aber was steckt dahinter?

Die Tonhöhe, die wir wahrnehmen, hängt von der Frequenz ab, genauer gesagt davon, wie viele Wellenberge unser Ohr pro Sekunde erreichen. Bewegt die Sirene sich nicht, dann erreichen uns in jeder Sekunde genau so viele Wellenberge, wie die Sirene abgibt – z. B. einhundert bei einer Frequenz von 100 Hz. Bewegt sie sich auf uns zu, dann hat jeder weitere Wellenberg, den sie abgibt, eine immer kürzere Strecke bis zu unserem Ohr zurückzulegen, als jeder vorangegangene Wellenberg. D. h. der hundertste Wellenberg, der eigentlich genau eine Sekunde nach dem ersten unser Ohr erreichen sollte, kommt etwas *früher* als eine Sekunde bei uns an. Die Frequenz ist aber gleich der Anzahl der Wellenberge geteilt durch die Zeit. Die Anzahl (einhundert) ist unverändert, aber die Zeit hat sich verkürzt, d. h. die Frequenz steigt: Wir hören einen höheren Ton. Wenn sich die Sirene von uns entfernt, kehrt sich der Effekt um. Der hundertste Wellenberg muss dann eine größere Strecke zurücklegen als der erste, er kommt also später an: Die Frequenz wird geringer, der Ton wird tiefer. Bewegt sich der Rettungswagen mit 100 km/h (also knapp 30 m/s, was nicht ganz 10 % der Schallgeschwindigkeit entspricht), dann ändert sich dabei die Frequenz um etwa 10 %. Auch wenn der Wagen die Wellen nicht selber aussendet, funktioniert das Prinzip. Reflektiert er z. B. stattdessen die Schallwellen eines Lautsprechers, der neben uns steht, dann wird für uns auch dieses Echo zu höheren oder niedrigeren Frequenzen »dopplerverschoben« sein. Sowohl der Hinweg vom Lautsprecher zum Rettungswagen als auch der Rückweg zu unseren Ohren verändern sich für jeden weiteren Wellenberg. Da wir die Frequenz unseres Lautsprechers natürlich kennen oder zumindest sehr genau messen können, ist es auf diese Weise einfach, aus der Frequenzänderung die Geschwindigkeit zu bestimmen. Auch dieser akustische Doppler-Effekt wird in der Medizin genutzt. Mit Ultraschall werden nicht nur Bilder von Babys noch im Bauch der Mutter aufgenommen, durch die Doppler-Veränderung der Frequenz des Schalls, wenn er von fließendem Blut reflektiert wird, können moderne Ultraschallsysteme sogar dessen Fließgeschwindigkeit errechnen. Dadurch kann der Arzt Durchblutungsstörungen und ähnliche Probleme im Herzen und in den Blutgefäßen eines Patienten erkennen, aber auch den Fluss des Bluts in der Nabelschnur zwischen einer Mutter und ihrem

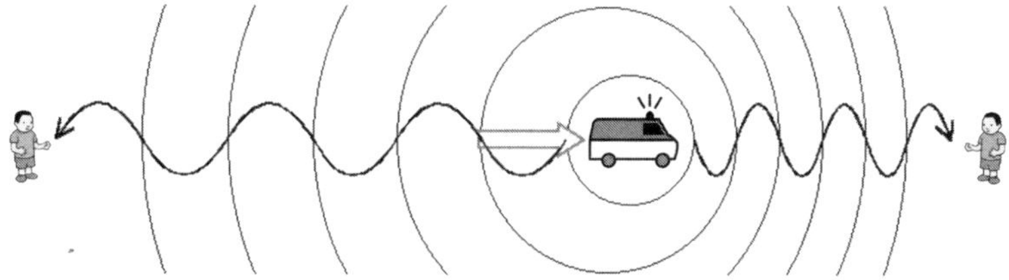

Abbildung 8.6: Der akustische Dopplereffekt. Die Schallquelle bewegt sich vom linken Zuhörer weg zum rechten hin. Dadurch kommen links weniger und rechts mehr Wellenberge in jeder Sekunde an: Der Ton hat links eine niedrigere und rechts eine höhere Frequenz.

ungeborenen Kind untersuchen, ohne dass er operieren oder auch nur röntgen müsste.

Obwohl es einige Unterschiede zwischen Licht- und Schallwellen gibt, können wir den Doppler-Effekt auch bei elektromagnetischer Strahlung nutzen. In der Astronomie hat er es möglich gemacht, die Geschwindigkeit von Galaxien zu messen, die Millionen und Milliarden von Lichtjahren entfernt sind, indem man ihre Frequenz betrachtet. Je schneller sie sich von uns entfernen, desto größer ist die »Rotverschiebung« ihres Lichts im Vergleich zum Licht von unbewegten (bzw. ganz langsamen) Sternen und Galaxien. Würden sich die Galaxien auf uns zu bewegen, dann wären sie »blauverschoben«. *Es gibt eine Anekdote über einen Physikprofessor einer amerikanischen Universität, dem vor Gericht einmal vorgeworfen wurde, er habe eine rote Ampel überfahren. Er soll behauptet haben, die rote Ampel sei ihm wegen des Doppler-Effekts grün erschienen. Diese Argumentation würde ich nicht zur Nachahmung empfehlen (mit der halben Lichtgeschwindigkeit durch die Stadt zu fahren kann noch teurer werden), aber der Richter soll so verblüfft gewesen sein, dass er den Professor hat gehen lassen.* Entsprechend funktioniert der Effekt auch mit längeren elektromagnetischen Wel-

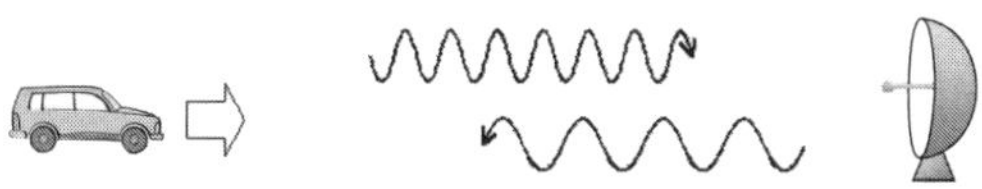

Abbildung 8.7: Beim Doppler-Radar sendet die Antenne ein Radarsignal mit einer bestimmten Frequenz aus. Wird diese Welle von einem bewegten Objekt reflektiert, dann verändert sich ihre Frequenz durch den Doppler-Effekt. Aus der Änderung der Frequenz lässt sich die Geschwindigkeit des Objekts berechnen.

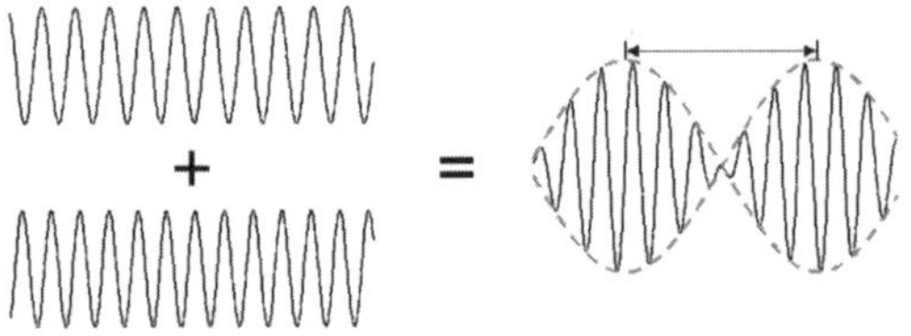

Abbildung 8.8: Schwebung. Überlagert man zwei Wellen mit leicht unterschiedlicher Frequenz (links), dann erhält man eine neue Welle, bei der die Höhe der Wellenberge schwankt (rechts). Aus dem Abstand der Maxima dieser Schwankung (gestrichelte Welle) ergibt sich die Differenz zwischen den Frequenzen der beiden ursprünglichen Wellen.

len. Als Astronomen die Oberflächenstruktur der Venus mit Radar untersuchten, wurden die Strahlen von der sich wegdrehenden Seite des rotierenden Planeten mit einer geringeren Frequenz reflektiert und von der sich auf den Beobachter zu drehenden Seite mit einer höheren Frequenz. So konnten die Astronomen durch den Doppler-Effekt messen, wie schnell sich der Planet dreht, also die Länge eines »Venus-Tags« bestimmen, obwohl niemand durch die dichte Wolkendecke der Venus hindurchsehen konnte. Analog können wir mit einem Doppler-Radar aber auch Geschwindigkeiten von viel kleineren Objekten messen, wie etwa von Flugzeugen oder Autos. Obwohl ihre Geschwindigkeiten weit unter der Lichtgeschwindigkeit liegen und der Doppler-Effekt entsprechend bescheiden ausfällt, können wir mit einem Trick die geringen relativen Frequenzänderungen trotzdem sehr genau messen. Wenn wir die ausgestrahlte Welle mit der ursprünglichen Frequenz und eine reflektierte Welle mit einer minimal geänderten Frequenz elektronisch überlagern, dann erhalten wir ein ganz ungewöhnliches Schwingungsmuster. Die Frequenz dieses Musters, die sich sehr leicht und präzise bestimmen lässt, entspricht genau der Differenz der beiden überlagerten Frequenzen und somit der Frequenzänderung des ausgestrahlten Radarsignals. Daraus lässt sich ebenso leicht und präzise die Geschwindigkeit berechnen, mit der sich das angestrahlte Objekt bewegt, sodass die Fehler in modernen »Radarfallen« meist viel kleiner sind als die Ungenauigkeit des Tachometers im Auto [8]. *Etwas weniger genau aber dafür miniaturisiert und tragbar werden ähnliche Systeme inzwischen schon für Jogger angeboten, damit sie ihre Geschwindigkeit messen und speichern können.*

Infrarotstrahlung – Klapperschlangen und Kiefernprachtkäfer

Außer den T-Rays und den Radarstrahlen (und den Radiowellen, die uns im vorigen Kapitel bei der Quadrupolresonanz schon begegnet sind), helfen im Spektralbereich unterhalb des sichtbaren Lichts auch die Infrarotstrahlen bei der Verbrechensbekämpfung. Diese »Wärmestrahlung« sehen zu können, hat einen ganz speziellen Vorteil, den einige Tierarten schon seit Jahrmillionen nutzen, der unseren Augen aber vorenthalten bleibt.

Alle Objekte, egal aus welchem Material, geben zu jeder Zeit geringe Mengen elektromagnetischer Strahlung ab. Ihre Temperatur bestimmt, wie viel Strahlung sie abgeben, bei welcher Wellenlänge das Maximum der Abstrahlung liegt und in welchen Wellenlängenbereichen sie überhaupt merklich Strahlung abgeben. Ein Stück Eisen, das geschmiedet wird und heiß ist, gibt – auch für einen Menschen schon fühlbare – Wärmestrahlung ab. Wenn es heißer wird und anfängt rot zu glühen, dann beginnt es auch sichtbares Licht zu emittieren. Wird es noch heißer, dann kommen auch die kürzerwelligen Farben hinzu und das Eisen wird zuerst orange und schließlich weißglühend, wenn alle Farben des sichtbaren Lichts abgegeben werden. Denselben Effekt können wir auch an Halogenlampen erkennen, die sich dimmen lassen: Bei einer niedrigen Einstellung geben sie wenig und eher orange-rötliches Licht ab, bei der maximalen Einstellung ist das Licht stärker und fast weiß. Gleichzeitig geben das Eisen und die Halogenlampe bei höheren Temperaturen nicht nur andere Farben d. h. Wellenlängen, sondern auch deutlich mehr Strahlung ab. Die Emission verschiebt sich bei höheren Temperaturen zu immer höheren Frequenzen und gleichzeitig steigt die Intensität der Strahlung an. Selbst die dunkelste rote Glut beginnt erst um 500 °C, nicht vor 1000 °C wird die Glut gelb und schließlich bei 1500 °C erscheint sie weiß. Bei unseren Zimmertemperaturen geben Objekte daher praktisch kein sichtbares Licht ab. Da wir Menschen aber nur das sichtbare Licht wirklich wahrnehmen können, sind wir nicht in der Lage, irgendwelche Objekte bei Zimmertemperatur durch ihre eigene Strahlung zu erkennen. Ein Kaminfeuer im Raum würden wir vielleicht auch mit verbundenen Augen bemerken, aber selbst eine 60 °C heiße Heizung würde uns aus mehr als einem Meter Entfernung kaum auffallen. Daher sind wir immer auf Beleuchtung angewiesen, wenn wir irgendetwas sehen wollen: Alle Dinge müssen von außen angestrahlt werden oder selber im sichtbaren Bereich des Spektrums leuchten.

Grubenottern hingegen haben an der Vorderseite ihres Kopfes, zwischen den Nasen- und Augenhöhlen, die sogenannten Grubenorgane. Diese Temperatursinnesorgane erlauben es den Schlangen, Wärme – und d. h. natürlich vor allem ihre Beute – auch in absoluter Dunkelheit sehen zu können. Die wohl bekannteste Gattung dieser Familie, die Klapperschlange, kann noch Temperaturunterschiede von einigen Tausendstel Grad wahrnehmen. Sie ist auf keine andere Lichtquelle angewiesen und kann auch in mondloser Nacht auf die Jagd gehen, wenn ihre Beute »blind« ist. Der Kiefernprachtkäfer hingegen dreht dieses Prinzip um: Da er für seine Larven das Holz von frisch verbrannten Kiefern braucht, muss er im Fall der Fälle schnell einen Waldbrand finden können. Nachts ist das zwar durch den Feuerschein einfach, aber tagsüber hat er ein Problem, weil die »Beleuchtung« durch die Sonne das Licht des Feuers überdeckt. Mit Infrarotsensoren, die denen der Klapperschlange ähneln, kann er dennoch Waldbrände über Kilometer hinweg orten.

Thermografie

In der Kriminaltechnik können wir die Möglichkeit, Infrarotstrahlung zu sehen, ebenfalls gut gebrauchen. Eine Anwendung dieser Thermografie (Wärme- bzw. Temperaturabbildung) haben wir schon im Zusammenhang mit der Daktyloskopie kennen gelernt, als es darum ging, einen Fingerabdruck mit Wärmestrahlung sichtbar zu machen. Nachtsichtgeräte und Wärmekameras nutzen infrarotes Licht ebenso, um z. B. auch nachts »grüne« Grenzen zu überwachen, an denen Schleuserbanden versuchen, Menschen in ein anderes Land zu schmuggeln. Manche Geräte beschränken sich dabei auf die vorhandene Wärmestrahlung der Lebewesen. Sie werden als »passive« Systeme bezeichnet und müssen wegen der »geringen« Körpertemperatur vor allem für längere infrarote Wellenlängen empfindlich sein (weil die eigene Strahlung eines Objekts, wie wir gesehen haben, erst bei einigen hundert Grad in die Nähe des kurzwelligeren infraroten und des sichtbaren Lichts kommt). Andere Systeme, insbesondere auch kommerziell erhältliche Nachtsichtgeräte, »beleuchten« aktiv das Sichtfeld mit Infrarotstrahlung aus einer eigenen Lampe.

Sie müssen nur für die selbst emittierte Wellenlänge empfindlich sein, die einfach von den Objekten im Sichtfeld reflektiert wird.

Insbesondere die längerwelligen Infrarotstrahlen können verschiedene Materialien bis zu einem gewissen Grad auch durchdringen. Mit diesen Wellenlängen, die von Menschen genauso wie von den Beutetieren der Klapperschlange ausgestrahlt werden, könnten sich Bilder aufnehmen lassen, auf denen etwa versteckte Waffen, wie Messer oder Pistolen, wegen ihrer oft geringeren Temperatur auch durch Kleidung hindurch zu erkennen sind. Der große Vorteil wäre, dass niemand mit irgendwelchen Wellen bestrahlt werden müsste, um diese Bilder machen zu können. (Bei den T-Rays, die dem Infrarot »benachbart« sind, gibt es ähnliche Forschungen.) Dies könnte zum einen die Röntgendurchleuchtung des Gepäcks am Flughafen ergänzen – die Passagiere selber kann man schließlich nicht vor jedem Flug röntgen. Zum anderen ließen sich damit aber auch gefährdete Sicherheitsbereiche überwachen, ohne dass jede Person einzeln kontrolliert werden müsste, wenn diese Bilder wie mit einer Fernsehüberwachungskamera aufgenommen werden können. Das ist allerdings nur die technische Sicht. Inwieweit diese Art der Überwachung in der Öffentlichkeit auch als angemessen betrachtet und akzeptiert würde, ist eine andere Frage. Meist hängt die Antwort davon ab, wie stark sich die Öffentlichkeit bedroht fühlt. Der Umfang und die Art der Berichterstattung über Verbrechen in den Medien spielt dafür eine nicht unwesentliche Rolle. In einem Mordfall vor einigen Jahren, der die Schlagzeilen damals für eine ganze Weile dominierte, hat Infrarotlicht – von der Öffentlichkeit weitgehend unbemerkt – eine ganz andere Rolle gespielt. Damals sollte es nicht helfen, sondern es störte. Genauer gesagt hätte Infrarotlicht die einzige echte Spur für die Aufklärung eines Mordfalls zerstören können. Was war passiert?

Der Creme-Fingerabdruck

Im Februar 2001 verschwindet im brandenburgischen Eberswalde ein zwölfjähriges Mädchen. Im darauf folgenden Monat wird ihre Leiche in einem knapp dreißig Kilometer entfernten Waldstück entdeckt. Die Ermittler der Sonderkommission haben keine Hinweise auf den Mörder, außer einer mit Creme verschmierten Flasche. Mit den Teilen eines Fingerabdrucks, der in der Creme auf dieser Flasche zu erkennen ist, hoffen sie, den Mörder finden zu können. Aber obwohl dieser Fingerabdruck sichtbar, ja fast schon plastisch ist, gibt es ein Problem. Irgendwie muss das Muster von der Flasche in den Computer oder zumindest auf ein Papier auf dem Tisch eines Daktyloskopen. Sichtbare Fingerabdrücke, etwa aus Staub, oder mit Pulver sichtbar gemachte latente Fingerabdrücke könnten mit einem Klebestreifen »abgenommen« oder fotografiert werden. Beides birgt in diesem Fall aber die Gefahr, diese eine Spur zu zerstören. Ein Klebestreifen würde das Muster aus Creme sofort verwischen. Aber auch ein Foto des Abdrucks zu machen, ist nicht ungefährlich: Um ein solches Muster auf der spiegelnden Oberfläche einer solchen Flasche zu fotografieren, muss das Bild sehr gut und sorgfältig ausgeleuchtet werden. Die Wärme der Lampen könnte die Creme aber so stark erwärmen, dass sie anfängt zu verlaufen. Der Fingerabdruck könnte verloren sein, bevor das Foto gemacht ist. Für die Lösung des Problems braucht man Physik und etwas Kreativität.

Der Kriminaltechniker nahm damals eine starke Halogenlampe und leitete ihr Licht über Glasfasern in das Innere der Flasche. Nur etwa 1 % der Wärme der Halogenlampe kam so noch auf den Abdruck. Er konnte problemlos das Muster aufnehmen, ohne die Gefahr es zu zerstören. Mit dieser Aufnahme des Fingerabdrucks wurden sodann die Dateien durchsucht und der Besitzer in kürzester Zeit ermittelt. Wegen einer anderen Straftat waren seine Abdrücke bereits erfasst, und er konnte so schließlich festgenommen und überführt werden. Alles hing an der Möglichkeit, die Cremespur zu fotografieren ohne sie zu zerstören. Beim Nahfeldmikroskop sind uns die Glasfasern bereits begegnet, weil sie Licht auch um die Ecke leiten können. Aber warum kam so viel vom Licht, aber nur so wenig von der Wärme auf der Spur an?

Glasfasern und gebogenes Licht

Die Strahlung einer heißen Lampe, d. h. der Bereich der Wellenlängen, die sie abgibt, hängt von ihrer Temperatur ab. Obwohl aber 1500 °C heißes Eisen weiß glüht, also alle sichtbaren Wellenlängen emittiert (zwischen 400 und 800 nm = 0,8 Mikrometer bzw. µm), gibt es immer noch deutlich mehr Energie in Form von Infrarotlicht ab (zwischen 0,8 µm und 1000 µm = 1 mm). Der Bereich der Emission umfasst zwar auch das sichtbare Licht, aber das Maximum der Emission liegt eben im Infraroten. Dort strahlen auch

Glühbirnen und Halogenlampen die meiste Energie ab. Glühbirnen, die ja nur aufgrund ihrer Temperatur strahlen, erhellen zwar den Raum, sie sind aber vor allem heiß. Von der elektrischen Energie, die wir in sie hineinstecken, wandeln sie nur etwa 5 bis max. 10 % in sichtbares Licht um. Die restlichen 90 bis 95 % geben sie als Wärme ab. (Leuchtstoff- bzw. Neonröhren und Leuchtdioden sind keine »thermischen Strahler«. Sie geben ihre Strahlung nicht wegen hoher Temperaturen ab, sondern durch andere physikalische Prozesse. Sie werden somit auch bei gleicher Leuchtkraft längst nicht so heiß.) Dieses Übergewicht von Wärmestrahlung können Glasfasern korrigieren, denn ihr Material leitet vor allem sichtbares Licht gut weiter. Im Infraroten werden lediglich die Wellenlängen um etwa ein bis zwei Mikrometer, die direkt an das sichtbare Spektrum angrenzen, von bestimmten Glasfasern transmittiert. Der allergrößte Teil der infraroten Strahlung wird von der Glasfaser hingegen verschluckt. Dadurch erwärmt sie sich zwar, aber das Licht, das an ihrem Ende austritt, ist fast »kalt«. Zusätzlich gibt es sogar noch einen »physikalischeren« Effekt, der dazu beiträgt, die Wärmestrahlung aus den Glasfasern herauszuholen.

Die Glasfaser funktioniert nach dem Prinzip der Totalreflexion, das auf der Lichtbrechung beruht. Der Schützenfisch aus dem Kapitel zur Lupe musste beim Zielen auf sein Opfer die Brechung des Lichtstrahls ausgleichen. Wenn das Licht von der Luft ins Wasser übergeht, schlägt es dabei eine etwas andere Richtung ein. Es verläuft im Wasser steiler. Umgekehrt verläuft auch ein Lichtstrahl, der schräg aus dem Wasser in die Luft gelangt, in der Luft flacher als im Wasser. Machen wir den Winkel zwischen Lichtstrahl und Wasseroberfläche im Wasser kleiner, dann muss auch der Strahl in der Luft immer flacher verlaufen. Schließlich wird er parallel zur Wasseroberfläche verlaufen wollen. Bei noch kleinerem Winkel als diesem »kritischen« Grenzwinkel wird also überhaupt kein Licht mehr aus dem Wasser austreten. (Diesen Effekt können wir sehr gut im Schwimmbad beobachten, wenn wir tauchen und unter Wasser »an der Wasseroberfläche entlang« schauen: Ab einer bestimmten Entfernung können wir nicht mehr durch die Wasseroberfläche in die Luft sehen. Stattdessen spiegelt sich in ihr der Boden des Schwimmbads.) Zwar wird bei allen Einfallswinkeln, egal ob groß oder klein, immer zumindest ein kleiner Teil des Lichts am Übergang zwischen Luft und Wasser reflektiert und der übrige Teil transmittiert, aber wenn dieser Grenzwinkel unterschritten wird, dann wird überhaupt kein Licht mehr durch die Oberfläche dringen, sondern alles reflektiert: Es kommt zur Totalreflexion.

Zwischen dem Glas der Faser und der Luft tritt derselbe Effekt auf wie bei Wasser und Luft. Die Photonen des Lichtstrahls, der von einem Ende in die Faser gelangt, werden sich nie ganz parallel zur Längsachse der Faser bewegen. Stattdessen werden sie früher oder später auf eine der Wände der Glasfaser treffen. Wenn das Licht aber möglichst parallel zur Längsachse in die Faser gelangt war, ist der Winkel zwischen einem Photon und der Wand beim Auftreffen entsprechend klein – kleiner als der Grenzwinkel. Das Photon wird auf jeden Fall zurück in die Faser reflektiert. Da der Einfalls- und Ausfallswinkel bei der Reflexion gleich sind, wird das Photon weiter in einem so flachen Winkel durch die Glasfaser laufen und auch beim nächsten Auftreffen wieder reflektiert werden. Auf diese Weise kann das Licht sogar leichten Krümmungen der Faser folgen (leicht vor allem im Vergleich zur Dicke der Faser) und »gebogen« werden. Dabei werden gleichzeitig längere Wellenlängen vermehrt aus dem Licht in der Faser »aussortiert«, denn der Grenzwinkel ist unterschiedlich für sichtbares und infrarotes Licht. Für infrarotes Licht ist er ungünstiger, sodass diese Wellen weniger reflektiert werden und vermehrt aus der Faser austreten. Bestimmt wird der Grenzwinkel nämlich einzig und allein von den Brechungsindizes der beiden beteiligten Materialien. (Genau gesagt, ist der Sinus dieses Winkels gleich dem Verhältnis der beiden Indizes.) Jedoch verändert sich der Brechungsindex eines Materials mit der Wellenlänge des Lichts – sonst gäbe es keinen Regenbogen, und auch ein Prisma würde weißes Licht nicht in alle Farben des Spektrums aufspalten. Also muss sich auch der Winkel für die Totalreflexion mit der Wellenlänge des Lichts ändern. Da blaues Licht stärker und rotes Licht von demselben Prisma schwächer gebrochen wird, ist der Grenzwinkel für die kürzeren blauen Wellenlängen größer. Bei Winkeln, bei denen kurzwelliges Licht also noch vollständig reflektiert wird, geht bei jeder Reflexion ein Teil des Lichts mit längeren Wellenlängen bereits verloren. Je länger die Wellenlängen des Infrarots sind, desto schneller werden sie auf der Länge der Glasfaser »aussortiert«, wenn sie nicht schon vom Material absorbiert wurden.

Moderne Glasfasern, wie sie in der Kommunikationstechnik verwendet werden, benutzen meist nicht mehr die Totalreflexion an der Glaso-

berfläche, sondern funktionieren ein wenig so, wie eine Fata Morgana. Im Kern haben sie den größten Brechungsindex, aber zum Rand der Faser hin verändert sich das Material und der Brechungsindex nimmt kontinuierlich ab. Laufen Lichtstrahlen in solchen »Gradientenindexfasern« vom Kern der Faser in Richtung des Rands, dann wird der Strahl durch den sinkenden Brechungsindex »kontinuierlich gebrochen« – er beschreibt eine Kurve und kehrt in Richtung des Faserkerns zurück, bevor er die Wand erreicht. Bei längeren Wellenlängen ist die Kurve weniger stark gekrümmt – der Strahl erreicht die Wand, bevor er weit genug umgebogen wurde, und kann aus der Faser entkommen. Dieselbe Art von Kurve beschreibt ein Lichtstrahl, der einem Wüstenwanderer eine Fata Morgana vorgaukelt. Läuft der Strahl vom Himmel schräg in Richtung Erde, dann trifft er über dem Boden der Wüste auf immer heißere Luftschichten, je tiefer er kommt. Je heißer die Luft ist, desto geringer ist aber ihr Brechungsindex. Auch hier wird der Lichtstrahl daher von seinem ursprünglichen Weg in Richtung Erdboden zurück nach oben gebogen. Ein weiter entfernt stehender Beobachter sieht diesen Strahl dann, wenn er nach unten auf den Boden sieht. Da der Strahl aber aus dem Himmel stammt, sieht er einen blauen Bereich am Erdboden in der Ferne: ein See, der keiner ist, denn das Himmelsblau wird dort eben nicht von einer Wasseroberfläche reflektiert, sondern von den unterschiedlich heißen Luftschichten gebrochen und gebogen. Denselben Effekt kann man im Sommer auch über Asphalt beobachten. In der Ferne, wenn man unter einem flachen Winkel auf die heiße Straße schaut, reflektiert der Asphalt oft ebenfalls die Farbe des Himmels und wirkt nass [25].

Infrarotmikroskopie

Auf der Suche nach einem Mikroskop mit höherer Auflösung haben wir uns ausgehend vom sichtbaren Licht erst den kürzeren und dann den längeren Wellenlängen des elektromagnetischen Spektrums zugewandt. Nach T-Rays, Radar, Thermografie und Kaltlicht lohnt sich jetzt noch ein Blick auf die Mikroskopie mit infraroten Wellen. Nach allem, was wir inzwischen von der Physik erfahren haben, kann die Auflösung eigentlich nur schlechter sein. Es gibt aber einen interessanten kleinen Trick mit einem umso längeren Namen: Die »Zwei-Photonen-Laser-Scanning-Konfokalmikroskopie«. Bei dieser Methode werden fluoreszierende Stoffe vor allem in biologischen Proben mit infrarotem Licht angeregt, sichtbare Photonen auszu-

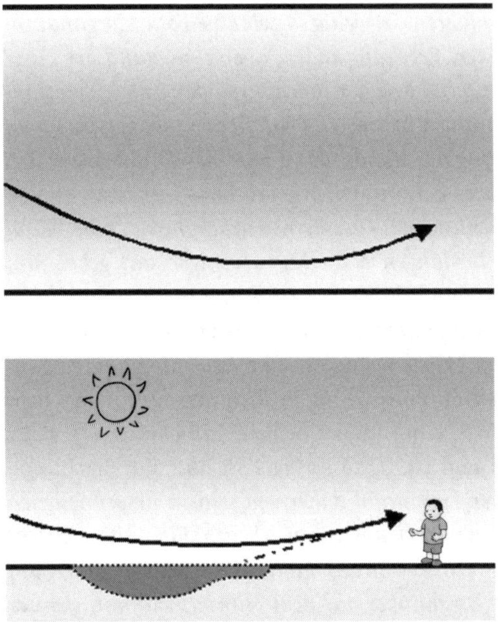

Abbildung 8.9: In einer Gradientenindexfaser nimmt der Brechungsindex der Glasfaser von der Mitte zum Rand hin ab. Dadurch beschreibt ein Lichtstrahl, der in dieser Richtung verläuft, eine Kurve und kehrt wieder zur Mitte zurück (oben). Ist die Wellenlänge des Strahls allerdings zu lang, dann ist die Krümmung der Kurve zu schwach und der Strahl verlässt die Faser. Bei einer Fata Morgana (unten) passiert etwas Ähnliches. Die heißeren Luftschichten direkt über dem Boden haben ebenfalls einen geringeren Brechungsindex. Ein Lichtstrahl, der vom blauen Himmel in Richtung Boden läuft, wird ebenfalls nach oben gebogen: Der von unten kommende blaue Lichtstrahl gaukelt dem Betrachter eine Wasseroberfläche vor, wo in Wirklichkeit nur Sand und Steine sind.

senden. Eigentlich dürfte das nicht funktionieren, weil die Fluoreszenz die Wellenlänge zwar vergrößern, aber niemals von infrarot auf sichtbar *verkürzen* kann. Der Trick liegt aber darin, dem fluoreszierenden Atom oder Molekül zwei langwellige Photonen gleichzeitig anzubieten. Zusammen können sie dieselbe Energie wie ein UV-Photon haben, das die Fluoreszenz, wie wir wissen, auslösen kann. Dafür sind enorme Mengen an IR-Photonen notwendig, damit auch wirklich zwei mit genau der richtigen Wellenlänge gleichzeitig absorbiert werden können. Für Atome ist eine tausendstel Sekunde eine halbe Ewigkeit. Die Vorgänge in Atomen laufen eher in Milliardstel Sekunden und oft auch noch viel schneller ab. Es müssen also zwei Photonen genau am selben winzigen Atom, genau im selben winzigen Moment ankommen. Möglich wird das durch Infrarotlaser, deren Licht auf einen Punkt in der biologischen Probe fokussiert wird. Wenn wir die Probe mit diesem Fokus rastern, dann erhalten wir für jeden Punkt der Probe ein mehr oder weniger starkes Fluoreszenzsignal. Dieses Fluoreszenzbild kann mehr über manche Probe verraten als die optischen Methoden, weil die infrarote Strahlung oft deutlich tiefer als sichtbares oder ultraviolettes Licht in biologisches Gewebe eindringen kann. Aber ebenso wie bei der UV- und Röntgenmikroskopie sind auch die Anwendungsmöglichkeiten dieser Methode in der Kriminaltechnik leider recht begrenzt.

Unsere Suche nach einem Hilfsmittel für die Kriminaltechnik, das uns noch genauer hinsehen und kleinste Formen noch besser erkennen lässt, fing mit der Lupe an und ging schnell zum optischen Mikroskop über. Nachdem die Möglichkeiten des sichtbaren Lichts damit leider ausgeschöpft waren, haben wir uns dem übrigen Spektrum zugewandt. Die gesamte elektromagnetische Strahlung, die außerhalb des sichtbaren Bereichs auch nur entfernt in Frage kommen könnte, haben wir daraufhin ausprobiert. Durch UV- und Röntgenstrahlen, Infrarotlicht, Mikro- und Radiowellen haben wir dabei auch eine ganze Reihe von interessanten Effekten und Methoden kennen gelernt, von denen viele auch bei der Verbrechensbekämpfung helfen. Aber eine Art von Mikroskop, das eine bessere Auflösung hat als das optische, aber ebenso gut und einfach zu benutzen ist, haben wir immer noch nicht gefunden. Wir werden an einer ganz anderen Stelle suchen müssen, an der wir noch nicht gesucht haben. Auf das Prinzip, das uns die Lösung bringen wird, sind wir allerdings schon gestoßen: Der Dualismus von Welle und Teilchen – nur wird er uns anders helfen, als wir ihn bisher kennen.

Die besseren Auflösungen und stärkeren Vergrößerungen brauchen wir dringend für eine ganze Reihe Untersuchungen in Kriminalfällen, in denen es auf winzigste Formen ankommt. Wenn wir diese Formen nicht sehen und untersuchen können, werden die Spuren – und damit die Beweise, die in ihnen stecken – verloren sein. Eines der ersten Verbrechen, das den Vergleich von Formen und Spuren in die Kriminaltechnik gebracht hat, werden wir gleich kennen lernen – auch wenn die Spuren in diesem Fall noch nicht ganz so winzig waren.

9
REM und Co. – Wie man mit Elektronen »sehen« kann

Entdeckung bedeutet zu sehen, was jeder andere gesehen hat, und zu denken, was kein anderer gedacht hat.

Albert Szent-Gyorgi

Die Lindbergh-Entführung

Es war ein einziger Flug, der ihn zu einem der berühmtesten Männer der Welt in seiner Zeit machte. Als Charles Lindbergh am 20. Mai 1927 in seiner »Spirit of St. Louis« in Mineola im Staat New York abgehoben hatte und am darauf folgenden Tag in Paris gelandet war, hatte er Geschichte geschrieben. Er war der erste Mensch, dem es gelungen war, allein und ohne Zwischenlandung den Atlantik zu überfliegen. Auf der ganzen Welt kam er auf die Titelseiten und in Amerika wurde er sogar zu einer Art Volksheld. Aber seine Berühmtheit sollte ihm nicht nur Glück bringen. Als in der Nacht des 1. März 1932 das Kindermädchen der Lindberghs nach Charles Junior, dem zwanzig Monate alten Sohn der Familie, sehen wollte, war der Kleine aus seinem Zimmer verschwunden. An der Wand unter dem Fenster des Kinderzimmers fand man später eine selbstgebaute Holzleiter. In einem Umschlag fand sich außerdem eine Lösegeldforderung über 50.000 Dollar in gebrochenem Englisch. Alle weiteren Spuren – falls es welche gegeben haben sollte – wurden ungewollt von den herbeiströmenden Polizisten zerstört, die damals von Spurensicherung an einem Tatort scheinbar keine Ahnung hatten. Das Erpresserschreiben und besonders die Leiter sollten aber noch eine zentrale Rolle bei der Lösung des Falls spielen.

Agatha Christies »Mord im Orient-Express« nahm sich den Entführungsfall des Lindbergh-Babys zum Vorbild. Im Roman wird der Entführer, der nach dem Verbrechen der Polizei entkommt und spä-

Physik auf der Spur, Voss–de Haan

ISBN: 3-527-40516-X

ter ein gutes Leben führt, von den Verwandten der »kleinen Daisy Armstrong« während der Fahrt im berühmten Zug gelyncht. In der Wirklichkeit lief es etwas anders ab, auch wenn die Polizei in den Wochen nach der Entführung mit den Ermittlungen tatsächlich kaum vorankam. Auf einem Friedhof in der Bronx, einem Stadtteil von New York City, bekam der Entführer am 2. April das geforderte Lösegeld übergeben. Daraufhin erfuhren die Lindberghs, ihr Baby sei auf einem Boot in der Nähe von Martha's Vineyard, einer kleinen Insel vor der Südostküste von Massachusettes. Auch nach mehrtägiger Suche war aber keine Spur von Charles Junior zu finden. Vielmehr wurde der tote Körper eines kleinen Jungen am 12. Mai in einem Waldstück in der Nähe des Hauses der Lindberghs gefunden. Es war Lindberghs Sohn. Die Todesursache wurde nie eindeutig festgestellt. Zumindest bestätigten die Untersuchungen der Gerichtsmediziner aber die naheliegende Vermutung, dass der Junge schon am Abend seiner Entführung starb [2, 3, 22].

Von der Leiter ...

Aufschlussreicher war die selbstgebaute Leiter. Viele Experten hatten sie sich bereits vorgenommen, um Fingerabdrücke oder andere Hinweise auf oder in dem Holz zu finden, aber lange Zeit gab es keine Spuren. Schließlich gelangte sie in die Hände von Arthur Koehler, der eigentlich ein Experte für Holz und nicht für Verbrechen war. Aber mit seinem Wissen und seiner Erfahrung – und mit Spürsinn, Intuition und auch akribischster Kleinarbeit – holte er die Spuren aus dieser Leiter heraus, die der Entführer hinterlassen hatte. Als Koehler die Seitenteile der Leiter untersuchte, fielen ihm auf dem Holz charakteristische Hobelspuren auf, die zu einer speziellen Art von Hobelmaschine passten. Nun gab es allein im Gebiet der östlichen USA, woher die verwendeten vier Holzarten aller Wahrscheinlichkeit nach stammten, etwa 1600 Sägemühlen. Sie wurden alle angeschrieben, und 23 von ihnen hatten eine Hobelmaschine von der gesuchten Art. Koehler bat diese 23 Sägemühlen sofort um Holzproben und verglich die Hobelspuren mit denen auf der Leiter. Einige der Schneiden, mit denen das Holz der Leiter bearbeitet worden war, hatten leichte Beschädigungen oder hinterließen andere charakteristische Spuren. Als er dieselben Spuren auf einer der Holzproben fand, hatte er den Ursprung der Leiter gefunden: Die Dorn Lumber

Company in South Carolina. Sie hatte die fragliche Holzsorte an 25 andere Firmen verkauft, die sie ihrerseits weiter verarbeiteten oder verkauften. Im November 1933, nach 18 Monaten mittlern schließlich, den Weg des Holzes bis zu and Millwork Company« in der Bronx in New Y um dann herauszufinden, dass diese Firma keine Aufzeichnungen über die Käufer führte. Anstatt zum Täter zu führen, endete die Spur in der Bronx.

Die übrigen Ermittlungen kamen lange Zeit so gut wie gar nicht voran. In der Bronx tauchten zwar einige der Banknoten aus dem Lösegeld auf, aber es gelang nicht, sie zurückzuverfolgen. Lindbergh hatte abgelehnt, sie markieren zu lassen. Da die Polizei zumindest die Nummern der Geldscheine notiert hatte, wurden eine Reihe von ihnen bei Banken erkannt – zu spät, um ihren Ursprung zu ermitteln. Am 1. Mai 1933 stellten die USA ihr Währungssystem um, sodass alle alten Banknoten eingetauscht werden mussten. Tatsächlich fanden sich auch etwa 3000 Dollar des Lösegelds bei einer Bank in Manhattan. Da alle Mitarbeiter durch den laufenden Umtausch zu beschäftigt waren, bemerkten sie es erst, als der Kunde bereits verschwunden war. Im September 1934 hatten die Ermittler schließlich Glück. Ein Tankwart wunderte sich über das merkwürdige Verhalten eines Kunden, der mit einer alten 10-Dollar-Banknote zahlte – und notierte die Autonummer des Wagens auf dem Schein. Nach Tagen fiel einem Bankangestellten auf, dass es sich um eine Banknote aus dem Lösegeld handelte, und die Polizei hatte ihre erste heiße Spur.

Die Autonummer führte direkt zu Bruno Richard Hauptmann, einem Zimmermann aus Deutschland, der illegal in den USA lebte. Er passte auf das Profil des Täters – er hatte als Zimmermann gearbeitet und sprach nur schlechtes Englisch – und er entsprach der Beschreibung des Mannes, dem das Lösegeld übergeben worden war. Mehr noch: Bei ihm fand die Polizei mehr als 13.000 Dollar des Lösegelds. Hauptmann behauptete allerdings, das Geld für einen gewissen Isidor Fisch aufbewahrt zu haben, der in der Zwischenzeit angeblich nach Deutschland zurückgekehrt und dort gestorben war. Die Geschichte war ausgesprochen dünn. Aber die Beweise gegen ihn waren ebenfalls nicht die stärksten. Nichts verknüpfte ihn bisher direkt mit dem Tatort, der Entführung oder gar dem Tod des kleinen Jungen. Hier trat wieder die Kriminaltechnik auf den Plan.

... zum Verdächtigen ...

Der Prozess gegen Bruno Richard Hauptmann wurde schnell zu einer ebenso großen Mediensensation wie zuvor die Entführung. Dem »Verbrechen des Jahrhunderts« folgte schnell der »Prozess des Jahrhunderts«, der am 2. Januar 1935 begann. Die Wissenschaft spielte eine – für damalige Verhältnisse – enorm große Rolle. Neben den Indizien, die uns schon begegnet sind, gab es noch eine Reihe anderer Aspekte, die den Angeklagten belasteten. So wies ein Vergleich von Hauptmanns Handschrift mit der Lösegeldforderung vom Tatort auf ihn als Täter hin. Auch hatte Hauptmann zweifellos die Kenntnisse, um die bei der Entführung zurückgelassene Leiter zu bauen: Er hatte als Zimmermann gearbeitet – ausgerechnet in der »National Lumber and Millwork Company« in der Bronx. Genau bis hierher hatte Koehler bereits vor Hauptmanns Festnahme das Holz der Leiter zurückverfolgen können, und genau hier hatte Hauptmann, wie ein gefundener Kassenbon bewies, im Dezember 1931 Holz gekauft – kaum drei Monate vor der Entführung des kleinen Lindbergh.

Die wichtigsten Beweise stammten jedoch von den Spuren auf dem Holz der Leiter. Einer der Holme (Seitenteile der Leiter) bestand aus dem Stück eines Balkens, in dem vier Löcher zu finden waren, die scheinbar nichts mit dem Zusammenbau der Leiter zu tun hatten. Offenkundig war dieses Stück vorher an anderer Stelle benutzt worden. Auf dem Dachboden des Hauses, wo Hauptmann lebte, fand sich ein Fußbodenbalken, an dem ein Stück Holz fehlte und der ebenfalls vier Löcher aufwies. Koehler verglich diesen Balken vom Dachboden mit dem Holmen der Leiter. Die vier Löcher stimmten genau überein, und sogar die Fasern und die Jahresringe des Holzes zeigten, dass beide Stücke zusammengehörten. Beim Bau der Leiter muss Holz für einen Holm gefehlt haben, worauf sich der Täter mit einem Stück des Fußbodens geholfen hat. Aber Koehler hatte sogar noch einen weiteren Beweis für die Verbindung zwischen Hauptmann und dem Verbrechen entdeckt.

... zum Beweis ...

Unter den Werkzeugen in Hauptmanns Garage fand sich ein alter Handhobel. Koehler bearbeitete Holz mit dem alten, stumpfen Gerät und verglich die Oberfläche dieses Stücks mit der Oberfläche einer Leitersprosse. Offensichtlich hatte Hauptmann nach der

Zeit der Entführung nie wieder seinen Handhobel benutzt und die Schneide auch nie nachgeschliffen: Die Spuren im Holz waren identisch. Es war Hauptmanns Werkzeug, mit dem das Holz der Leiter glatt gehobelt worden war. Anders als die vielen folgenden »Prozesse des Jahrhunderts«, wie etwa der O.J. Simpson-Prozess sechzig Jahre später im selben Jahrhundert, war dieser Entführungs- und Mordprozess schnell vorüber. Kaum einen Monat später, am 13. Februar 1935 wurde der Angeklagte schuldig gesprochen, und ein Jahr darauf wurde er hingerichtet. Ohne die klaren Beweise der Kriminaltechnik wäre der Prozess sicherlich anders abgelaufen, vielleicht sogar anders ausgegangen.

Die Art und Weise, wie Koehler die identischen Spuren vom Hobel auf dem Stück Holz und auf der Leiter für andere sichtbar gemacht haben soll, war im wahrsten Sinne des Wortes »kinderleicht«: Kinder – und manche Privatdetektive in Fernsehkrimis – reiben gerne einmal mit einem Bleistift über den obersten Zettel eines Notizblock, um zu sehen, was auf dem Blatt vorher geschrieben und auf das Blatt darunter durchgedrückt wurde. Die Bleistiftstriche schwärzen den Zettel, aber nicht die bisher unsichtbaren, in das Blatt eingedrückten Schriftzüge. Auch Koehler nahm je ein Blatt Papier, legte es auf die beiden Hölzer und strich mit einem Bleistift darüber. So erhielt er Abbilder der beiden Riefenmuster auf den Holzoberflächen. Die Übereinstimmung beider Oberflächen war so auch für die Geschworenen leicht nachzuvollziehen [2, 3, 19].

Die modernste Methode für Vergleichsuntersuchungen in der Kriminaltechnik benutzt ein etwas anderes Werkzeug, versucht aber, ebenso anschaulich zu sein: das Vergleichs-Rasterelektronenmikroskop, mit dem sich auch winzigste Spuren auf zwei verschiedenen Objekten bei enormen Vergrößerungen vergleichen lassen. Das Prinzip des Vergleichsmikroskops hatte schon Gravelle Anfang des zwanzigsten Jahrhunderts entwickelt, allerdings musste er sich natürlich mit einem optischen Mikroskop begnügen. Mitte jenes Jahrhunderts begann aber diese neue Art von Mikroskopen sich zu verbreiten. Die verschiedenen Arten der Elektronenmikroskope, deren Auflösung heute fast bis zu einzelnen Atomen reicht, eröffnete der Biologie ganz neue – sehr kleine – Welten, gab aber auch der Kriminaltechnik völlig neue Möglichkeiten. Aber wie kann man mit Elektronen sehen?

Louis de Broglies Idee

Erinnern wir uns an den Compton-Effekt: Prallt ein Photon auf ein Elektron, dann werden beide Teilchen abgelenkt. Dabei verliert das Photon ein wenig Energie, die das Elektron für seine Bewegung braucht. Compton beschrieb die Änderung der Wellenlänge des Photons bei diesem Effekt mit einer Formel, die im Wesentlichen nur zwei Faktoren enthält. Der eine Faktor hängt vom Winkel ab, um den das Photon abgelenkt wird. (Wie beim Billard: »Streift« das Photon nur ganz knapp am Elektron vorbei, dann ist dieser Winkel sehr klein, und es wird fast keine Energie übertragen; bei einem »Frontalzusammenstoß« hingegen wird die Bewegung des Photons am stärksten geändert, der Winkel ist also sehr groß, und der Energieübertrag auf das Elektron ist maximal.) Der andere Faktor ist eine Konstante, die »Compton-Wellenlänge« des Elektrons. Für Elektronen beträgt sie nur etwas mehr als zwei Tausendstel eines Nanometers (also zwei »Pikometer« oder pm), was einem Röntgenphoton von 511 keV entspricht – eine Energie, bei der, wie zu erwarten ist, der Compton-Effekt dominiert. (Im Kapitel zu den Röntgenstrahlen hatten wir bereits erfahren, dass der Photoeffekt bei wesentlich geringeren Energien auftritt (unter 100 keV) und die Paarbildung erst bei wesentlich höheren Energien (über 1 MeV).) Wir dürfen die Compton-Wellenlänge nicht als die Wellenlänge des Elektrons missverstehen. Sie verknüpft lediglich die Wellenlänge des Photons mit dem Elektron und seiner Masse. Diese Verknüpfung zwischen einer Wellenlänge und einem Teilchen, die hier zum ersten Mal in der Physik auftrat, ist insofern noch sehr dürftig.

Es war ein junger Physiker, der 1924 in seiner Doktorarbeit den nächsten großen Schritt machte. Louis-Victor de Broglies Idee war dabei so revolutionär wie naheliegend. Er führte die Lichtquantenhypothese von Einstein fort und dehnte den »Dualismus von und Teilchen« von dem, was ehemals immer nur für eine Welle gehalten worden war (nämlich Lichtwellen), einfach auf das aus, was immer noch nur als Teilchen betrachtet wurde (nämlich Materieteilchen). Nach de Broglies Vorschlag sollte auch Materie sowohl Teilchen- als auch Wellencharakter haben.

Wellenteilchen ...

Bei Licht ist es schon schwierig genug, es sich als »Teilchen-Welle« vorzustellen. Es wird aber etwas einfacher, diese Vorstellung schließlich doch anzunehmen, weil wir aus unserem Alltag *sowieso* keine klare Vorstellung davon haben, woraus Licht überhaupt »besteht«. Schließlich konnten sich Jahrhunderte lang ja nicht einmal die Physiker entscheiden, ob es denn nun Welle oder Teilchen sei. Beides scheint plausibel. Sowohl unsere Alltagserfahrung als auch physikalische Experimente lassen beide Vorstellungen zu. Bei Materie sieht das allerdings etwas anders aus: Von der Materie kennen wir aus dem täglichen Leben winzige »Teilchen«, seien es Salzkristalle, Metallspäne oder Staubkörner. Natürlich sind diese Teilchen keine Atome oder gar echte Elementarteilchen. Aber in unseren Gedanken können wir auch ein Staubkorn immer weiter zerschneiden und teilen, und würden uns doch immer wieder etwas Festes, Greifbares vorstellen. Schon im antiken Griechenland gab es die Vorstellung von kleinsten Teilchen. Demokrit hatte diese Idee zur Blüte gebracht, dass alle Materie aus den Atomen bestehe, die nicht weiter gespalten werden können (das griech. *átomos* bedeutet »unteilbar«). Auch heute, nach fast zweieinhalb Jahrtausenden, verbinden wir mit Materie – egal wie winzig das Stück wird – immer noch die Vorstellung von einem Teilchen und nicht von etwas so wenig Greifbarem wie einer Welle. Der Gedanke, diesen reinen Teilchencharakter der Materie anzuzweifeln, käme uns von allein wohl kaum in den Sinn. Aber in der Physik war Anfang des zwanzigsten Jahrhunderts der Weg für diesen Teilchen-Welle-Dualismus der Materie bereitet. Nachdem die Wissenschaftler sich inzwischen schon an diesen Gedanken beim Licht gewöhnt hatten, akzeptierten sie ihn wesentlich schneller auch für die Materie. Louis de Broglie wurde nur fünf Jahre nach seinem Vorschlag mit dem Nobelpreis für Physik ausgezeichnet, zwei Jahre nachdem der Wellencharakter der Elektronen von drei anderen Physikern (Davisson, Germer und Thomson) in einem Experiment bewiesen worden war. Auch dieses Experiment war von der Idee her gleichzeitig revolutionär aber auch einfach und logisch – eben ganz so wie de Broglies Idee, die mit dem Experiment bewiesen werden sollte. Bis zu diesem experimentellen Beweis begegneten viele Wissenschaftler der Idee von Materiewellen jedoch mit Skepsis. Sie glaubten nicht, dass die Theorie wirklich falsch sei. Sie vermuteten vielmehr, den Wellencharakter von Teilchen (wenn er denn wirklich existierte) nie im Experiment beobachten zu können. Lässt sich der Effekt aber nicht beobachten, dann lässt er sich auch nicht beweisen oder widerlegen. Aber warum waren viele Physiker so skeptisch?

Beim Licht hatten sich die Wellenaspekte mit Beugung und Interferenz sehr gut, die Teilchenaspekte aber um so schwieriger beobachten lassen. Selbst nach Einsteins Hypothese von 1905 (nachdem man also wusste, wonach man suchen musste) dauerte es fast zwei Jahrzehnte, bis auch der Teilchencharakter des Lichts nachgewiesen wurde. Für Physiker, die von Natur aus neugierig und meist ungeduldig sind, war das eine halbe Ewigkeit. Aber wichtiger als das lange Warten selber war der Grund für diese Verzögerung. Bei Lichtwellen trat die Teilchennatur nur unter bestimmten Voraussetzungen in Erscheinung (z. B. sind Photo- und Compton-Effekt beide nur bei ausreichend hohen Photonenenergien zu beobachten). Das machte es schon beim Licht nicht ganz einfach, diese Teilchennatur und damit den Dualismus im Experiment zu beobachten. Umgekehrt ist ebenso der Wellencharakter und damit der Dualismus der Materieteilchen, wie etwa des Elektrons, nur unter gewissen Bedingungen nachzuweisen, z. B. durch Beugung und Interferenz. Genau diese Bedingungen für solche Materiewellen-Experimente erschienen vielen Physikern im Jahr 1924 schlichtweg unerfüllbar. Die Welle, die das Elektron darstelle, so glaubten sie, können man gar nicht in einem Experiment als Welle erkennen. Hinter ihren Befürchtungen steckten die Vorhersagen für die Wellenlängen dieser de Broglie-Wellen.

... und ihre Wellenlängen

Die Compton-Wellenlänge des Elektrons ist mit 2 pm etwa 200.000-mal kleiner als die Wellenlänge von sichtbarem Licht mit etwa 400 nm. Nun sind die Wellenlängen, die sich aus de Broglies Theorie ergeben, nicht immer ganz so kurz, liegen aber auch für langsame Elektronen typischerweise unterhalb von 1 nm. Bei solch winzigen Wellenlängen, erschien es ausgesprochen schwierig oder (wie manche damals eben meinten) unmöglich, den Wellencharakter jemals nachzuweisen. Wer die Idee hat, statt langsamer Elektronen lieber schnelle zu nehmen, wird allerdings enttäuscht: In der Formel von de Broglie schrumpft die Wellenlänge, wenn die Geschwindigkeit des Teilchens steigt. Bei schnellen Elektronen verschärft sich also das Problem. Und wie sieht es mit der Möglichkeit aus, ganz andere Teilchen zu nehmen? Auch hier werden die Hoffnungen enttäuscht. Zu de Broglies Zeit war die Physik noch gar nicht soweit, da sie außer dem Elektron fast keine entsprechenden Teilchen kannte. Selbst wenn de Broglies Zeitgenossen den Zoo von Elementarteilchen zur Verfügung gehabt hätten, den die Physik heute kennt, wären sie keinen Schritt weiter gewesen. Wieder macht de Broglies Formel einen Strich durch die Rechnung: Die Wellenlänge eines Materieteilchens ist umso kleiner, je mehr Masse das Teilchen hat – und andere Teilchen sind meist noch viel schwerer als das Elektron. Das Proton z. B., das Anfang des zwanzigsten Jahrhunderts schon bekannt war, hat eine etwa 2000-mal so große Masse.

Genau genommen sollte man nicht von Geschwindigkeit und Masse getrennt sprechen. Ein Resultat von Einsteins spezieller Relativitätstheorie ist, vereinfacht gesagt, dass die Masse von bewegten Körpern zunimmt, je schneller sie sich bewegen. Ein schnelles Elektron hat also nicht nur mehr Energie, sondern (nach $E=mc^2$) auch eine größere Masse als ein ruhendes. Das klingt für uns erst einmal ungewöhnlich und für Geschwindigkeiten, die ein Mensch (bisher) erreichen kann, tritt der Effekt auch nicht auf: Selbst in der schnellsten Rakete wird ein Astronaut kein Kilo auf diese Weise »zunehmen«. Aber selbst Moleküle in der Luft haben bei Raumtemperatur Geschwindigkeiten von mehreren hundert Metern in der Sekunde, und leichte Teilchen wie das Elektron können ohne weiteres extrem hohe Geschwindigkeiten erreichen, wobei sich ihre Masse auf ein Vielfaches ihrer »Ruhemasse« erhöht. Je näher sie an die Lichtgeschwindigkeit herankommen, desto schneller wächst auch ihre Masse – und ihre Wellenlänge schrumpft [37].

Diese Wellenlängen, die bei sehr langsamen Elektronen schon extrem kurz sind, bescheren uns bei Beugungsexperimenten nun ein Problem. Wir müssen geeignete Hindernisse finden, an denen die Teilchen gebeugt werden können. Schon im Kapitel zur Lupe haben wir gelernt, dass Beugung im Grunde nur dann zu beobachten ist, wenn das Hindernis eine ähnliche Größe hat wie die Wellenlänge. Deswegen können wir bei (relativ) langen Schallwellen die Beugung beobachten und hinter einem Pfeiler etwas hören, während wir für Licht an demselben Pfeiler keine Beugungseffekte sehen können: Die Schallwelle ist ähnlich groß wie die Breite des Pfeilers, aber die Lichtwelle ist viel kleiner. (Auch bei Licht tritt die Beugung natürlich auf. Aber der Effekt ist zu winzig, um ihn nachweisen zu können.) An einem ausreichend schmalen Spalt hingegen ist der Effekt dann auch bei Licht gut zu beobachten. Was für einen Spalt oder was für ein anderes Hindernis sollten die Physiker damals aber für die Elektronenwellen nehmen? Ein Spalt, der für sichtbares Licht geeignet war, musste für die Elektronen so riesig wirken wie der Pfeiler für die Lichtwellen. Beugungseffekte durften sich dabei kaum beobachten lassen. Für ein solches Experiment mit Elektronen brauchte man viel kleinere Hindernisse, und die Skeptiker waren der Meinung, man könne keine solch kleinen Hindernisse konstruieren. Hindernisse bauen zu wollen, die einen Durchmesser von nur wenigen Nanometern hatten oder gar noch kleiner waren, wirkte einfach utopisch. In einem gewissen Sinn hatten die Skeptiker auch Recht ... und trotzdem lagen sie falsch.

Die kleinen Hindernisse

Die Skeptiker hatten insofern Recht, als es tatsächlich hoffnungslos war, solch ein winziges Hindernis bauen zu wollen. Falsch lagen sie, weil das gar nicht nötig war. Die Natur liefert uns die Hindernisse, z. B. in Form von Kristallen oder genauer gesagt: in Form der extrem regelmäßig angeordneten Atome in einem Kristall. Clinton Davisson und Lester Germer hatten das erkannt und beschossen in ihrem Experiment 1927 einen Nickel-Kristall mit einem feinen Strahl von Elektronen, die alle dieselbe Energie – und damit auch die gleiche Wellenlänge – hatten. Wären Elektronen nur Teilchen und keine Wellen, dann würden wir erwarten, dass beim Auftreffen auf den Kristall ein paar Elektronen überhaupt nicht abgelenkt werden, einige ein ganz klein wenig, andere noch ein bisschen mehr und so weiter. Elektronen sollten also in *jede* Richtung im Raum gestreut werden, so wie die gestoßene Kugel beim Billard in jede beliebige Richtung von einer anderen Kugel abprallen kann. Elektronen sollten also fächerförmig und gleichmäßig in jede Richtung davonfliegen. Das Ergebnis des Experiments sah aber anders aus. Davisson und Germer konnten die Elektronen, nachdem sie vom Kristall gestreut worden waren, nur aus bestimmten Richtungen beobachten. In anderen Richtungen tauchten viel weniger oder überhaupt keine Elektronen auf. Wenn der Wellencharakter der Elektronen dafür verantwortlich war, dann mussten die Elektronen am Kristall gebeugt werden und danach interferieren – aber wie?

In Gasen und Flüssigkeiten sind die Atome und Moleküle völlig unregelmäßig angeordnet. Ihre Dichte, also die Anzahl der Atome pro Volumen, ist zwar überall in einem Gas oder einer Flüssigkeit einigermaßen ähnlich, aber selbst wenn wir wissen, wo eines der Atome ist, haben wir trotzdem keine Ahnung, wo genau sich auch nur ein einziges der vielen anderen Atome befindet. In einem Festkörper sieht das etwas anders aus. Speziell in Kristallen bilden die Atome, so ähnlich wie gestapelte Kanonenkugeln, ein extrem regelmäßiges Gitter, wie sie uns schon im Kapitel »Unsichtbare Zeugen« begegnet sind. Wenn wir wissen, wo eine der Kanonenkugeln ist, dann wissen wir damit auch, wo die nächste, die übernächste und jede andere Kugel in jeder Richtung ist. Die Abstände der Atome im Gitter eines Kristalls sind dabei ähnlich groß wie die Wellenlängen der Elektronen, die auf sie treffen. Damit haben wir alle Voraussetzungen, die wir brauchen um Elektronen zu beugen und diese Beugung nachzuweisen. Jedes Atom in diesem Gitter, auf das eine »Elektronenwelle« trifft, wird zu einem Ausgangspunkt für eine »Elektronen-Elementarwelle« nach dem Prinzip von Huygens. Wie die Wasserwellen auf dem See, in den wir mehrere Steine geworfen haben, überlagern sich auch diese einzelnen Elementarwellen und bilden dabei ein Interferenzmuster. In einiger Entfernung vom Kristall gibt es Bereiche, in denen die Wellen der Elektronen destruktiv interferieren, sich also gegenseitig auslöschen, und andere Bereiche, in denen sie konstruktiv interferieren, sich also verstärken. Aus dem Kristall kommt also kein gleichmäßiger »Fächer« von Elektronen heraus (wie beim oben erwähnten Teilchen-Billard). Vielmehr gibt es Bereiche mit verringerter Intensität, in denen ein Detektor weniger oder gar kein Elektron sehen kann, und Bereiche mit erhöhter Intensität, in denen der Detektor entsprechend mehr Elektronen sieht [15, 33].

Genau diesen Effekt sahen Davisson und Germer in ihrem Experiment. Sie betrachteten die Elektronen, die vom Kristall zurückkamen, und bemerkten, dass unter bestimmten Winkeln besonders viele Elektronen auftauchten. Gleichzeitig führte, unabhängig von ihnen, George Thomson ein ähnliches Experiment durch und kam zum selben Ergebnis: Elektronen haben (auch) den von de Broglie vorhergesagten Wellencharakter – wenn man nur genau genug hin-

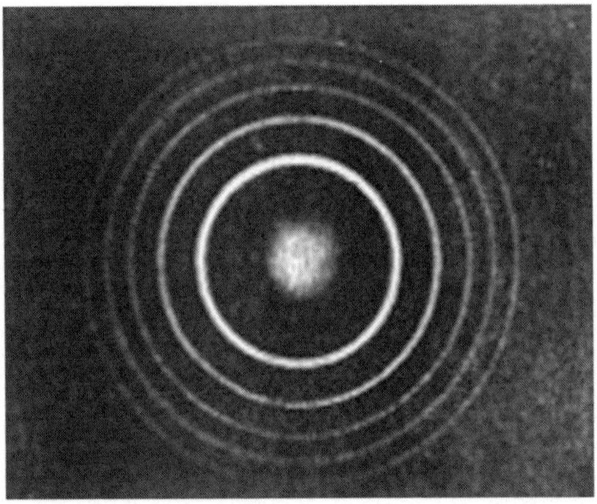

Abbildung 9.1: Beugung von Elektronen. Elektronen werden mit einer Energie von 100.000 eV in einem Strahl auf eine 80 nm dicke Zinn-Schicht gerichtet. Hinter der Schicht entsteht ein Muster aus konzentrischen Ringen durch die Interferenz der »Elektronen-Wellen«, deren de Broglie-Wellenlänge bei dieser Energie weniger als ein hundertstel Nanometer beträgt (aus: Lexikon der Physik, 2003 © Elsevier GmbH, Spektrum Akademischer Verlag, Heidelberg).

schaut. Zusammen mit Davisson bekam G.P. Thomson im Jahr 1937 den Nobelpreis für die Arbeiten zum Elektron als Welle – 31 Jahre nachdem sein Vater, J.J. Thomson, den Nobelpreis für seine Arbeiten zum Elektron als Teilchen bekommen hatte. Nach diesem Beweis von de Broglies Theorie war nun der Weg bereitet. Mit der Wellennatur der Teilchen und speziell des Elektrons war die Physik endlich jenem hochauflösenden Mikroskop einen Schritt näher gekommen, dem wir in diesem Buch nun schon so lange auf der Spur sind. Die extrem kurzen de Broglie-Wellenlängen boten eine ganz neue Chance, die Grenzen des sichtbaren Lichts hinter sich zu lassen und in wesentlich kleinere Dimensionen vorzustoßen.

Das erste Elektronenmikroskop

Kaum war die Vermutung der Materiewellen bewiesen, fing auch die Entwicklung des Elektronenmikroskops an. Die ersten experimentellen Geräte entstanden 1931. Zur Zeit der Entführung des Lindbergh-Babys lief die Entwicklung auf Hochtouren und 1938 wurden solche Mikroskope bereits serienmäßig hergestellt. Die möglichen Anwendungsgebiete in der Biologie und der Medizin waren schier endlos, und die Hoffnung, mit diesem Werkzeug endlich mehr über den Aufbau z. B. von biologischen Zellen und Krankheitserregern herauszufinden, war riesig. Im Vergleich dazu war der Wunsch nach einem besseren Mikroskop in der Kriminaltechnik »vernachlässigbar«, wie der Physiker sagen würde. Sie steckte zu jener Zeit ja fast noch in ihren Kinderschuhen und hatte die Grenzen der optischen Mikroskope kaum angekratzt. Auch war der erste Typ von Elektronenmikroskop, das Transmissionselektronenmikroskop (TEM), für die Ermittlung in Kriminalfällen gar nicht so gut zu gebrauchen. Erst einer seiner Nachkommen, das Rasterelektronenmikroskop (REM), machte in der Kriminaltechnik Karriere.

Das Transmissionselektronenmikroskop, wie es von Ernst Ruska und anderen 1931 entwickelt wurde, arbeitet mit genau demselben Prinzip, das wir beim optischen Mikroskop bereits kennen gelernt haben: Das zu untersuchende Objekt wird von einer Seite beleuchtet und die hindurchlaufende Strahlung wird hinter dem Objekt durch eine Linse, das Objektiv, gesammelt. Die Strahlen produzieren ein reelles Bild im Mikroskop, das vergrößert ist (und auf dem Kopf steht). Mit einer zweiten Linse wird dieses reelle Bild noch einmal vergrößert. Im Elektronenmikroskop schaut natürlich kein menschliches Auge durch diese zweite Linse, weil unser Auge keine Elektronen wahrnehmen kann. Die zweite Linse arbeitet daher nicht als Lupe, sondern als Projektionslinse, die ebenfalls ein reelles Bild produziert. Dieses zweite reelle Bild wird auf einen fluoreszierenden Bildschirm geworfen, wo wir es betrachten können – so wie wir Fernsehbilder eines Röhrenfernsehers sehen können, die ebenfalls mit Elektronen auf einem Fluoreszenzschirm erzeugt werden. Statt eines Bildschirms können wir das Bild auch mit einer fotografischen Platte aufnehmen, ganz so wie viele optische Mikroskope das auch erlauben. Ein Punkt des Objekts, durch den viele Elektronen hindurchgehen, wird auch auf dem Bildschirm, wo dieser Punkt abgebildet wird, entsprechend hell erscheinen. Bereiche des Objekts, die mehr Elektronen verschlucken, werden als dunkle Stellen abgebildet. Das Bild des Objekts entsteht, analog zum optischen Mikroskop, aus dem Hell-Dunkel-Kontrast, allerdings durch die unterschiedlich starke Aussendung von Elektronen.

Da wir kein Licht, sondern Elektronen zur »Beleuchtung« nehmen, gibt es aber zwei wesentliche Unterschiede zum optischen Transmissionsmikroskop. Zum einen können bei optischen Mikroskopen oft auch noch relativ dicke Proben untersucht werden, wenn man sie »durchleuchtet«, weil gerade viele biologische Proben zumindest teilweise transparent sind. Beim TEM darf die Probe aber kaum mehr als ein Mikrometer, also nur ein tausendstel Millimeter, dick sein, damit noch ein brauchbares Bild entsteht. Die Präparation der Proben ist daher eine kleine Kunst, und nicht jedes Objekt eignet sich für die Untersuchung mit einem TEM. Im Wesentlichen können wir nur Querschnitte von Objekten betrachten – wollten wir stattdessen etwa eine raue, unregelmäßige Oberfläche ansehen, hätten wir ein Problem. Zum anderen brauchen wir natürlich eine ganz andere Art von optischen Elementen, vor allem Linsen. Die geschliffenen Gläser eines optischen Mikroskops schaffen es nicht, Elektronenstrahlen wie das Licht zu brechen. Tatsächlich nimmt man überhaupt kein Material als »Elektronenlinse«. Im Wesentlichen geht es bei einer Linse nämlich darum, die auf sie treffenden Strahlen unterschiedlich stark zu brechen, d. h. von ihrer alten Bewegungsrichtung »wegzubiegen«. Bei Elektronen können wir das – ganz ohne Glas oder anderes Material – mit zwei unterschiedlichen aber verwandten physikalischen Effekten erreichen: Als elektrisch geladene Teilchen können Elektronen in elektrischen und in magnetischen Feldern abgelenkt werden.

Elektronenoptik

Elektrische Felder haben wir am Beispiel des Plattenkondensators bei den Fingerabdrücken schon kennen gelernt. Dort wurden die elektrisch geladenen Pulverpartikel von der anders geladenen gegenüberliegenden Platte des Kondensators angezogen. Sollte ein Elektron horizontal zwischen zwei solchen Platten hindurchfliegen, würde es ebenfalls angezogen werden. Da es negativ geladen ist, würde es sich während seines Durchflugs in Richtung der positiven Platte bewegen: Nach einer mehr oder weniger starken Kurve käme es schräg nach oben oder nach unten aus dem Plattenkondensator heraus. Ein Plattenkondensator ist nun keine geeignete Elektronenlinse, aber wenn wir die positive und die negative Elektrode in die richtige

Form bringen, dann erhalten wir den gewünschten Effekt. Eine stark vereinfachte Form ist eine einfache Lochblende, die negativ geladen ist. Ein Elektron, das knapp am Rand der Blende vorbeifliegt, spürt durch den geringen Abstand zu den negativen Ladungen im Metall der Blende an dieser Stelle eine starke Kraft zur Mitte des Lochs hin. (Die negativen Ladungen an der anderen Seite der Blende stoßen das Elektron zwar auch ab, sind aber viel weiter entfernt und wirken daher viel schwächer.) Diese Kraft, die das Elektron zur Mitte der Blende hin ablenkt, wird jedoch umso kleiner, je näher das Elektron dem Mittelpunkt der Blende kommt. Ein Elektron, das genau durch den Mittelpunkt hindurchfliegt, spürt überhaupt keine Kraft, da es in jeder Richtung vom Rand der Blende gleich weit entfernt ist. Durch die Ladungen im Metall der Blende wird das Elektron dann in alle Richtungen gleich stark gedrückt und die Kräfte heben sich auf. Es behält seine alte Richtung bei. Das ist so, als ob wir in einer Menschenmenge von allen Seiten gleich stark gedrückt werden. Insgesamt entspricht das ziemlich genau dem Effekt einer optischen Linse: Ein Lichtstrahl durch den Mittelpunkt der Linse geht ungehindert und ungebrochen hindurch (weil er senkrecht auf das Glas auftrifft), während die Lichtstrahlen umso stärker gebrochen werden, je weiter außen sie auf die Linse treffen.

Eine Alternative sind magnetische Elektronenlinsen. Auch magnetische Felder können geladene Teilchen wie Elektronen ablenken, solange sich Teilchen und Feld relativ zueinander bewegen. Allerdings wirkt die Kraft auf das Elektron nicht wie bei der elektrischen Linse entlang der Richtung des Felds, sondern immer senkrecht zur Feldrichtung und senkrecht zur Flugbahn des Elektrons. Je nachdem, ob die Flugrichtung des Elektrons parallel zum Feld, senkrecht zum Feld oder eher »windschief« dazu ist, wird das Elektron sich weiter geradeaus bewegen, einen mehr oder weniger großen Kreis beschreiben oder in einer Spirale entlang der (gedachten) Feldlinien fliegen. Daher sind magnetische Elektronenlinsen etwas komplizierter konstruiert als elektrische. Das Prinzip, dass elektrische Ladungen eine Kraft spüren, wenn sie sich relativ zu einem magnetischen Feld bewegen, begegnet uns aber auch an ganz anderer Stelle. So funktioniert z. B. der Dynamo, der einen Scheinwerfer am Fahrrad antreibt: Ein Magnet im Kopf des Dynamo wird durch den Fahrradreifen gedreht und das Feld des Magneten bewegt sich daraufhin relativ zu den Elektronen in den Drähten des Dynamos. Durch diese Bewegung relativ zum Magnetfeld spüren die Elektronen eine Kraft und beginnen, sich zu bewegen. Ein Strom fließt und kann die Scheinwerferlampe zum Leuchten bringen. Ein anderes Beispiel ist das Nordlicht: Am Magnetfeld der Erde werden elektrisch geladene Teilchen, die von der Sonne kommen, abgelenkt. Sie fliegen spiralförmig entlang des Erdmagnetfelds zu den Polen. Auf diese Weise wird die Erde (bzw. der gößte und auch bewohnte Teil) vor dieser Strahlung geschützt, und gleichzeitig entsteht manchmal das intensive Leuchten, wenn die Teilchen in der Nähe der Pole auf die tieferen Schichten der Atmosphäre treffen und dort die Luftmoleküle zum Leuchten bringen. Dass Magnetfelder bewegte Elektronen auf diese Weise ablenken können, lässt sich aber auch an jedem (Röhren-)Farbfernseher beobachten. Wenn wir dem Bildschirm mit einem Magneten nahe genug kommen, dann verfärbt sich das Bild in der Umgebung des Magneten. Sein Magnetfeld lenkt den Elektronenstrahl auf den letzten Millimetern seines Wegs im Inneren des Fernsehers ab. Dadurch trifft er die drei Farbfelder (Rot, Grün, Blau) jedes Bildpunkts auf dem Bildschirm nicht mehr richtig und das Bild verfärbt sich, z. B. lila oberhalb und gelb-grün unterhalb des Magneten. Dabei ist nicht nur das Prinzip der Ablenkung dasselbe, sondern auch die Leuchterscheinung auf dem Fernsehschirm ist den Vorgängen beim Nordlicht gar nicht so unähnlich. Beide beruhen darauf, dass geladene Teilchen einen Teil ihrer Energie an Atome oder Moleküle abgeben, die danach wiederum die Energie in Form von Photonen bestimmter Farben abstrahlen.

Grenzen des TEM

Bei dieser Betrachtung haben wir die Elektronen als Teilchen angesehen und überlegt, wie diese Teilchen auf die Felder reagieren. Dieselbe Betrachtung können wir auch für die Elektronen als Wellen durchführen. Unabhängig davon, ob wir die Teilchen im Elektronenmikroskop nun elektrisch oder magnetisch ablenken, lassen sich die Linsen auch mit einem Brechungsindex beschreiben. Im Bild der Elektronenwelle entsprechen diese Linsen nämlich einer Änderung des elektronischen Brechungsindex, die ganz analog zu Licht und optischen Linsen zur Brechung der Elektronenwellen führt. Diese Betrachtungsweise ist für die meisten Menschen etwas weniger intuitiv, aber sie hat einen Vorteil. Nur in dieser Wellensicht ist zu verstehen, warum ein Elektronenmikroskop tatsächlich bessere Auflösungen erreichen kann als ein optisches Mikroskop. Erinnern wir uns an die Grenze der optischen Mikroskopie: Die Beugung setzt der Auflösung ein Ende bei etwa der halben Wellenlänge der verwendeten Strahlung. Dieselbe Grenze gilt für das Elektronenmikroskop. Wir haben lediglich die elektromagnetischen Wellen durch Materiewellen ersetzt und die optischen Linsen durch elektrische oder magnetische – das Prinzip ist aber identisch. Die Materiewellen werden an den Rändern der Linsen gebeugt und produzieren ebenfalls Beugungsmuster, die nichts erkennen lassen, was noch kleiner ist. Allerdings können die Elektronen in solchen Mikroskopen ohne weiteres Wellenlängen weit unter einem Nanometer, z. T. sogar bis zu wenigen Femtometern, erreichen. Aufgrund anderer technischer Grenzen (weil nämlich auch die besten Elektronenlinsen längst nicht so fehlerfrei sind wie ihre optischen Konkurrenten) lässt sich die Elektronenmikroskopie oft nicht bis zu dieser Beugungsgrenze ausreizen. Auflösungen von einem Nanometer oder sogar einem Ångström (einem zehntel Nanometer) lassen sich mit einigen technischen und physikalischen Tricks jedoch erreichen. *Veranschaulichen wir uns das zum Vergleich im Bild des Fußballfelds aus dem Kapitel zur Mikroskopie: Das hundert Meter lange Fußballfeld war auf einen Millimeter verkleinert. Mit dem besten optischen Mikroskop können wir auf diesem winzigen Fußballfeld noch zwei nebeneinander liegende 2-Euro-Münzen erkennen. Mit einem erstklassigen TEM ließen sich auf dem Mini-Fußballfeld sogar noch zwei menschliche Haare unterscheiden (Durchmesser im Original ca. 40 bis 100 μm).* Mit so einer Auflösung sind wir im Bereich der Größe von einzelnen Atomen.

So weit so gut. Wir haben ein Mikroskop gefunden, das uns die Auflösungen beschert, nach denen wir so lange gesucht haben. Für die Biologie und viele andere naturwissenschaftliche Anwendungsgebiete wurden diese ersten Elektronenmikroskope, die mit der Transmissionsmethode arbeiteten, auch ein unersetzliches Hilfsmittel. Für die Kriminaltechnik hat dieses Prinzip aber leider einen kleinen Haken, der oben auch schon einmal aufgetaucht ist: Wir können immer nur sehr dünne Proben untersuchen, und müssen dünnste Scheibchen von unserem Objekt abschneiden. Nun sind Ermittler meist schon nicht gerade begeistert, wenn Kriminaltechniker ihre Beweisstücke zerschneiden wollen. Aber selbst wenn sie es zulassen sollten, ist die

Transmissionsmethode weniger geeignet, um z. B. das Aussehen und winzigste Spuren auf Geschossen oder Werkzeugen zu untersuchen und zu vergleichen. Eine Methode wäre wichtig, mit der wir ein Objekt einfach »von oben« betrachten können (und nicht »hindurch«). Dieses Problem hatten auch viele andere Wissenschaftler und nicht lange nachdem das TEM kommerziell erhältlich war, wurde bereits das erste Rasterelektronenmikroskop entwickelt.

Das Rasterelektronenmikroskop

Wenn man heute im Fernsehen oder an anderer Stelle von einem »Elektronenmikroskop« hört, dann geht es dabei meist um ein Rasterelektronenmikroskop (REM bzw. engl: *scanning electron microscope*, SEM) und nicht etwa ein TEM. Wenn Bilder gezeigt werden, die von einem »Elektronenmikroskop« stammen, dann kann man sogar darauf wetten, dass ein REM dahintersteckt. Kaum ein anderes Mikroskop macht so gut zu erkennende und oft auch so erstaunlich schöne Aufnahmen von kleinsten Objekten, wie Kieselalgen, Insektenaugen ... oder eben Verbrechensspuren, von denen uns in diesem Kapitel noch einige begegnen werden. Die Bilder des REM sind im Unterschied zum TEM keine Querschnitte, die oft so schwer zu durchschauen sind wie die Grundrisszeichnung eines Gebäudes, sondern es sind Ansichten von dreidimensionalen Objekten – fast so wie unsere Augen sie sehen würden, wenn sie so stark vergrößern könnten.

Das Zauberwort heißt wieder einmal Rasterung, wie der Name des REM ja schon vermuten lässt. So wie bei einigen Röntgen-Scannern wird auch beim REM nicht das ganze Objekt auf einmal beleuchtet. Stattdessen wird ein feiner Elektronenstrahl Punkt für Punkt über das Objekt geführt. Wenn die Elektronen auf der Oberfläche des Objekts auftreffen, können sie in der Materie dort verschiedene Reaktionen bewirken. Die unterschiedlichen Signale, die daraufhin ausgesendet werden, hängen vom Material, der Oberfläche und einigen anderen Eigenschaften des angestrahlten Punkts ab (so ähnlich wie ein Gegenstand je nach seiner Beschaffenheit für unsere Augen hell oder dunkel, glänzend oder matt und in verschiedenen Farben erscheinen kann). Wenn wir die Signale mit geeigneten Detektoren im REM auffangen, können wir viel über die Eigenschaften jedes Punkts auf der

Oberfläche des Objekts erfahren und auf diese Weise ein Bild zusammensetzen. Die wichtigste Art von Signalen, um die Form und die Oberfläche des Objekts zu erkennen, sind die Sekundärelektronen. Wenn eines der Elektronen im Strahl von der Oberfläche des Objekts aufgenommen wird, dann wird dabei genug Energie frei, um ein oder mehrere andere Elektronen in seiner direkten Umgebung aus dem Material zu lösen. Diese Sekundärelektronen (vom lateinischen Wort für »das zweite«) sind meist wesentlich langsamer als die Primärelektronen des Strahls und fliegen in alle Richtungen davon. Wir können sie jedoch mit elektrischen Feldern einfach »absaugen« und mit einem Detektor sammeln – die Anzahl der so gefangenen Sekundärelektronen für jeden gerasterten Punkt des Objekts entspricht dann der Helligkeit dieses Punkts. Auf diese Weise können wir die Form und die Oberflächenstruktur des Objekts »sehen«.

TEM und REM im Vergleich

Raster- und Transmissionselektronenmikroskop unterscheiden sich nicht nur in ihrer Methode, sondern ganz wesentlich in ihren Eigenschaften. Während wir beim TEM nur Bilder von Querschnitten bekommen und die Proben oft sehr aufwändig präparieren müssen, haben wir beim REM diese Einschränkung nicht. Zwar müssen manche Proben schon für die Bestrahlung mit Elektronen vorbereitet werden, aber der Aufwand ist insgesamt geringer, wir müssen die Proben nicht beschädigen und können sie uns ohne weiteres auch aus verschiedenen Richtungen ansehen. Vor allem bekommen wir eine Außenansicht des gesamten Objekts, ein Bild von seiner Oberfläche. Wie fein dieses Bild ist hängt vor allem vom Durchmesser des Elektronenstrahls ab, mit dem das Objekt gerastert wird. Bei modernen Geräten können wir leicht Auflösungen von wenigen Nanometern erreichen, bei optimalen Bedingungen sogar unter einem Nanometer. *Im Bild des Fußballfelds wäre ein Millimeter großer Stecknadelkopf auf dem Rasen noch zu erkennen.* Für die stärksten Vergrößerungen müssen wir also auf das TEM zurückgreifen, aber solche Aufgaben sind in der Kriminaltechnik eher selten. Hier ist ein anderer Vorteil des REM gegenüber dem TEM und den konventionellen optischen Mikroskopen viel wichtiger: seine enorme Schärfentiefe.

Von Fotos kennen wir den Effekt, dass Objekte oder Personen, die zu nah oder zu weit weg stehen, von der Kamera nur verschwommen auf dem Film abgebildet werden. Nur wer bei der Aufnahme in einem bestimmten Entfernungsbereich steht wird nachher auf dem Foto auch scharf zu sehen sein. Diesen Bereich bezeichnen wir als Schärfentiefe. Dass nur ein kleiner Bereich der Entfernungen von einer Linse scharf abgebildet wird, liegt am Zusammenhang zwischen der Entfernung, die das Objekt und das reelle Bild von der Linse haben. Je weiter das Objekt von einer Linse entfernt ist, desto näher hinter der Linse wird das reelle Bild entstehen. Umgekehrt wandert das Bild umso weiter hinter der Linse weg, je näher ihr das Objekt auf der anderen Seite kommt.

Wenn wir (oder der Autofokus) bei einem Fotoapparat am Objektiv die Entfernung einstellen, verschiebt sich daher im einfachsten Fall die Linse des Objektivs. Durch die geänderte Entfernung zur Ebene des Films – also durch eine andere Entfernung des reellen Bilds – werden jetzt Objekte in einer anderen Entfernung zur Linse scharf abgebildet. So ähnlich funktionieren auch optische Mikroskope und Transmissionselektronenmikroskope. Sie ändern allerdings vor allem den Abstand zwischen Objektiv und Objekt, während der Abstand zwischen dem Objektiv und dessen reellem Bild meist gleich bleibt. Unabhängig davon, welche Entfernung wir ändern, um die Schärfe einzustellen, bleibt in jedem Fall nur ein gewisser Entfernungsbereich, in dem wir das Motiv scharf sehen können. Dieser Bereich schrumpft gewaltig, je näher wir an das Objekt herangehen. Wer schon einmal mit einem Fotoapparat Großaufnahmen (»Makroaufnahmen«) von Blumen oder gar Insekten gemacht hat weiß, dass immer nur ein ganz kleiner Bereich, z. B. nur die Augen einer Biene scharf zu sehen sind, während der restliche Körper in der Unschärfe verschwimmt. Bei Mikroskopen, die noch stärker vergrößern als Makroobjektive von Fotokameras, setzt sich diese Verringerung der Schärfentiefe fort. Je stärker die Vergrößerung ist, desto geringer ist der Bereich des Objekts, der zu erkennen ist. Alles andere, was weiter entfernt ist oder näher liegt, bleibt unscharf. Für Transmissionsmikroskope macht das keinen sehr großen Unterschied mehr (egal ob sie das Objekt mit Licht oder mit Elektronen durchleuchten), da sie sowieso nur einen Querschnitt betrachten können. Optische Mikroskope hingegen, die das Objekt von oben beleuchten und das reflektierte Licht betrachten, könnten im Prinzip das gesamte Objekt dreidimensional zeigen. Ihnen macht allerdings die winzige Schärfentiefe einen Strich durch die Rechnung, weil sie letztenendes auch immer nur eine »Schicht« des Objekts scharf sehen, während alles oben drüber und unten drunter zwar im Prinzip zu sehen aber völlig unscharf ist. Nicht so das REM. Es muss die vom Objekt für jeden Punkt ausgehenden Sekundärelektronen nicht wie die optischen Mikroskope und das TEM durch Linsen abbilden, sondern nur sammeln. Ob der Punkt auf dem Objekt etwas weiter weg vom Detektor ist oder sich etwas näher dran befindet, macht kaum einen Unterschied (solange der Fokus des Elektronenstrahls sich nicht zu stark aufweitet). Somit kann ein Rasterelektronenmikroskop extreme Vergrößerungen bis weit über das Hunderttausendfache erreichen und gleichzeitig Bilder von dreidimensionalen Objekten mit überragender Schärfentiefe machen. Diese Eigenschaft machte das REM, nachdem es um 1965 zum ersten Mal kommerziell erhältlich wurde, zu einem riesigen Erfolg in allen Bereichen von Naturwissenschaft und Technik ... inklusive Kriminaltechnik.

Pollen und das Turiner Tuch

Die unterschiedlichsten Spuren können den Kriminaltechnikern im REM unter den Elektronenstrahl kommen, und meist haben sie mit Locards Austauschprinzip zu tun, weil der Täter etwas am Tatort hinterlassen oder von dort »mitgenommen« hat. Ein Beispiel sind Textilfasern, wie sie sich in Kleidung und Teppichen finden. Solche Fasern waren entscheidende Spuren bei der Verfolgung eines Serienmörders, der um 1980 die Stadt Atlanta im US-Bundesstaat Georgia in Angst und Schrecken versetzte. In weniger als drei Jahren hatte der Täter über 20 junge Schwarze ermordet. Schließlich gelang es der Polizei, einen Verdächtigen festzunehmen. Im späteren Prozess konnte der Staatsanwalt die Geschworenen davon überzeugen, dass eine Reihe von Fasern, die auf den Opfern gefunden worden waren, aus dem Auto und der Wohnung des Angeklagten stammen mussten. Er wurde zu zweimal lebenslänglich verurteilt. Meist lassen sich solche Fasern schon mit einem optischen Mikroskop identifizieren, aber wenn das nicht möglich ist, kann ein REM hier die entscheidende Hilfe sein.

So kann die Physik hinter dem Elektronenmikroskop z. B. auch dem Botaniker helfen, die Pflanzen zu bestimmen, von denen eine spezielle Art von Pollen auf der Kleidung des Verdächtigen stammen. Gibt es am Tatort – oder auch am Ort seines Alibis – Bäume oder Blumen dieser speziellen Art, dann können solche Pollen gute Hinweise auf Schuld oder Unschuld geben. Zwar ist auch dies oft mit Lichtmikroskopen möglich, aber bei schwierigen Fällen können die stärkeren Vergrößerungen und klareren Bilder des REM sehr helfen. Freilich werden Pollen *allein* kaum ein Verbrechen aufklären können, sondern immer nur in Verbindung mit anderen Beweisen. So tauchten Pollen auch in einem sehr berühmten Fall auf, hinter dem aber kein Verbrechen im engeren Sinn steckte. Bis in die späten 1980er Jahre hatte das »Grabtuch von Turin« viele Gläubige und auch Wissenschaftler beschäftigt. Es war eines von mindestens vierzig solcher Leichentüchern, die im Mittelalter als »authentische« Leichentücher von Jesus Christus in Umlauf kamen. Die meisten von ihnen verschwanden über die Jahrhunderte, aber das Turiner Tuch blieb erhalten und wurde 1978 in Turin öffentlich ausgestellt. Auf ihm war seit sechs Jahrhunderten das schemenhafte aber trotzdem gut zu erkennende Bild eines bärtigen, langhaarigen Manns zu sehen. Im

Abbildung 9.2: Aufnahme verschiedener Pollen mit einem Rasterelektronenmikroskop. Die kleineren Pollen sind jeweils nur ein fünfzigstel Millimeter groß. Solche Spuren können verraten, wo sich ein Verdächtiger – oder ein vermeintliches Grabtuch – aufgehalten hat. Gut zu erkennen ist der dreidimensionale Eindruck, den REM-Bilder geben können (Wikipedia, the free encyclopedia: http://en.wikipedia.org/wiki/scanning_electron_microscope.

ersten Dokument, in dem es je erwähnt wurde, hatte ein Bischof es im Jahr 1357 als Fälschung bezeichnet. Um zu beantworten, ob das Tuch nun echt sein könne oder wirklich eine Fälschung sei, wurde auch die Kriminaltechnik bemüht. Es gab eine Reihe von Untersuchungen, die sich unter anderem auch mit den Pollen beschäftigten, die auf dem Tuch noch zu finden waren. Von den Dutzenden verschiedener Pflanzenarten stammten einige, wie zu erwarten war, aus Turin und andere aus Südfrankreich, wo das Tuch ebenfalls bereits schon einmal ausgestellt war. Einige stammten aber auch aus der palästinischen Wüste und legten es nahe, dass das Tuch irgendwann zumindest einmal in Palästina gewesen sein muss. Wann das geschehen war, blieb aber offen. Andere Untersuchungen einiger vermuteter Blutflecken, deuteten 1981 darauf hin, dass auf dem Tuch keineswegs Blut war, sondern vielmehr Farbe, weil sich in diesen Flecken rote Pigmente wie Zinnober und Eisenoxid fanden. Eine Klärung schien nur möglich durch eine andere physikalische Methode, die »Radiocarbon-« oder »C14-Methode«, die es erlaubt, das Alter von organischem Material zu bestimmen. Auf diese Weise musste es möglich sein zu bestimmen, wann die pflanzlichen bzw. tierischen Fasern, aus denen das Tuch bestand, gewachsen waren. *Eine genaue Erklärung dieser Methode würde uns hier leider zu weit führen. Hier mag es uns reichen zu wissen, dass sich durch den radioaktiven Zerfall eines bestimmten Kohlenstoffisotops (dem Kohlenstoff-14 oder ^{14}C) berechnen lässt, wann die Pflanze oder das Tier, zu dem die Faser gehörte, zu leben aufhörte.* Leider war in den frühen 1980er Jahren diese Methode noch nicht so weit entwickelt, hätte zu viele Fasern des Tuchs benötigt und eventuell trotzdem kein sicheres Ergebnis gebracht. Ende der 1980er Jahre jedoch war die Technik schließlich so ausgreift, dass ein kurzes Stück einer einzigen Faser ausreichte. Laboratorien von drei Universitäten in den USA, Großbritannien und der Schweiz stellten übereinstimmend fest, das Tuch stamme etwa aus der Zeit zwischen 1260 und 1390 n. Chr [8].

Glühwendeln

Noch wesentlich kleinere Fäden tauchen in einer ganz anderen Art von Ermittlungsfällen auf, die weniger spektakulär sind. Im Vergleich mit der Frage, wer ein Opfer erschossen hat, mag es auf den ersten Blick sogar profan erscheinen zu fragen, ob das Bremslicht oder der Scheinwerfer eines Autos leuchteten, bevor ein Unfall passierte. Auf der anderen Seite gibt es jedes Jahr allein in Deutschland mehr als zwei Millionen Verkehrsunfälle mit über vierhunderttausend Verletzten und sechstausend Toten – etwa dreißigmal so viele Opfer wie bei Morden mit Schusswaffen. Zu dem Verlust von so vielen Menschenleben kommt der finanzielle Schaden hinzu. Die Frage nach den Bremslichtern und Scheinwerfern bekommt dadurch schnell eine ganz andere Dimension. Ebenso, wenn wir uns vorstellen, selber in der Position zu sein, dass nach einem Verkehrsunfall der andere Fahrer behauptet, unsere Scheinwerfer hätten nicht gebrannt, und wir seien daher am Unfall schuld. Ohne Kriminaltechnik kann es schwierig sein, diese Behauptung zu widerlegen. Überraschenderweise wird uns ein kaputter Scheinwerfer in solchen Fällen sogar oft mehr über den Unfall erzählen können als ein heil gebliebener. Grundlage für unsere Spurensuche sind die hohe Temperatur des Wolframfadens beim Leuchten der Glühbirne und die starken Erschütterungen beim Zusammenstoß der Autos. Zerbricht die Glühbirne, dann können kleine Metall- und Glasstücke auf den Faden der Glühwendel treffen. Nur wenn die Lampe eingeschaltet und der Faden dementsprechend heiß war, werden die Bruchstücke zuweilen am Faden anschmelzen und haften bleiben. Diese Spuren sind zwar recht gut zu entdecken, aber nicht immer vorhanden. Wenn sie fehlen, kann auch der Faden der Glühwendel einiges verraten. Durch den Aufprall wird er meist so stark geschüttelt, dass die spiralförmige Glühwendel dabei entweder verformt wird oder sogar reißt. Je nachdem, wie heiß oder kalt der Faden war, kann er nach dem Stoß ganz unterschiedlich aussehen.

Wird der Faden beim Unfall gut »durchgeschüttelt« und gestaucht, dann können sich dabei zwei nebeneinander liegende Windungen berühren. Mit etwas Glück und den starken Vergrößerungen eines Rasterelektronenmikroskops können wir die Folgen einer solchen Berührung sichtbar machen. In einer eingeschalteten Glühbirne können nämlich die beiden heißen Drahtstücke an den Berührungspunkten verschmelzen oder zumindest anschmelzen. Selbst wenn sie sich nach dem Kontakt sofort wieder trennen, werden Spuren bleiben, wie sie in der Abbildung zu erkennen sind. Zwar sind die in diesem Fall entstandenen Sägezahnmuster winzig und nicht einfach zu finden, aber die aufgerissene, wellige Oberfläche der Glühwen-

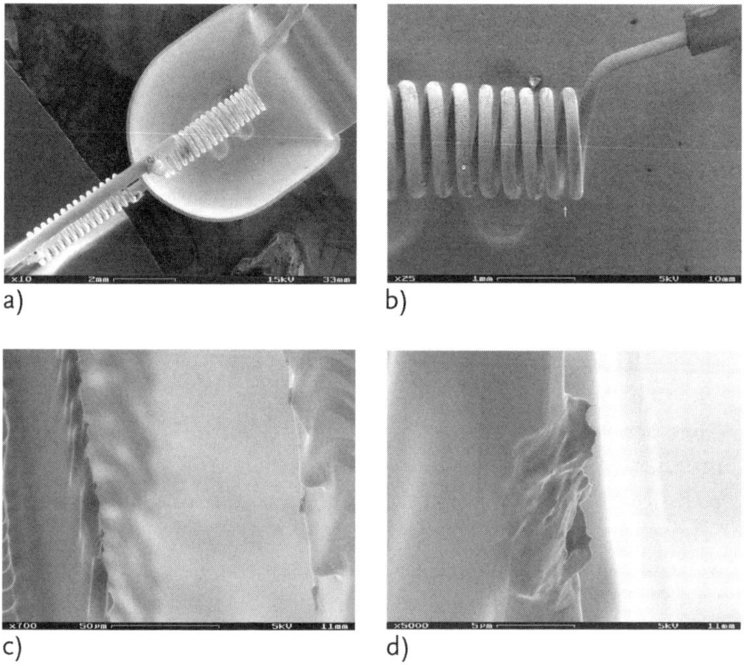

Abbildung 9.3: Schmelzspuren an einer Glühwendel. Während die minimale Stauchung der Glühwendel in der schwachen Vergrößerung noch kaum zu erkennen ist (a und b, 10fache bzw. 25fache Vergrößerung), zeigt sich bei 700facher Vergrößerung ein charakteristisches Sägezahnmuster an zwei gegenüberliegenden Windungen der Glühwendel (c). Die beiden Windungen waren in heißem Zustand in Kontakt gekommen und punktweise zusammengeschmolzen. In der 5000fachen Vergrößerung (d) sind sogar winzige Schmelzkügelchen (mit Durchmessern um 200 nm) auf den Spitzen eines solchen Kontaktpunkts zu erkennen (Quelle: Bayerisches Landeskriminalamt).

del an diesen Punkten zeigt unmissverständlich, wie heiß der Wolframdraht während des Kontakts, also während des Unfalls, gewesen sein muss. Mehr noch verrät der charakteristische kleine Tropfen mit einem Durchmesser von knapp 200 nm, der auf der Spitze eines Zackens in der Mitte des Bilds zu sehen ist. Wenn sich die beiden Wendelteile nach einem kurzen Kontakt wieder voneinander lösen, fließt der Strom an dieser Stelle für einen kurzen Moment weiter, muss aber jetzt durch die Luft vom einen zum anderen Draht gelangen. Durch den Lichtbogen, der sich dabei bildet, entstehen diese

Kügelchen. Der Strom muss während des Unfalls geflossen sein. Die Lampe brannte – egal was der Unfallgegner behaupten mag.

Sollte die Glühwendel beim Zusammenstoß der Autos nicht nur gestaucht werden, sondern reißen, dann haben wir einen weiteren Ansatzpunkt für unsere Spurensuche. Die Oberfläche der Bruchstelle kann ebenso viel über den Zustand der Lampe während des Unfalls verraten wie das Sägezahnmuster einer Kontaktstelle. Wenn das Wolfram beim Bruch kalt und hart war, dann sieht die Bruchfläche des Fadens spröde aus, wie bei einem gebrochenen Stein oder einem kaputten Porzellanteller. (In der ersten Abb. ist die REM-Aufnahme einer solchen Bruchstelle des Fadens zu sehen.) Ist die Lampe aber eingeschaltet und die Glühwendel entsprechend heiß, dann sieht die Oberfläche eher »weich« aus und erinnert eher an Butter oder Knetmasse, die man auseinander bricht bzw. zieht. Die glatte, fast wellige Bruchfläche in der zweiten Abbildung könnte uns einen solchen Schmelzbruch vermuten lassen. Aber bei derartigen Spuren müssen wir in der Kriminaltechnik sehr genau hinsehen. Links außen auf der Oberfläche finden wir nämlich auch einen kleinen spröden Bereich. Er beweist, dass dieser Wolframfaden ebenfalls kalt und die Lampe also ausgeschaltet war, als der Unfall passierte. Die große, geschmolzen aussehende Fläche hingegen hat nichts mit dem Unfall zu tun. An dieser Stelle existierte schon lange vor dem Zusammenstoß ein

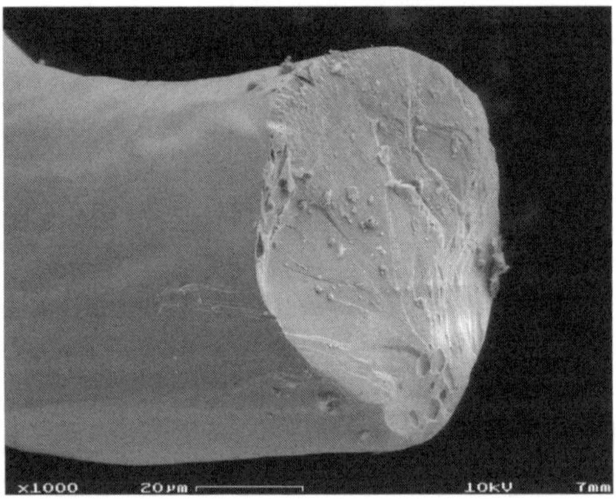

Abbildung 9.4: REM-Aufnahme der Bruchfläche einer Glühwendel. In der 1000fachen Vergrößerung ist die spröde Oberfläche gut zu erkennen. Sie lässt darauf schließen, dass die Lampe während des Aufpralls kalt war, also kein Strom floss (Quelle: Bayerisches Landeskriminalamt).

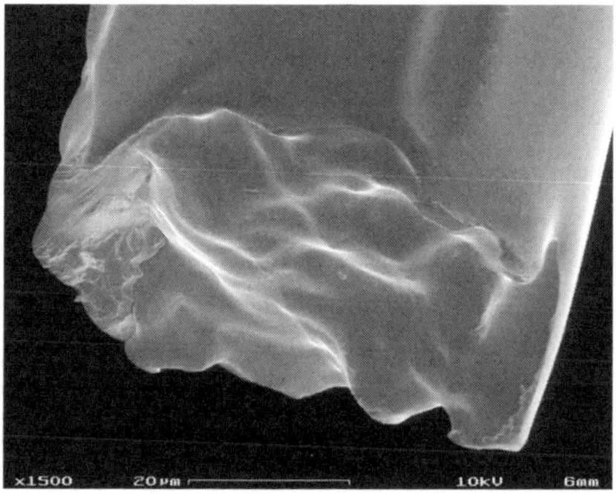

Abbildung 9.5: REM-Aufnahme der Bruchfläche einer Glühwendel. Der verrundete Bereich der Oberfläche könnte vermuten lassen, dass die Glühwendel heiß und die Lampe eingeschaltet war. Am linken Rand ist aber in dieser 1500fachen Vergrößerung ein spröder Bereich zu sehen, der den Kriminaltechniker auf die richtige Spur bringt: Die Lampe war ausgeschaltet, als die Glühwendel zerbrach. (Näheres im Text.) (Quelle: Bayerisches Landeskriminalamt)

Spalt in der Glühwendel, von dessen Oberfläche Atome abdampften, jedesmal wenn die Lampe eingeschaltet wurde. Auf diese Weise erhielten die Oberflächen im Spalt dieses weiche und wellige Aussehen. Der Faden war also schon lange vor dem Unfall fast komplett durchtrennt und wurde nur noch durch das kleine Stück links außen zusammengehalten. Als die Glühwendel nun beim Zusammenstoß der Autos erschüttert wurde, brach sie an genau dieser Schwachstelle auseinander. Da die Lampe allerdings ausgeschaltet war, erhielt zumindest diese kleine Bruchstelle die verräterische spröde Oberfläche, die wir REM-Bild erkennen.

Schmauchspuren

Hercule Poirot war berühmt für seine präzise Beobachtungsgabe und für seine Fähigkeit, der Wahrheit auf die Spur zu kommen, auch wenn der Schein trügt. Er hätte sicher seine Freude daran gehabt, den trügerischen Eindruck der Bruchfläche dieser Glühwendel zu durchschauen. Sogar der große Belgier hätte bei der Aufklärung eines seiner Fälle die Hilfe des REMs gebrauchen können. Aber er hatte natürlich keines und so klärte er den »Tod auf dem Nil« mit einem Trick auf. In Agatha Christies Geschichte wird eine reiche, aber nicht eben beliebte Erbin während einer Kreuzfahrt auf dem Nil erschossen. Gegen Ende der berühmten Filmversion erläutert Peter Ustinov alias Hercule Poirot allen noch lebenden Beteiligten bis in kleinste Detail, wie der Mord abgelaufen ist und das Mörderpäarchen sich ein falsches Alibi verschaffen konnte. Das besagte Mörderpäarchen ist aber nur wenig beeindruckt, weil Poirot keinen Beweis vorlegen kann wie sie meinen. Allerdings fragt Poirot daraufhin seinen Freund, Colonel Race, der ebenfalls an Bord ist, ob er den »Moulage-Test« durchführen könne. Dieser Test stelle unzweifelhaft fest, ob jemand kürzlich eine Schusswaffe abgefeuert habe – und das konnte die beiden überführen. Nachdem Race, gespielt von David Niven, die Frage umgehend bejaht, gibt die Mörderin, Mia Farrow, schließlich auf. Sie gesteht den Mord, erschießt aber lieber ihren Liebhaber (und Komplizen) und sich selbst, als sich festnehmen zu lassen. Ironischerweise erfahren wir kurz darauf, dass Poirot nur bluffte – nicht etwa, weil es keinen solchen Test gegeben hätte, sondern weil der Colonel nicht die notwendigen Utensilien auf dem Kreuzfahrtschiff auf dem Nil bei sich hatte [38].

In der Realität hilft ein solcher Bluff leider eher selten. Öfter muss daher die Kriminaltechnik an die Arbeit, um einem Verdächtigen nachzuweisen, dass er eine Schusswaffe abgefeuert hat. Der Moulage-Test, den Poirot erwähnte, ist bei uns eher bekannt als Paraffin-Test aus der frühen Zeit der Kriminaltechnik. Die Idee dahinter ist einfach: Beim Abfeuern einer Schusswaffe wird das Pulver, die sogenannte Treibladung, verbrannt und drückt das Geschoss mit großer Geschwindigkeit durch den Lauf. Durch die explosionsartige Verbrennung der Treibladung wird eine Wolke von Teilchen durch den Lauf oder durch Öffnungen im hinteren Bereich aus der Waffe hinausgedrückt. Dabei landen Rückstände des Pulvers, sogenannte Schmauchpartikel, auch auf dem Körper, speziell der Hand des Schützen. Diese »Schussreste« (engl.: *gun shot residues,* häufig mit GSR abgekürzt) setzen sich auf der Haut fest und sind auch durch intensives Waschen nicht leicht zu entfernen. Mit Paraffinwachs, das man auf die Hand eines Verdächtigen aufbringt, lassen sich diese Partikel aber abnehmen (daher auch die französische Bezeichnung »moulage« für Abdruck) und unter einem Mikroskop nachweisen. Heute benutzt man bei der GSR-Analyse kein Paraffingemisch mehr, sondern eine Art Klebestreifen, mit dem ein Kriminaltechniker Spuren von der Hand eines Verdächtigen abnehmen kann: Staub, Schmutz und eben auch Schmauchpartikel. Leider gibt es aber viele Staubpartikel, Metallspäne und ähnliche Teilchen, die den Schmauchpartikeln sehr ähneln können aber nichts mit einer Schusswaffe zu tun haben müssen. Eine zuverlässige Aussage darüber, ob ein Verdächtiger tatsächlich eine Schusswaffe abgefeuert hat, ist nur möglich, wenn wir die Pulverreste sicher von allen anderen Partikeln unterscheiden können. Dabei hilft das Rasterelektronenmikroskop.

Die GSR-Partikel sind charakteristisch in ihrer Größe und ihrer Zusammensetzung. Typischerweise sind sie zwischen einem und zehn Mikrometern groß und enthalten die chemischen Elemente Blei, Barium und Antimon. Während es zwar auch Staub und Metallspäne in dieser Größe gibt, ist die Kombination der drei chemischen Elemente in einem einzigen winzigen Partikel aber einzigartig. Es ist nun einfach, in einem REM die Größe der Partikel zu erkennen, die auf der Oberfläche eines Klebestreifen haften geblieben sind, aber die Suche kann sehr lang dauern. Wenn der Experte im REM jeweils einen Ausschnitt von 100 µm × 100 µm auf einmal betrachten und absuchen kann, dann hat er auf einem Klebestreifen, der nur einen Quadratzentimeter groß ist, 10.000 solcher Felder zu untersuchen. Liegt die Tat dann schon etwas länger zurück, sodass nicht mehr allzu viele Partikel eines Schusses übrig sein dürften, dann wird es umso wichtiger, nichts zu übersehen, denn schon weniger als ein Dutzend Schmauchpartikel können das Abfeuern einer Waffe beweisen. Inzwischen erleichtern spezielle Computersysteme am REM den Experten diese Arbeit ein wenig, indem sie den gesamten Klebestreifen automatisch absuchen und alle »Kandidaten« speichern. Der Experte braucht sich diese Partikel dann nur noch einen nach dem anderen anzusehen und festzustellen, ob es sich hier tatsächlich um einen solchen GSR-Partikel oder doch etwas anderes handelt. Da auch die Form und die Oberflächenstruktur der Partikel nicht unbedingt eindeutig sind, hilft ihm bei der endgültigen Entscheidung ein spezieller Detektor im Rasterelektronenmikroskop.

Ein Bisschen Spektroskopie: EDX

Wie oben schon erwähnt, erzeugen die Primärelektronen, die auf das Objekt treffen, eine ganze Reihe von Signalen. Aus den Sekundärelektronen, die vom Material ausgesandt werden, setzt das REM ein Bild von der Form und der Oberfläche des Objekts zusammen. Gleichzeitig wird von den Atomen im Objekt, auf die der Elektronenstrahl trifft, aber auch Röntgenlicht abgegeben. Diese Röntgenphotonen haben für jede Atomsorte charakteristische Frequenzen bzw. Energien. Das abgestrahlte Spektrum ist wie ein Fingerabdruck der verschiedenen chemischen Elemente. Physiker bezeichnen die Analyse dieser Strahlung als »Energie-dispersive Röntgenspektroskopie«, weil sie die Energie der Röntgenstrahlen unterscheidet. Die englische Bezeichnung lautet »*energy dispersive X-ray spectroscopy*« oder kürzer und besser zu merken: EDX. Mit einem EDX-Detektor in einem Rasterelektronenmikroskop lässt sich für jeden Punkt des Objekts, zumindest bei schwereren Elementen, die chemische Zusammensetzung bestimmen. Das bringt uns die noch fehlende Information, um Schmauchpartikel sicher nachzuweisen. Enthält ein vermeintlicher GSR-Partikel die Elemente Blei, Barium und Antimon, die sich wegen ihres hohen Atomgewichts gut nachweisen lassen, dann ist seine Identität damit bestätigt.

Inzwischen haben viele Munitionshersteller damit begonnen, weniger gesundheitsschädliche Munition herzustellen. Auch wenn sich das im ersten Moment recht ungewöhnlich anhört, ist das kein Witz. Für einen Verbrecher mag dieser Aspekt nebensächlich sein, aber viele Tausende von Sportschützen, die in Sportverbänden und Schützenvereinen ihr Hobby betreiben, möchten nicht permanent ein Gemisch von kleinsten Teilchen einatmen, die Blei, Barium und Antimon enthalten – Stoffe, die nicht gerade als gesundheitsfördernd bekannt sind. Daher gibt es bereits Munitionen, die auf dieses charakteristische Trio verzichten. Sie verwenden statt dessen Elemente, die weniger giftig sind und in unserer Umwelt häufiger vorkommen. Was für Sportschützen gesund ist, kann aber für Kriminaltechniker einmal ein Problem werden. Wie sollen die Schmauchpartikel noch eindeutig identifiziert werden, wenn jemand mit einer solchen neuartigen Munition geschossen hat? Natürlich enthalten auch die neuen Munitionen bestimmte chemische Elemente, aber es gibt, je nach Munition, ganz unterschiedliche Gemische, z. B. Mangan und Kalium oder Titan und Zink, und keines davon ist so einzigartig wie Blei,

Barium und Antimon. Ein Teilchen von der Hand eines Verdächtigen muss nicht unbedingt ein Schmauchpartikel sein, nur weil es Titan und Zink enthält und die richtige Größe besitzt. Eine Möglichkeit, die Teilchen doch sicher zu erkennen und manchmal sogar die Marke der Munition zu identifizieren, haben wir aber, wenn wir nicht mehr nur auf die Körnchen *drauf*schauen, sondern auch in sie *hinein*.

In einen Partikel hineinsehen zu müssen, der gerade mal wenige tausendstel Millimeter groß ist, stellt eine gewisse Herausforderung dar. Ein Salzkorn von vielleicht einem halben Millimeter Größe zu zerschneiden ist schon schwierig genug, aber hier ist unser Körnchen noch hundertmal kleiner. Außerdem muss der Schnitt extrem scharf und sauber sein, damit wir danach auch die innere Struktur noch erkennen können. Brokkoli oder Blumenkohl können wir beispielsweise auch mit einem sehr stumpfen Messer oder gar mit einem Kochlöffel »schneiden« – allerdings sind danach die feinen Verästelungen nicht mehr erkennbar. Ähnlich erginge es auch den Schmauchpartikeln, wenn wir kein geeignetes Messer für diesen Schnitt finden können.

Mit Ionen schneiden: FIB

Die Lösung ist eine Art miniaturisiertes Sandstrahlen. An Gebäuden werden oft Überreste von Putz und anderen Materialien, die sich noch auf der Fassade befinden, mit einem Sandstrahler abgetragen. Dabei schießen viele Sandkörner mit hoher Geschwindigkeit auf das Material und jedes Sandkorn reißt dabei ein winziges Stück des Materials von der Oberfläche ab. Je nachdem wie groß die Düse bzw. der Durchmesser des Sandstrahls ist, lassen sich damit mehr oder weniger feine Strukturen auf der Fassade bearbeiten. Theoretisch ließe sich der Strahl bis auf die Größe eines einzigen Sandkorns reduzieren (allerdings mit der Konsequenz, dass man zwar sehr genau arbeiten kann, aber fast kein Material mehr abgetragen wird und es somit extrem lange dauert, fertig zu werden). Zum Aufschneiden von Schmauchpartikeln ist ein solcher Sandstrahler, auch wenn er mit nur einem einzigen Korn schießt, natürlich immer noch viel zu grob. Aber niemand zwingt uns, Sand zu verwenden. Je kleiner die Teilchen sind, desto kleiner werden auch die Strukturen, die wir mit ihnen produzieren können. Elektronen bieten sich an, aber Atome können sich wegen ihrer wesentlich größeren Masse unter bestimmten Bedingungen noch besser eignen.

Elektrisch neutrale Atome lassen sich allerdings nicht so leicht beschleunigen wie etwa die negativ geladenen Elektronen. Damit wir einen Strahl auch aus Atomen produzieren können, ionisieren wir sie, d. h. wir nehmen ihnen eines oder mehrere Elektronen aus ihrer Elektronenhülle weg. Dadurch verlieren sie fast keine Masse, aber als positiv geladene Ionen lassen sie sich durch elektrische Felder beschleunigen und sehr präzise steuern. Lenken wir diesen Ionenstrahl auf ein Objekt, dann werden die Ionen dort, wo sie auftreffen, nach und nach Atome aus der Oberfläche herausschlagen, ganz so wie beim Sandstrahlen. Mit einem Computersystem lässt sich der Strahl so kontrollieren, dass er z. B. ein bestimmtes Muster in ein mikroskopisch kleines elektronisches Bauteil hineinschneidet – oder eben einen Schmauchpartikel aufschneidet.

In Rasterelektronenmikroskope, die selber schon mit einem Elektronenstrahl arbeiten, lassen sich solche Komponenten einbauen, die das zu untersuchende Objekt mit einem Ionenstrahl beschießen. Um auch möglichst kleine Strukturen auf diese Weise ätzen zu können, muss dieser Ionenstrahl einen möglichst kleinen Durchmesser haben und scharf fokussiert werden. Ein solches Gerät wird daher auch als »fokussierter Ionenstrahl« (engl.: *focused ion beam* oder FIB) bezeichnet. Mit Kombinationen aus REM und FIB lassen sich Objekte stark vergrößert betrachten, genau positionieren und dann mit dem Ionenstrahl in einem programmierten Muster strukturieren. Ein wenige Nanometer großer Strahl kann so inzwischen auch winzigste Strukturen »schreiben«. Um diese extreme Auflösung zu erreichen, muss allerdings die Intensität des Ionenstrahls sehr gering sein, und das Schreiben dauert umso länger. Zum Aufschneiden der GSR-Partikel brauchen wir aber zum Glück keinen so extrem feinen Strahl. Hier reicht es, »schnell« die eine Hälfte des Partikels wegzuätzen, sodass wir dann mit dem Elektronenmikroskop von der Seite in den offenen Partikel hineinsehen können wie in eine Halbkugel. Das Innenleben der Partikel erinnert dabei manchmal an einen mehr oder minder löchrigen Schweizer Käse oder einen Schwamm. In jedem Fall sind die völlig unterschiedlichen Strukturen sehr charakteristisch für Schmauchpartikel und einfach von anderen Teilchen, wie Staub, zu unterscheiden. Zusammen mit der chemischen Zusammensetzung können wir so unter Umständen sogar den Hersteller

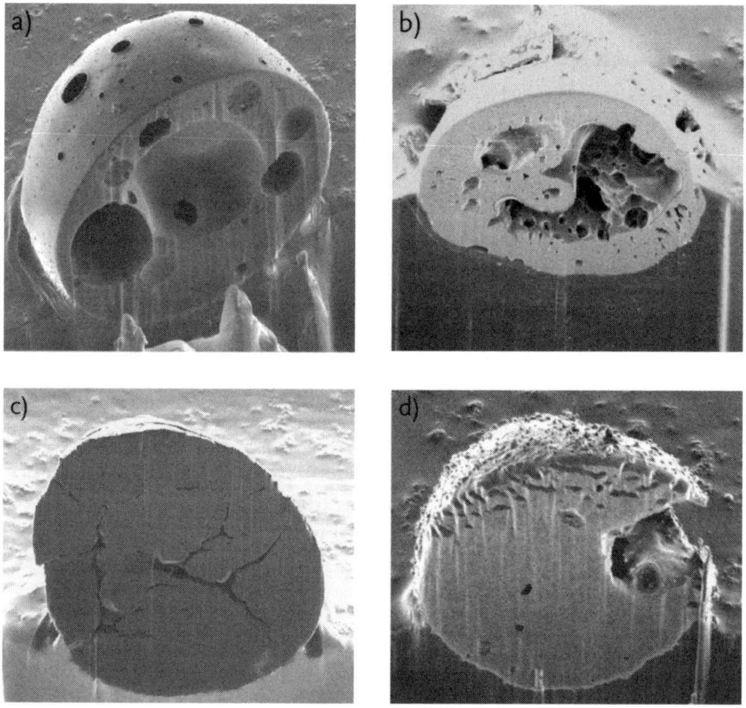

Abbildung 9.6: Rasterelektronenmikroskopische Aufnahmen von Schmauchpartikeln, die mit einem speziellen Ionenstrahl (FIB) aufgeschnitten wurden. Im Inneren unterscheiden sich die Partikel der verschiedenen Munitionssorten deutlich und lassen sich entsprechend leicht identifizieren. Das Teilchen mit »Schweizerkäse-Struktur« (a) stammt von konventioneller Munition und enthält Blei, Antimon und Barium; andere Partikel sehen im Inneren aus wie ein Schwamm (b, mit Titan und Zink), wie ein rissiger Lehmklumpen (c, Mangan und Kalium) oder haben ein massives Inneres (d, Strontium). (Quelle: Bundeskriminalamt).

und den Typ der Munition feststellen. Während diese FIB-Methode sich noch in der Erprobung befindet und im Vergleich mit der einfachen Analyse der Schmauchpartikel am REM auch wesentlich aufwändiger ist, so könnten die neuen, weniger gesundheitsschädlichen Munitionen doch auch einen Vorteil haben: Werden auf der Hand eines Verdächtigen Schmauchpartikel nachgewiesen, kann er dieses Indiz sehr schnell entkräften, falls er in der Zeit vor der Untersuchung ganz legal eine Waffe abgefeuert hat, z. B. bei Schießübungen.

Die konventionelle GSR-Analyse (die nur das Rasterelektronenmikroskop und EDX benutzt) kann ihm dann einen Schuss im Zusammenhang mit der Tat kaum nachweisen, denn jeder Schmauchpartikel könnte schließlich ebenso von den Schießübungen stammen. Die Ionenstrahl-Methode hingegen könnte ihn aber doch mit dem tödlichen Schuss in Verbindung bringen, wenn er bei der Tat eine andere Munition verwendet hat als bei den Schießübungen. Das ist gar nicht einmal so unwahrscheinlich, denn ein Täter wird eine Waffe, die er für ein Verbrechen benutzt, ungern noch an anderer Stelle verwenden. Spuren an der Kugel könnten dann zu ihm zurückverfolgt werden. Nimmt er aber eine andere Waffe für die Schießübungen, dann stehen die Chancen nicht schlecht, dass sich auch die Munition der beiden Waffen bzw. ihre Schmauchpartikel mit der FIB-Methode unterscheiden lässt. So könnte ihm dann doch nachgewiesen werden, dass er außer seinen Übungsschüssen auch eine Waffe abgefeuert haben muss, wie sie für die Tat benutzt wurde. Einer der ganz großen Vorzüge des REM sind dabei die anschaulichen Bilder, die es von den Schmauchpartikeln liefert. Sie überzeugen oft mehr als alle Tabellen und Graphen mit Messergebnissen und Erklärungen eines Experten. Das charakteristische Aussehen dieser Teilchen und die Unterschiede zwischen den verschiedenen Arten von Munition sind für jeden sofort nachvollziehbar, auch wenn er sich nicht als Kriminaltechniker schon viele Jahre mit diesem Thema beschäftigt.

Das Vergleichs-REM

Sollte ein Verbrecher seine Pistole nicht nur bei dem einen Mord, sondern auch noch an anderer Stelle verwenden, oder sollte die Waffe später bei ihm gefunden werden, dann kann ihm das zum Verhängnis werden. Oft genug führt die tödliche Kugel zu der Waffe, aus der sie abgefeuert wurde, und die Waffe weist dann auf den Täter. Im Fall des St.-Valentinstag-Massakers (aus dem Kapitel zum Mikroskop) konnte Calvin Goddard einem der Mörder seine Beteiligung an der Tat durch den Vergleich der Kugeln vom Tatort mit seiner Waffe bzw. mit Vergleichsgeschossen aus seiner Waffe nachweisen. Das gelang ihm damals mit einem optischen Vergleichsmikroskop, das zwei Objekte, wie z. B. zwei Geschosse, gleichzeitig und nebeneinander für den Betrachter vergrößert. Nachdem das Rasterelektronenmikroskop auf dem Markt kam, war es gar kein so weiter Schritt, die Vorteile des REM mit denen des Vergleichsmikroskops zu kombinieren. Zusammen mit der Industrie entwickelte das Bundeskriminalamt das Vergleichs-REM, mit dem, genau wie bei der optischen Variante, zwei Objekte gleichzeitig betrachtet werden können. Allerdings bietet das REM dabei nicht nur wesentlich stärkere Vergrößerungen und eine bessere Auflösung, sondern auch eine größere Schärfentiefe und eine »gleichmäßigere Beleuchtung« der Objekte, die den Vergleich noch einfacher und eindeutiger machen.

Geschosse und Patronenhülsen sind zwei der typischen Objekte, die mit dem Vergleichs-REM betrachtet werden. Der Schlagbolzen, der mit seinem Schlag auf das Zündplättchen die Treibladung der Patrone zündet, hinterlässt auf dem hinteren Ende der Patronenhülse charakteristische Spuren. Auch wenn der Bolzen immer ein klein wenig anders auf die Hülse trifft, bleiben die Strukturen des Eindrucks einzigartig und meist gut zu erkennen, vorausgesetzt wir können die feinen Details gut genug sichtbar machen. Nun werfen zwar Pistolen ihre Patronenhülsen nach jedem Schuss aus, Revolver hingegen nicht. Wenn ein Täter also einen Revolver benutzt oder die Hülsen seiner Pistole nach der Tat einsammelt, können wir ihn schlecht mit dieser Art von Spuren erwischen. Ähnliches gilt aber auch für die Geschosse selbst. Der Lauf fast jeder modernen Handfeuerwaffe ist »gezogen«, d. h. in ihm befinden sich rillenförmige Vertiefungen oder entsprechende Erhöhungen, die sich wie ein Gewinde spiralförmig den Lauf entlangziehen. Wird eine Kugel durch einen solchen Lauf gepresst, dann wird sie durch diese Rillen in Drehung versetzt. Durch diesen Drall – der Physiker würde hier von einem Drehimpuls sprechen – wird ihre Fluglage stabiler (genau so wie ein Quarterback im American Football den ovalen Ball bei einem Pass in eine schnelle Drehung um die Längsachse versetzt, damit er nicht anfängt zu »eiern«). Das physikalische Prinzip dahinter nennt sich Drehimpulserhaltung. Es besagt, dass ein Objekt, das sich um eine bestimmte Achse dreht, sich weiter um dieselbe Achse drehen möchte. Deshalb bleibt ein Kreisel auf der Spitze stehen, solange er sich dreht; deshalb fällt ein Fahrrad nicht um, solange die Reifen rollen; und deshalb treffen wir mit Schusswaffen genauer, wenn sich die Geschosse drehen, weil sie während des ganzen Flugs (fast) in dieselbe Richtung zeigen und nicht anfangen zu torkeln. Durch diese Rillen, die wir brauchen, um den Drehimpuls zu produzieren,

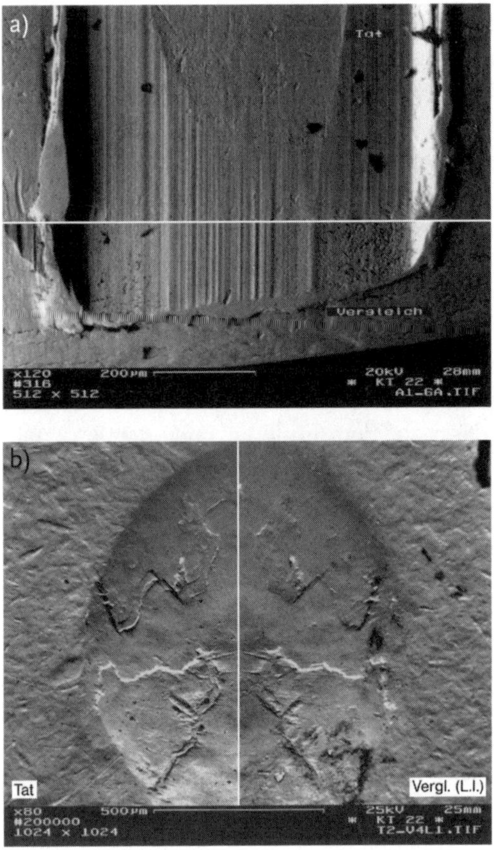

Abbildung 9.7: Aufnahmen mit dem Vergleichs-REM von Spuren auf Munition. a) Die durch den Zug im Lauf der Waffe verursachten Spuren (Feldeindruckspuren) stimmen auf den beiden Geschossen vom Tatort (obere Hälfte des Bilds) und von der Waffe eines Verdächtigen (untere Hälfte) genau überein. b) Die Abdrücke des Schlagbolzens auf einer Patronenhülse vom Tatort (linke Hälfte) und einer Vergleichshülse (rechte Hälfte) sind identisch. (Quelle: Bundeskriminalamt).

entstehen auf jedem Geschoss für diesen Lauf typische Spuren. Auf der Suche nach der Waffe, aus der der tödliche Schuss kam, brauchen wir also nur eine passende Vergleichskugel und möglichst ein Vergleichs-REM, mit dem wir oft sogar überraschend feine Spuren noch eindeutig wiedererkennen können, die kaum mehr als ein paar Mikrometer groß sind.

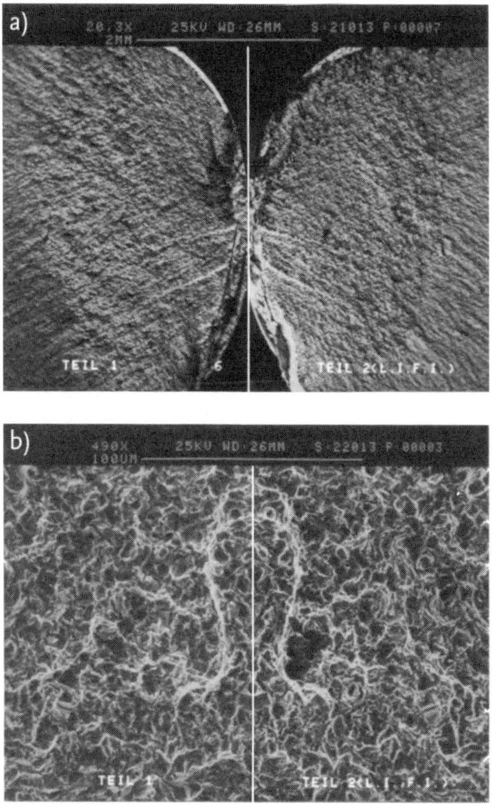

Abbildung 9.8: Aufnahmen von zwei zusammengehörenden Bruchflächen eines Schraubenziehers. Ein Bruchstück wurde am Tatort gefunden (jeweils links im Bild), das andere Stück wurde bei einem Verdächtigen sichergestellt. In der schwachen Vergrößerung (a) werden bereits übereinstimmende Strukturen auf beiden Oberflächen deutlich. Die stärkere Vergrößerung (b) zeigt, dass auch die mikroskopischen Details identisch sind und lässt keinen Zweifel daran, dass die Spur vom Tatort zum Schraubenzieher des Verdächtigen gehört (Quelle: Bundeskriminalamt).

Auch wenn aus Krimis meist nur die Kugeln als solche Vergleichsobjekte bekannt sind, gibt es noch eine Unzahl anderer Kandidaten für das Vergleichs-REM. Verbrecher setzen am Tatort die unterschiedlichsten »Tatwerkzeuge« ein, und alle hinterlassen nach Locard die eine oder andere Spur. Manchmal bricht ein Stück eines Schraubenziehers ab. Manchmal hinterlässt der Schraubenzieher vielleicht nur ein paar Kratzer. Wenn wir uns den Schraubenzieher und diese Kratzer oder das abgebrochene Stück aber sehr genau ansehen, dann kann ein elektronenmikroskopisches Bild das Gericht sehr schnell von einer Verbindung mit der Tat überzeugen. Im Lindbergh-Fall machte Arthur Koehler im Grunde nichts anderes, als er vom Holz der Leiter und von den Spuren des Handhobels von Bruno Hauptmann mit einem Blatt Papier und einem Bleistift Vergleichsbilder anfertigte und damit die Geschworenen endgültig überzeugte. Die Spuren auf dem Holz waren wohl hundert oder gar tausend Mal gröber, und er brauchte noch nicht einmal ein Mikroskop zum Vergleich. Trotzdem benutzte er dasselbe Prinzip, auf dem auch die Beweise des Vergleichs-REMs beruhen, nur dass ein solches Elektronenmikroskop »noch etwas Physik mitbringt« und auch Spuren erkennen kann, von denen unsere Augen oft noch nicht einmal bemerken, dass es sie gibt.

10
Sondenmikroskope – Auf die Spitze getrieben

Nichts übt den Geist mehr als das Bemühen, Rätselhaftes zu ergründen: Man kommt dabei auf Dinge, die man auf gebahntem Wege nach einem klaren Ziele nicht gefunden haben würde.

Johann Wolfgang von Goethe

Eigentlich haben wir erreicht, was wir wollten. Die Elektronenmikroskope ermöglichen uns all jene Blicke, die wir auf die kleinsten Spuren von Verbrechen werfen wollten. Aber diese Mikroskope markieren nicht das Ende dieses Wegs, sondern eher einen Zwischenstopp. Vor hundert Jahren konnte sich noch kein Kriminaltechniker vorstellen, dass er und seine Kollegen einmal ein Elektronenmikroskop brauchen könnten. Noch nicht einmal die Idee dazu existierte und keine Theorie machte den Wissenschaftlern Hoffnung, so etwas würde einmal möglich werden. Die Fähigkeit, atomare Strukturen sehen zu können, war jenseits einer Grenze, von der man glaubte, sie niemals überschreiten zu können. Diese Unmöglichkeit, solche winzigsten Spuren zu untersuchen, ließ auch bei Ermittlern und Gerichten Anfang des zwanzigsten Jahrhunderts gar nicht erst den Wunsch aufkommen, dies zu tun. Anders sah es jedoch aus, als es nicht mehr ganz unmöglich war, sondern eben nur noch sehr schwierig, zeitraubend und kostspielig. In besonderen Fällen erschien der Aufwand dann angemessen. Je mehr solcher Fälle es im Laufe der Zeit gab und je häufiger diese besondere Untersuchung durchgeführt wurde, umso häufiger wurde sie auch gefordert. Unmögliches wird zuerst schwierig, dann einfach und irgendwann schließlich selbstverständlich. Auch heute werden Untersuchungen mit dem REM beileibe nicht in jedem Fall gemacht, egal ob es sich nun um Glühwendeln oder Pistolenkugeln handelt. Vielmehr sind sie die Ausnahme, während der größte Teil solcher mikroskopischer Analysen routinemäßig mit Lichtmikroskopen erledigt werden kann. Wenn es aber darauf

Physik auf der Spur, Voss–de Haan

ISBN: 3-527-40516-X

ankommt, existiert die Möglichkeit der Elektronenmikroskopie, und sie wird genutzt. Auch heute gibt es in der Physik viele Ideen und Werkzeuge, die so kompliziert und aufwändig sind oder sogar so unmöglich erscheinen wie früher einmal das REM. Obwohl sie ihren Weg in die Kriminaltechnik noch nicht gefunden haben, lohnt sich ein Blick auf ein paar Vertreter dieser Art.

Das Rastertunnelmikroskop

Kann man Atome sehen? Seitdem ich einmal gehört hatte, es gäbe Atome, wollte ich immer eines sehen. Genauso wie ich Bakterien, Viren und alles andere gerne einmal sehen wollte, das angeblich überall existiert, aber doch mit unseren Augen nicht wahrzunehmen ist. Wie wohl auch jeder andere, der diese Frage einmal gestellt hat, bekam ich die Standardantwort: Nein, Atome kann man nicht sehen. Ein gutes (und verständliches) Argument gab es selten zur Begründung, aber wer sich an das Kapitel zum Mikroskop erinnert, kennt es: Die Wellenlänge des sichtbaren Lichts ist mit einigen hundert Nanometern um ein Vielfaches größer als der Durchmesser von Atomen, der noch nicht einmal einen Nanometer misst. So ganz stimmt die Antwort allerdings doch nicht. Wir können vielleicht keine Atome *sehen* – aber wir können sie sehr wohl *sichtbar machen.* Wir brauchen nur die richtigen Mikroskope.

Das Rastertunnelmikroskop (engl.: *scanning tunneling microscope* oder STM) ist eine sehr ungewöhnliche Art von Mikroskop. In gewisser Hinsicht stellt es eine Mischung dar aus dem Rasterelektronenmikroskop und dem optischen Nahfeldmikroskop (SNOM, das wir im letzten Abschnitt des Kapitels zum Mikroskop kennen gelernt haben). So wie beim REM benutzt man auch beim STM Elektronen und nimmt kein komplettes Bild auf einmal auf, sondern rastert einen Bereich der Oberfläche, indem man einzelne Punkte nacheinander ansieht. Allerdings wird das Objekt mit einem STM nicht aus einem Abstand von Millimetern oder Zentimetern betrachtet, sondern man führt, so wie mit einem SNOM, eine winzige Spitze so nah wie möglich an die Oberfläche des Objekts heran. Diese Spitze ist nicht aus Glas, sondern besteht aus einem elektrisch leitenden Material, damit sie Elektronen aufnehmen kann. Das völlig Neue und Ungewöhnliche am Rastertunnelmikroskop ist die Art und Weise, wie die

Elektronen »produziert« werden bzw. wie sie von der Oberfläche des Objekts zur Spitze des Mikroskops kommen.

Das Objekt wird vom STM nicht mit Elektronen beschossen, wie bei den Elektronenmikroskopen, die wir bisher kennen gelernt haben. Stattdessen nutzt dieses Tunnelmikroskop vielmehr die Elektronen, die im Objekt vorhanden sind. Um die Elektronen aus dem Objekt herauszubekommen, wird eine elektrische Spannung zwischen der Spitze und dem Objekt angelegt. Dabei dürfen sich Spitze und Oberfläche nicht berühren. Bei einem solchen Kontakt könnte zwar ein Strom fließen und die Elektronen könnten aus dem Objekt in die Spitze entkommen, aber gleichzeitig würde die Spitze schnell zerstört und die Oberfläche ebenfalls beschädigt werden. Ist die Spitze hingegen weit weg von der Oberfläche, dann kommt es zwar zu keiner Beschädigung, aber es kann auch kein Strom fließen. (Nur durch einen Funkenüberschlag bei sehr hohen Spannungen kann Strom »durch die Luft« fließen – das würde jedoch mit Sicherheit wieder Oberfläche und Spitze beschädigen.) Die dritte Möglichkeit besteht darin, die Spitze ganz nah an die Oberfläche heranzubringen, ohne sie aber zu berühren. Dann tritt ein ganz merkwürdiger Effekt auf, der mit der klassischen Physik nicht zu erklären ist: Die Elektronen »tunneln« durch den Spalt zwischen der Spitze und der Oberfläche. Sie schaffen es, diesen verbotenen Bereich zu überqueren, in dem sie nicht sein dürfen. Es ist ein wenig so, als ob ein Ball, der sowohl auf der einen als auch auf der anderen Seite einer Wand – aber nie in der Wand – sein kann, es schafft, von der einen Seite *durch die Wand hindurch* auf die andere Seite zu gelangen. Die Erklärung für dieses wundersame Verhalten liefert die Quantenphysik. Der Dualismus von Teilchen und Welle, den wir inzwischen schon kennen, macht es möglich [39].

Das eingesperrte Schaf

Stellen wir uns statt des Balls ein Schaf vor, das in einem kleinen Gatter auf einer großen (ebenen) Wiese steht. Das Schaf wird innerhalb des Gatters überall hinlaufen können, bleibt aber gefangen. Es könnte natürlich auf der Wiese außerhalb des Gatters sein, aber es kann nicht »im Zaun« des Gatters sein. Da es nicht durch den Zaun hindurch kann, wird das Schaf nur dann ausbrechen können, wenn es genug »Energie« hat, um über den Zaun des Gatters zu springen (je mehr Energie es hat, desto höher wird der Sprung). Ob das Schaf jemals frei auf der gesamten Wiese herumlaufen wird, hängt also von seiner Energie im Verhältnis zur Höhe des Gatters ab. Ist der Zaun zu hoch für die Energie des Schafs, dann bleibt es für immer gefangen; ist die Energie höher als der Zaun, dann ist es frei. (Trotzdem könnte es natürlich niemals »im Zaun« stehen, sondern nur darüber hinwegspringen.) Ein Elektron in einem Atom und erst recht in einem Metall ist einem Schaf im Gatter nicht unähnlich. In einem Atom kann ein Elektron an verschiedensten Stellen auftauchen, aber es kann nicht aus dem Atom entkommen, wenn es nicht genug Energie hat. In einem Metall sind viele Elektronen noch nicht einmal an die Atome gebunden, sondern können sich im gesamten metallischen Körper nahezu frei bewegen. Aber auch dem Metall können die Elektronen ohne ausreichende Energie nicht entkommen (wie der Photoeffekt und Einsteins Erklärung dazu gezeigt haben). Die Teilchen sind beide Male gefangen, so wie das Schaf im Gatter. Hierbei entspricht der Zaun des Gatters den elektromagnetischen Kräften, genauer gesagt dem elektrischen Potenzial, das die Elektronen gefangen hält. Im Gegensatz zum Schaf haben die Elektronen aber noch eine andere Chance zu entkommen. Zu ihrem Glück sind die Teilchen auch Wellen, und wenn sie auf ein Hindernis wie das Gatter treffen, dann passiert etwas Merkwürdiges: Die Wellen können durch das Hindernis hindurch »tunneln«.

Die Heisenberg'sche Unschärferelation

Erinnern wir uns an die Idee des Wellenpakets aus dem Kapitel zur Röntgenstrahlung. Ein Teilchen entsprach dort einer kleinen Gruppe von Wellen, einem Wellenpaket, das sich durch den Raum bewegen kann. So konnten Photonen, ebenso wie Elektronen, gleichzeitig Wellen und Teilchen sein. Die Form dieser Wellen und wie sie sich mit der Zeit bewegen, beschreibt die Physik als »Wellenfunktion«. Sie erinnert etwas an die Route eines Schiffs oder den Kurs eines Flugzeugs – wenn wir den Kurs kennen, dann wissen wir zu jedem Zeitpunkt, wo das Flugzeug ist, ohne dass wir jedesmal nachsehen müssten. (Dass wir den Flugverkehr trotzdem mit Radar überwachen liegt natürlich daran, dass Flugzeuge unentwegt und unvorhersehbar ihre Richtung und Geschwindigkeit selber ändern oder durch Wind beeinflusst werden.) In der Physik hat die Wellenfunktion eines Teilchens eine ähnliche Aufgabe. Sie kann Ort und Geschwindigkeit des Teilchens zu verschiedenen Zeiten beschreiben. Allerdings gibt es einen entscheidenden Unterschied zum Kurs des Flugzeugs: Wir können Ort und Geschwindigkeit des Flugzeugs zu jedem Zeitpunkt genau kennen und daraus auch berechnen, wo das Flugzeug zu irgendeinem späteren Zeitpunkt exakt sein wird. Bei einem Wellen-Teilchen ist das so nicht möglich. Nach der Heisenberg'schen Unschärfe- oder Unbestimmtheitsrelation – benannt nach dem deutschen Physiker Werner Heisenberg, der sie 1927 formulierte – können wir Ort und Geschwindigkeit irgendeines Teilchens (bzw. einer Welle) nicht *gleichzeitig* beliebig genau messen. Selbst mit »perfekten« Messgeräten könnte uns dies nie gelingen. Je genauer wir die Geschwindigkeit bestimmen, desto ungenauer wird automatisch unsere Ortsmessung, und umgekehrt. Dieses Phänomen ist ausgesprochen merkwürdig und hat für unseren Alltag herzlich wenig Konsequenzen, da die Ungenauigkeit kleiner wird, je größer die Masse des zu messenden Objekts ist. Für Flugzeuge ist die Heisenberg'sche Unschärfe viel kleiner als alles, was wir wohl jemals werden messen können. Und selbst wenn wir sie messen könnten – eine »Unschärfe« vom winzigen Bruchteil des Durchmessers eines Atoms macht keinen Unterschied für ein Flugzeug. Für Physiker hingegen, die es oft mit viel kleineren und leichteren Objekten zu tun bekommen, kann das Phänomen der Unschärfe bei den verschiedensten Gelegenheiten ausgesprochen wichtig sein. Es führt zu »Vakuumfluktuationen« (Teilchen-Antiteilchen-Paare, wie Elektronen und Positronen, die für sehr kurze Zeit »aus dem Nichts« auftauchen und wieder in dasselbe verschwinden), es ermöglicht Physikern, Elementarteilchen in Teilchenbeschleunigern zu produzieren, und Schwarze Löcher könnten seinetwegen vielleicht strahlen (obwohl sie dann nicht mehr wirklich »schwarz« wären). Aber auch das Tunneln hat mit Heisenbergs Prinzip zu tun.

Tunneln aus dem Topf

Wo wir ein spezielles Teilchen nach einer gewissen Zeit nun *tatsächlich* finden werden, können wir also nicht genau vorhersagen.

Was wir jedoch mit der Wellenfunktion vorhersagen können ist, wo wir das Teilchen *wahrscheinlich* finden werden. Wo die Amplitude der Wellenfunktion größer ist, wo also die Wellen »höher« sind, dort ist auch die Wahrscheinlichkeit größer, auf das Teilchen zu treffen. Wichtig für das Tunneln ist, dass ein Teilchen grundsätzlich überall dort auftauchen kann, wo seine Wellenfunktion nicht verschwindet. Das gilt auch für ein Teilchen, das in einem Potenzial gefangen ist, wie ein Schaf im Gatter. Statt von einem Gatter spricht ein Physiker von einem »Potenzialtopf«, in den das Teilchen eingesperrt ist, und den Zaun, also die Wand des Topfes, bezeichnet er meist als »Potenzialwall«. Überraschenderweise ist ein solches Teilchen nur bei *unendlich* hohen oder dicken Wänden vollständig im Inneren des Topfs gefangen. Sowie die Wände nicht mehr unbegrenzt hoch oder dick sind, endet die Wellenfunktion eines Teilchens in einem Potenzialtopf nicht mehr schlagartig an der Wand des Topfs. Stattdessen dringt sie in die Wand ein. Ihre Amplitude schrumpft dabei zwar umso stärker, je dicker und höher die Wand ist, aber ein mehr oder weniger winziger Rest kommt außerhalb des Potenzialtopfs aus der Wand heraus. Hier draußen, auf der anderen Seite der Wand, verhält sich die Welle wieder wie im Inneren des Topfs und kann sich normal ausbreiten. Wichtig ist, dass sie, egal wie sehr sie in der Wand geschrumpft ist, außerhalb des Topfs nicht ganz verschwunden ist. Im weitesten Sinn kann man die Situation mit Schallwellen vergleichen, die auf eine Wand treffen. In der Luft breiten sich die Wellen fast ungehindert aus, aber in der Wand können sie gedämpft werden. Je dicker die Wand ist und je stärker sie Schall dämpft, desto geringer ist die Lautstärke des Schalls, wenn er auf der anderen Seite der Wand wieder austritt. Trotz der Dämpfung ist aber immer noch etwas zu hören.

Was bedeutet das? Wenn das Teilchen nur wenig Energie hat, dann kann es zwar nicht einfach über die Wand des Topfes hinweg entkommen, genauso wie das Schaf im Gatter eingesperrt bleibt, wenn es nicht über den Zaun springen kann. Trotzdem ist die Wellenfunktion des Teilchens – anders als das Schaf – nicht auf das Innere des Gatters oder Topfes beschränkt. Ein Teil der Welle dringt durch die Wand hindurch ins Freie. Wo ist also das Teilchen? Im Topf oder außerhalb? Nach dem, was wir oben über die Wellenfunktion erfahren haben, muss das Teilchen mit einer gewissen Wahrscheinlichkeit im Topf und mit einer gewissen Wahrscheinlichkeit außerhalb

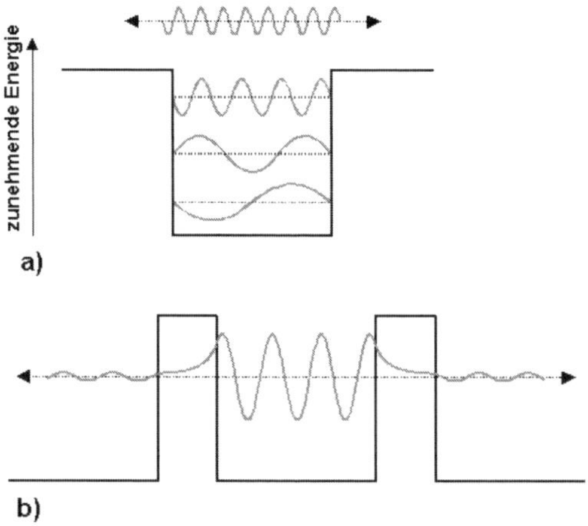

Abbildung 10.1: Wellen-Teilchen und Potenzialtöpfe. a) Hat ein Teilchen wenig Energie (ist es nahe des Bodens) dann kann es dem Topf nicht entkommen. Mit ausreichend Energie kann es sich hingegen ungehindert von den Wänden in alle Richtungen bewegen, so wie das Schaf aus dem Gatter flüchten kann, wenn es nur hoch genug springt. b) Wenn die Wände des Topfs nicht unendlich dick sind, hat das Teilchen noch eine weitere Chance zu entkommen. Seine Wellenfunktion endet dann nicht an der Wand des Topfs, sondern dringt in sie ein und kommt auf der anderen Seite wieder zum Vorschein. Sie ist dort zwar viel kleiner aber nicht verschwunden. Das Teilchen hier außerhalb des Topfs zu finden ist daher zwar unwahrscheinlicher, als es im Topf zu finden, aber es ist nicht unmöglich.

des Topfes sein, abhängig von der Amplitude der Wellenfunktion in den beiden Bereichen. Wo wir ein Teilchen im einzelnen Fall finden werden, können wir nie vorhersagen, aber *manchmal* muss es eben außerhalb des Topfs zu finden sein: Es ist durch die Wand seines Gefängnisses getunnelt. Ein eingesperrtes *klassisches* Teilchen hätte keine Chance gehabt zu entkommen. Weil jedoch Teilchen nach der Quantenphysik nun einmal auch Wellen sind, wird jedes Teilchen in einem solchen Gefängnis (mit endlichen Wänden) irgendwann entkommen. Es kann allerdings *sehr* lange dauern.

Tunneln ist insofern ein bisschen wie Würfeln: Wenn wir einen sechsseitigen Würfel oft genug werfen, wird irgendwann eine Eins auftauchen. Wir wissen sogar, dass im Durchschnitt jeder sechste Wurf eine Eins sein wird, aber wir wissen nie, ob es beim nächsten Wurf geschieht oder vielleicht erst zehn Würfe später. Aber es kann geschehen und es wird geschehen. Wir müssen nur lange genug warten – oder wir nehmen einfach mehrere Würfel. So funktioniert es auch beim Lotto und beim Tunneln: Die Wahrscheinlichkeit für sechs Richtige im Lotto liegt etwa bei 1 : 13 Millionen. Trotzdem gibt es fast jede Woche mindestens einen glücklichen Gewinner, weil so viele Menschen mitspielen. Die Wahrscheinlichkeit, dass ein einzelnes Elektron tunnelt, ist meist noch viel kleiner als beim Lotto zu gewinnen, aber dafür gibt es auch viel mehr Elektronen in einem Stecknadelkopf als Menschen auf der Erde.

Übrigens ist das Schaf, genau genommen, auch nicht völlig im Gatter eingesperrt. Da es sich aus Teilchen zusammensetzt, die allesamt tunneln können, könnte auch das Schaf durch das Gatter tunneln. Allerdings ist die Wahrscheinlichkeit für ein tunnelndes Schaf unermesslich klein. Zum einen müssten die Teilchen über eine riesige Strecke tunneln und zum anderen müssten Milliarden von Milliarden Teilchen alle genau gleichzeitig in genau derselben Richtung tunneln. Insofern muss sich das Schaf, im Gegensatz zu Elektronen und anderen Teilchen, auf seine Sprungkraft verlassen, wenn es einem Gatter entkommen will.

Tunneln in die Spitze

Nun lässt sich auch verstehen, wie das Rastertunnelmikroskop funktioniert. Für die Elektronen im Objekt, das wir untersuchen wollen, stellt der etwa einen Nanometer breite Spalt zwischen der Oberfläche und der STM-Spitze die Wand des Potenzialtopfs dar, denn die Elektronen dürfen sowohl in der Oberfläche als auch in der STM-Spitze sein, aber eben nicht im Spalt. Wie viele Elektronen in jedem Moment tatsächlich durch den Spalt tunneln, hängt, wie wir erfahren haben, von der Amplitude (also der Höhe) der Wellenfunktion jenseits des Spalts ab und damit von der Höhe und der Breite der Wand des Potenzialtopfs. Die elektrische Spannung, die zwischen Spitze und Oberfläche angelegt wird, verändert dabei die Höhe der Wand. Sie zieht die Elektronen auf die positiv geladene Seite. Im übertragenen Sinne »kippt« sie den Potenzialtopf zu einer Seite, sodass die Wand in dieser Richtung niedriger ist und die Teilchen »bergab« leichter hindurchtunneln können. Auf diese Weise gelangen mehr Elektronen in dieser Richtung durch den Spalt, und es fließt ein messbarer Strom, der »Tunnelstrom«. Bei konstanter

Spannung hängt die Stromstärke dann nur noch von der Dicke der Potenzialwand, also vom Abstand zwischen Spitze und Oberfläche ab. Je dicker dieser verbotene Bereich ist, desto schwächer wird die Wellenfunktion auf der anderen Seite und desto weniger Elektronen werden tunneln. Die Stromstärke sinkt. Umgekehrt wird der Tunnelstrom stärker, wenn die Spitze näher an die Oberfläche gelangt und mehr Elektronen tunneln.

Fahren wir mit der Spitze des Rastertunnelmikroskops über die Oberfläche eines Objekts, dann ergibt sich für jeden Punkt der Oberfläche aus dem Tunnelstrom der Abstand zwischen Spitze und Objekt. Auf diese Weise bekommen wir ein dreidimensionales Bild der Oberfläche. Die Auflösung, die sich so erreichen lässt, hängt vor allem von der Qualität der Spitze ab. Je feiner die Spitze ist, desto kleinere Punkte lassen sich auf der Oberfläche unterscheiden. Gute STM erreichen hier, wie die besten Transmissionselektronenmikroskope, Auflösungen bis zu einem zehntel Nanometer und können so atomare Strukturen sichtbar machen. Noch beeindruckender ist aber ihre vertikale Auflösung, d. h. wie gut sie die Höhe der Ober-

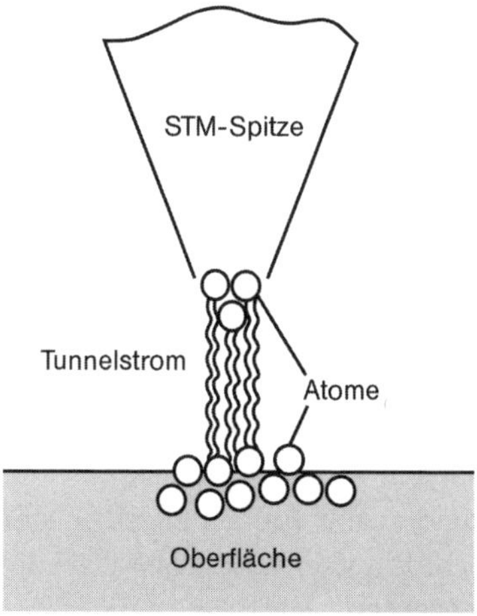

Abbildung 10.2: Das Rastertunnelmikroskop (*scanning tunneling microscope*, STM). Zwischen der Spitze des STM und der Oberfläche des Objekts ist eine elektrische Spannung angelegt. Durch den etwa 1 nm breiten Spalt zwischen der Spitze und den ihr am nächsten gelegenen Atomen der Oberfläche fließt ein Tunnelstrom. Die Stromstärke hängt dabei sehr empfindlich vom Abstand zwischen Spitze und Oberfläche ab.

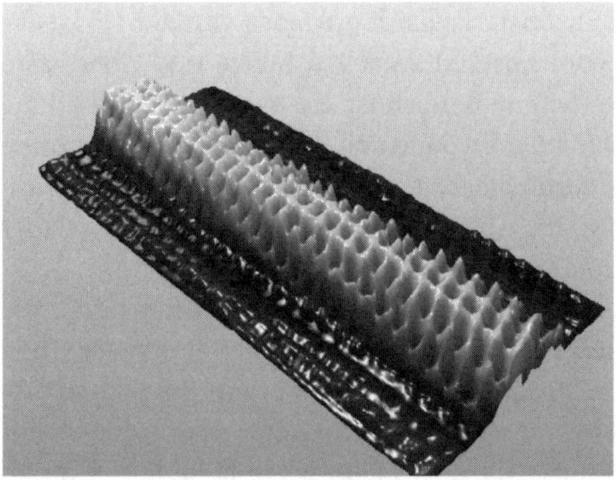

Abbildung 10.3: STM-Aufnahme einer »Kohlenstoff-Nanoröhre«. Die Auflösung des STM erlaubt es, die einzelnen, regelmäßig angeordneten Kohlenstoffatome, aus denen die Röhre besteht, sichtbar zu machen. Solche Nanoröhren besitzen zum Teil erstaunliche Eigenschaften. So können sie z. B. viel größere Zugkräfte aushalten als alle anderen bisher bekannten natürlichen Materialien und Kunststoffe. Im Rahmen der Kriminaltechnik könnten sie in der Zukunft einmal als leichtes aber widerstandsfähiges Material für kugelsichere Westen dienen (Quelle: C. Dekker, Universität Delft, Die Niederlande).

fläche messen können. Aufgrund der starken Abhängigkeit des Tunnelstroms vom Abstand zwischen Spitze und Oberfläche kann ein STM unter optimalen Voraussetzungen sogar Höhenunterschiede von einigen tausendstel Nanometern sichtbar machen. *Im Bild des verkleinerten Fußballfelds bedeutet das, ein solches STM könnte nicht nur wie das TEM ein Haar auf diesem Feld erkennen, sondern sogar noch Höhenunterschiede von der Dicke eines Bakteriums auf diesem Haar abbilden.* Physiker benutzen solche Rastertunnelmikroskope, um z. B. die atomaren Strukturen an Oberflächen von Kristallen zu untersuchen. Die enorme Auflösung produziert dabei für den Physiker sehr aufschlussreiche – und für den Nicht-Physiker zumindest faszinierende – Bilder der Anordnung von Atomen.

Für die Entwicklung des STM und die neuen Möglichkeiten, die es der Wissenschaft eröffnete, erhielten der Deutsche Gerd Binnig und der Schweizer Heinrich Rohrer 1986 den Nobelpreis für Physik, zusammen übrigens mit Ernst August Ruska, der nach einem halben Jahrhundert schließlich für seinen Beitrag zur Entwicklung der ersten Elektronenmikroskope geehrt wurde. Trotz aller Fähigkeiten hat das STM leider auch ein paar Nachteile. Zum einen eignet es sich nur für leitende Materialien, da schließlich Strom durch das Objekt zur Spitze fließen soll. Zum anderen ist ein solches Mikroskop (wieder einmal) sehr aufwändig zu betreiben. Die Idee mit der extrem feinen Spitze, die nur ganz knapp über dem Objekt entlangfährt, lässt sich aber auf sehr viele verschiedene Arten nutzen und nicht nur mit dem Tunneleffekt. Dieses Prinzip, die Oberfläche wie mit einer winzigen Sonde zu rastern, bezeichnet man als Rastersondenmikroskopie. Ein anderer Vertreter dieses Genres, das Rasterkraftmikroskop, kommt ohne Tunnelstrom aus. Es misst einfach nur die Kraft zwischen der Spitze und der Oberfläche, wenn sich beide nah genug kommen, ohne dass irgendwelche Elektronen hin oder her tunneln.

Kraftmikroskope

Das Prinzip des Rasterkraftmikroskops (engl.: *atomic force microscope* bzw. AFM) ist im Grunde extrem einfach. Wenn wir mit unseren Fingern über eine Oberfläche fahren, dann fühlen wir auch kleinste Unebenheiten, die wir mit unseren Augen kaum wahrnehmen können. Was wir spüren, ist die Kraft zwischen der Oberfläche und unseren Fingern, die dort stärker ist, wo unsere Papillarleisten über Kratzer und Ähnliches gleiten. Die Einheit für die Kräfte, die wir spüren bzw. »messen«, ist das Newton. Um ein Gewicht von einem Kilogramm zu heben, müssen wir eine Kraft von etwa zehn Newton aufbringen. Sogenannte Profilometer bilden die Oberflächenstruktur von Objekten ab, indem sie mit einem Sensor über die Oberfläche fahren (sie also rastern) und Änderungen in der Kraft messen, mit der die Oberfläche an jedem Punkt gegen den Sensor drückt. An höheren Stellen der Oberfläche wird der Druck gegen den Sensor stärker, an niedrigeren Stellen wird er schwächer. Die Empfindlichkeit solcher Profilometer liegt bei etwa einem zehntausendstel Newton, was dem Gewicht von einem hundertstel Gramm entspricht. Das ist zwar genauer als unsere Finger, reicht jedoch für die Zwecke eines Rasterkraftmikroskops noch lange nicht. Es gibt allerdings Mittel und Wege um noch viel empfindlicher zu messen.

Zwischen Atomen gibt es anziehende und abstoßende Kräfte. Wie stark die Kräfte sind, hängt u. a. vom Abstand zwischen den beteiligten Atomen ab. (Atome sollen ja schließlich in Festkörpern und

Flüssigkeiten zusammenhalten, aber sie sollen sich auch nicht zu nahe kommen und »ineinander rutschen«.) Diese Abhängigkeit der Kräfte vom Abstand erinnert an den Tunnelstrom beim STM, der so empfindlich vom Abstand zwischen Spitze und Oberfläche abhängt. Statt des Tunneleffekts und der Änderung des Stroms beim Rastertunnelmikroskop können wir beim Rasterkraftmikroskop diese Kräfte zwischen den Atomen und ihre Änderung nutzen, um ein Oberflächenprofil abzutasten. Eine der Schwierigkeiten bei dieser Methode besteht darin, die Kraft, die auf die Messspitze wirkt, ausreichend genau zu messen, wenn sich die Oberfläche hebt oder senkt. Solche Kräfte können bis zu einer Milliarde Mal kleiner sein als jene, die ein Profilometer nachweist.

Die Spitze auf dem Sprungbrett

Trotzdem ist die Methode überraschend einfach. Man braucht außer der feinen Spitze im Wesentlichen nur eine Blattfeder, auf der die Spitze angebracht ist, und einen kleinen Laser, ähnlich wie man ihn auch in CD-Spielern und Laserpointern findet. Die Blattfeder ist nichts anderes als ein sehr kleines, dünnes und längliches Plättchen, das an einem Ende die Spitze trägt und am anderen Ende festgehalten wird – etwa wie ein Sprungbrett im Schwimmbad. Allerdings ist das Plättchen viele tausend Mal kleiner als das Sprungbrett und die Messspitze befindet sich nicht oben auf dem Brett, wie der Springer, sondern darunter und zeigt auf die Oberfläche des zu untersuchenden Objekts. Die Blattfeder ist so hergestellt, dass schon geringste Kräfte auf die Spitze das Ende dieses »Sprungbretts« bewegen können. Wie stark sich die Feder dabei krümmt, ist ein Maß für die Kraft, die auf die Spitze wirkt. Statt durch die Auslenkung der Feder ist es auch möglich, die Kräfte auf die Spitze durch die Änderung in ihrem Schwingungsverhalten zu messen. Während die Feder ohne äußere Kräfte mit ihrer »natürlichen« Frequenz schwingt – ähnlich wie eine Stimmgabel ihre »natürliche« Tonhöhe hat – ändert sich diese Schwingung, wenn Kräfte von außen auf sie wirken, etwa weil sie den Atomen der Oberfläche zu nahe kommt. Solch winzige Bewegungen der Feder, einfache Auslenkungen aber auch komplexere Schwingungen, lassen sich sehr gut mit einem Laser nachweisen. Dazu richtet man dessen Strahl auf die Oberseite der Blattfeder und beobachtet die Reflexion. Wird die Spitze der Blattfeder bewegt, dann wird der Laserstrahl wegen der Krümmung der Feder in eine etwas andere Richtung reflektiert. Schwingt die Feder hin und her, dann schwingt auch der reflektierte Strahl.

Wie beim STM ist die Feinheit der Spitze besonders wichtig für die Auflösung des AFM. Mit Spitzen, die ein einzelnes Atom an ihrem äußersten Punkt haben, lassen sich höchst auflösende mikroskopische Aufnahmen von Oberflächen machen, die die atomaren Strukturen ähnlich gut zeigen wie das STM. Forschern von der Universität Augsburg ist es inzwischen auf diese Weise nicht nur gelungen, ein einzelnes Wolfram-Atom abzubilden, sondern dabei in das Atom hineinzuschauen. Um das zu erreichen, mussten sie einige Tricks anwenden, u. a. betrieben sie ihr Mikroskop auf einem dreißig Tonnen schweren Fundament, bei Temperaturen nahe dem absoluten Nullpunkt (bei ca. –268 °C) und in einem extremen Vakuum (weniger als ein Tausendstel eines Milliardstel des normalen Luftdrucks). Alle diese Vorkehrungen hatten den Zweck, Schwingungen und andere störende Einflüsse zu minimieren, die die Bewegung der Spitze und der Blattfeder hätten verdecken können, damit auch die winzigsten Änderungen der Kräfte auf die Spitze noch zu erkennen waren. In den Aufnahmen, die mit diesem Mikroskop gemacht wurden, ist so nicht nur das einzelne Atom zu sehen – man kann sogar die »Elektronenwolken« des Atoms erkennen, also (vereinfacht gesagt) jene Bereiche, in denen die äußeren Elektronen der Atomhülle vornehmlich zu finden sind. Das Auflösungsvermögen liegt noch unter einem zehntel Nanometer (etwa 80 pm, also 0,08 nm).

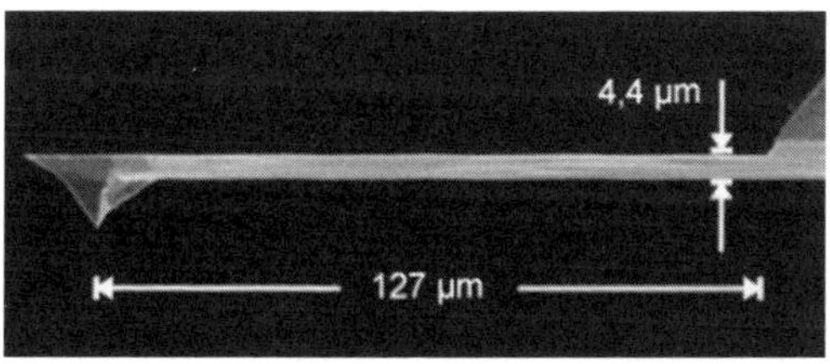

Abbildung 10.4: REM-Aufnahme von Blattfeder und Spitze eines Rasterkraftmikroskops (*atomic force microscope*, AFM). Die Blattfeder ist kaum ein zehntel Millimeter lang und weniger als ein zweihundertstel Millimeter dick. Die pyramidenförmige Spitze hat idealerweise ein einzelnes Atom an ihrem äußersten Punkt (Abdruck mit freundlicher Genehmigung von Harald Fuchs, Universität Münster).

Abbildung 10.5: Elektronenwolken eines einzelnen Atoms. Die äußeren Elektronen des Wolfram-Atoms halten sich vorwiegend in den hellen Bereichen auf, die jeweils einen Durchmesser von etwa einem zehntel Nanometer haben. Die Vergrößerung liegt in dieser Darstellung bei rund 200 Millionen. (Vergrößerte man den Daumen eines Menschen so stark, wäre er danach größer als der Mond.) (Abdruck mit freundlicher Genehmigung von Franz J. Giessibl, Universität Augsburg.)

Der magnetische Blick

Was die Kraftmikroskopie für viele Forscher und Techniker so attraktiv macht, sind ihre Robustheit und ihre Einfachheit. Wenn man nicht gerade die Elektronenwolken in einem Atom sehen will, braucht man keine großen Laborsysteme mit Vakuumpumpen, keine Hochspannung, keine Kühlsysteme und keine besonders vorbereiteten Proben. Schon ein Computer, eine stabile Oberfläche und ein tragbares AFM – kaum größer als eine Handfläche – können reichen, um Strukturen sichtbar zu machen, die nur aus wenigen Atomen bestehen. Darüber hinaus sind solche Mikroskope auch noch vielseitig. Außer den Kräften, die von der elektrischen Ladung des Atomkerns und der Hüllenelektronen ausgehen, kann man auch magnetische Kräfte sichtbar machen. Die Spitze auf der Blattfeder muss dafür lediglich auf magnetische Kräfte reagieren können, so etwa wie eine Kompassnadel. Statt vom AFM sprechen Physiker in diesem Fall daher vom MFM, dem »*magnetic force microscope*« oder Magnetkraftmikroskop. So wie das AFM auf die Änderungen im Abstand zur

Oberfläche reagiert, nimmt die Spitze des MFM winzige Änderungen im Magnetfeld wahr, das von der Oberfläche eines Objekts ausgeht. Daraus lässt sich ermitteln, wie stark die Oberfläche in welchen Bereichen magnetisiert ist und in welche Richtung die Magnetisierung jeweils zeigt. Solche Bereiche mit einheitlicher Magnetisierung bezeichnet der Physiker als (magnetische) Domäne. Die Richtung des magnetischen Felds kehrt sich dabei zwischen verschiedenen Domänen oft vollständig um: Zeigt das Feld in einer Domäne aus der Oberfläche heraus, dann läuft es in der Nachbardomäne in die Oberfläche hinein; verläuft das Feld parallel zur Oberfläche, dann kann es beispielsweise in einer Domäne »nach links« zeigen und in einer benachbarten »nach rechts«. Die Informationen auf Festplattenspeichern von Computern, z. B. sind in solchen Domänen angeordnet. Die vielen »Nullen und Einsen«, die ein Computer auf der Festplatte speichert, sind nichts anderes als kleine, regelmäßige Domänen, die für eine Null und eine Eins jeweils in unterschiedlichen Richtungen magnetisiert sind. Die Anwendungsmöglichkeiten magnetischer Materialien in der Technik sind enorm vielfältig, und dementsprechend groß ist auch das industrielle Interesse an diesen Untersuchungsmöglichkeiten. Ebenso erhofft sich die Medizin von einem »magnetischen« Blick auf und in den menschlichen Körper neue Erkenntnisse. Aber auch die physikalischen Hintergründe vieler Phänomene des Magnetismus sind noch nicht völlig verstanden, sodass sich in der Forschung ebenfalls ein lohnendes Feld für solche magnetischen Mikroskope erschließt. Eine ähnliche Herausforderung wie beim AFM, ein einzelnes Atom zu sehen, gibt es dabei auch beim MFM.

Das einsam rotierende Elektron

Die kleinsten und schwächsten »Magnete«, die wir kennen, sind Elementarteilchen wie z. B. das Elektron. Dieses ist zwar vor allem durch seine elektrische Ladung gekennzeichnet, aber es hat auch ein magnetisches Moment, was vereinfacht bedeutet, dass es wie ein kleiner Magnet agieren kann. Diese Eigenschaft des Elektrons ist letztlich nur mit der Quantenphysik wirklich zu erklären. Ohne die Quantenphysik kann man dies am ehesten noch als Resultat der Rotation des Elektrons verstehen – Physiker sprechen hier vom Spin:

Ähnlich wie die Erde, dreht sich auch das Elektron unablässig um die eigene Achse. Seine elektrische Ladung rotiert daher mit ihm und dieser im Kreis laufende elektrische Strom entspricht im weitesten Sinn einem winzigen Elektromagneten.

Die Magnete, die wir für Kühlschränke oder Pinwände benutzen, setzen sich aus solchen »Mini-« oder »Elementarmagneten« zusammen: Sowohl die Eigendrehung der Elektronen als zusätzlich auch ihre Drehung um den Atomkern und sogar die rotierenden Protonen und Neutronen im Atomkern produzieren magnetische Felder. In einem Permanentmagneten auf der Pinwand zeigen sehr viele von den Abermilliarden der Elementarmagneten im Material in dieselbe Richtung, sodass sich ihre Magnetfelder addieren. Auch in vielen Materialien, die nicht magnetisch sind, existieren diese Mini-Magnete. Dort treten sie allerdings oft in gegeneinander gerichteten Paaren auf oder zeigen in völlig unterschiedliche Richtungen, sodass sich ihre Felder in der Summe gegenseitig aufheben.

Allerdings können sich einzelne magnetische Momente unter bestimmten Umständen entlang eines äußeren Felds ausrichten, ein wenig so wie Kompassnadeln entlang des Erdmagnetfelds. So lässt sich auch verstehen, warum der Nagel im Kapitel »Unsichtbare Zeugen« selber zum Magneten wird, wenn wir ihn an einen Permanentmagneten halten: Die vielen Elementarmagnete im Metall des Nagels richten sich mehr oder weniger stark nach dem Feld des Permanentmagneten aus. Nachdem dann viele von ihnen in dieselbe Richtung zeigen, ist der Nagel selber zum Magneten geworden. Verschwindet das äußere Feld des Permanentmagneten, dann »verwackeln« die vielen Mini-Magnete im Metall mit der Zeit und so ist der Nagel nach einer Weile nicht mehr magnetisch.

Milliarden von Milliarden solcher winziger Magnete können zusammen ein beträchtliches Magnetfeld produzieren. Das magnetische Moment eines einzelnen Elektrons hingegen ist verschwindend gering und fast nicht mehr nachzuweisen. Genau das ist Forschern aber inzwischen mit einem Magnetresonanz-Kraftmikroskop gelungen. Sie versetzten eine magnetische Spitze knapp über der Oberfläche einer speziellen Art von Quarzglas in Schwingungen. Ähnlich wie eine Stimmgabel schwingt auch eine solche Spitze mit einer charakteristischen Resonanzfrequenz. In der Nähe des Elektrons wirkt aber eine Kraft zwischen magnetischem Moment und Spitze und verändert die Frequenz ein ganz kleines bisschen. Mit diesen winzigen Frequenzänderungen und einigen Tricks kann ein solches Mikroskop einen einzelnen Spin »sehen« und den Ort des Elektrons, dem er gehört, auf zwanzig Nanometer genau bestimmen. Diese Methode ist eine Million Mal empfindlicher als ihre Vorgänger, und man überlegt bereits, wie sich die Empfindlichkeit noch einmal um einen Faktor Tausend erhöhen lässt, um den Spin und das magnetische Moment eines Atomkerns sehen zu können.

Wofür das alles? Abgesehen von den physikalischen Entdeckungen, die fast unweigerlich auftauchen, wenn man in solche neuen Gebiete vorstößt, gibt es überraschenderweise eine ganze Reihe von potenziellen Anwendungen für die verschiedenen Arten von Rastersondenmikroskopen. Die magnetischen Vertreter könnten einmal in Quantencomputern auftauchen, die vielleicht dereinst Nachfolger unserer heutigen Computertechnik werden, oder sie könnten helfen, die Struktur der Proteine (Eiweißstoffe) zu erforschen, die unzählige und meist noch nicht wirklich verstandene Funktionen in unserem Körper übernehmen. Sie könnten aber auch einmal in der Kriminaltechnik auftauchen, um dort gelöschte oder manipulierte Festplatten von Computern oder andere magnetische Datenträger zu analysieren und die »elektronische Wahrheit« wieder ans Licht zu bringen. Ebenso könnten sie in Zukunft helfen, dort, wo die heutigen Methoden versagen, entfernte Seriennummern auf Tatwaffen wieder sichtbar zu machen (wie die Streuflussmethode aus dem Kap. »Unsichtbare Zeugen«). Die nicht-magnetischen Varianten dieser Mikroskope könnten – kombiniert mit bildverarbeitenden

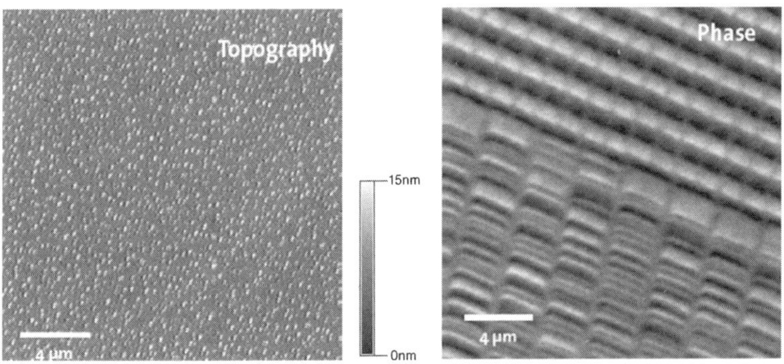

Abbildung 10.6: Magnetkraftmikroskop(MFM)-Aufnahme einer Computer-Festplatte. Während die AFM-Aufnahme der Oberfläche (links) keine besonderen Strukturen zeigt, sind die magnetischen Domänen, hinter denen die Bits und Bytes stecken, in der MFM-Aufnahme (rechts) klar zu erkennen (mit freundlicher Genehmigung der Firma WiTec GmbH Wiesbaden).

Computersystemen – dem Rasterelektronenmikroskop einmal viele Arbeiten abnehmen und Spuren auf der Oberfläche von Geschossen oder Patronenhülsen untersuchen und vergleichen. Auch Werkzeuge und ihre Bruch- oder Kratzspuren sind Kandidaten, die einmal unter den Spitzen von AFMs landen können. Zweifellos werden sich noch viele weitere Gelegenheiten bieten, diese Mikroskope in der Kriminaltechnik einzusetzen, wenn sie sich erst einmal als Werkzeuge bewährt und dort etabliert haben.

11
Ein Blick über den Tellerrand

Die Fragen sind es, aus denen das, was bleibt, entsteht.

Erich Kästner

Von der Form zum Inhalt

Natürlich sind Mikroskope keineswegs die einzigen Werkzeuge der Kriminaltechnik. Wie in der Einleitung angekündigt, hat sich dieses Buch jedoch vor allem mit »Formen des Verbrechens« beschäftigt, also mit dem Aussehen von Spuren. Dabei führt nun einmal kein Weg an der Lupe oder den altbewährten und neu entwickelten Arten des Mikroskops vorbei. Obwohl die Form einer Spur immer ein unverzichtbarer Aspekt sein wird, ist jedoch ihr »Inhalt«, der ein wenig in den Hintergrund rücken musste, nicht weniger wichtig. Lacksplitter, die aus unterschiedlichen Stoffen bestehen aber trotzdem in derselben Farbe erscheinen, werden allein unter dem Mikroskop nicht auseinander zu halten sein. Wenn wir wissen wollen, ob die Spuren vom Unfallort wirklich von der Automarke des Verdächtigen stammen und auf ihn als Unfallflüchtigen hinweisen, dann werden wir zeigen müssen, dass nicht nur die Farbe, sondern auch die genaue chemische Zusammensetzung des Lacks auf seinen Wagen (Hersteller, Typ, Baujahr usw.) schließen lässt. Ebenso sehen Kaffee- und viele andere Flecken getrocknetem Blut manchmal nicht unähnlich; weißes Pulver könnte Puderzucker oder auch Heroin sein; und auf einem einfachen Röntgenbild eines Gepäckstücks lässt sich eine Tafel Schokolade eben nicht unbedingt von einem kleinen Paket Plastiksprengstoff unterscheiden. Die Form der Spur ist eben nicht alles. Auch wenn die äußeren Erscheinungen der Spuren in diesen Fällen ähnlich sind, können der Inhalt und damit der »Effekt« bei den jeweiligen Stoffen doch recht unterschiedlich sein. Für Kriminaltechniker ist es in vielen Fällen wichtig, die Zusammensetzung

Physik auf der Spur, Voss–de Haan

ISBN: 3-527-40516-X

des Materials von Spuren so genau wie nur möglich zu bestimmen. Erst dann lässt sich häufig feststellen, von welchem Hersteller und aus welcher Gegend das Klebeband stammt, mit dem ein Päckchen Rauschgift verschlossen wurde, oder was für ein Kugelschreiber mit welcher Tinte vom Verfasser eines Erpresserschreibens verwendet wurde. Man könnte meinen, diese »Inhalte« beträfen fast nur die Chemie, aber das wäre ein Irrtum. Natürlich stammen viele Analysemethoden, mit der die Zusammensetzung von Stoffen bestimmt werden können, aus der Chemie. Aber auch die Physik bietet überraschend viele – bemerkenswerte und trickreiche – Werkzeuge, um in die Spuren »hinein«zuschauen und nicht nur auf sie drauf.

Einen kleinen Teil dieser Methoden haben wir kennen gelernt. Die Analysesysteme, die auf der Außenseite von Gepäckstücken nach Überresten von Sprengstoffen suchen, sind ein Beispiel. Manche Röntgenscanner versuchen, wie wir sehen konnten, nicht nur die Umrisse der Objekte in einem Koffer zu zeigen, sondern auch organische und metallische Stoffe zu unterscheiden. Die bisher nur geplante Neutronenstrahldurchleuchtung von Containern soll einmal nach bestimmten Elementen im Container suchen. Ebenso kann UV-Licht z. B. winzige Reste von Blutflecken auf dem Hemd des Mörders zum Leuchten bringen oder moderne Bestandteile in angeblich altem Papier von gefälschten Tagebüchern fluoreszieren lassen.

Spektroskopie

Sehr viele solcher Methoden der Physik, die uns verraten können, was in einer Spur steckt, stammen aus der Spektroskopie. Wie bei Daktyloskopie und Mikroskopie ist darin das griechische »skopein« versteckt, nur dass hier nicht »Finger« oder »etwas Kleines« betrachtet werden, sondern das Spektrum der Strahlung einer Substanz. Ein typisches Beispiel für Spektroskopie ist uns beim Rasterelektronenmikroskop schon begegnet: In der Kombination mit EDX, einer Art der Röntgenspektroskopie, kann das REM nicht nur das Aussehen und die Größe, sondern ebenso die chemische Zusammensetzung von Schmauchpartikeln bestimmen. Als Spektrum bezeichnet man dabei die Gesamtheit der abgestrahlten (meist elektromagnetischen) Strahlung – abhängig von ihrer Frequenz. Welche Frequenzen jeweils im Spektrum einer Substanz auftauchen, hängt zum einen von der

Substanz ab, zum anderen auch von der Art, wie sie zum »Strahlen« gebracht wird: Zwei verschiedene Elemente, die beide verbrennen, werden unterschiedliche Spektren abstrahlen – das kann jeder zu Silvester beobachten, wenn die Leuchtkugeln in den Feuerwerkskörpern in ganz unterschiedlichen Farben abbrennen. Ein solches brennendes Objekt wird jedoch auch eine andere Mischung von Frequenzen aussenden als etwa ein Objekt, das zwar aus demselben Material besteht, aber nicht verbrannt, sondern (wie beim EDX) mit Elektronen beschossen wird. Wieder andere Spektren gibt es, wenn das Material mit Röntgenstrahlen oder mit sichtbarem Licht dazu angeregt wird, Strahlung zu emittieren. Ein solches Spektrum kann daher bei den unterschiedlichsten Wellenlängen wie ein Fingerabdruck für verschiedene Substanzen sein. Welche Art der Anregung und welche abgestrahlte Wellenlänge sich jeweils am besten für die Identifizierung eignen, hängt dabei von der Substanz ab, nach der man sucht.

Auf die eine oder andere Art lassen sich solche Analysen mit allen Strahlen und Teilchen machen, die in den Kapiteln bisher aufgetaucht sind. UV-Licht, Röntgenstrahlen, Neutronen und Elektronen sind nur einige Beispiele von vielen. Es gibt allein Dutzende unterschiedlicher Methoden, Atome und Moleküle zum Strahlen anzuregen. Mal werden Milliarden von Atomen verdampft und dann mit einem oder mehreren Laserstrahlen beschossen, mal werden einige oder sogar einzelne Atome in »Atomfallen« eingesperrt und dann über lange Zeit beobachtet und z. B. mit Mikrowellen bestrahlt, mal werden Materialien mit Neutronen beschossen, die dann an den Atomkernen oder den magnetischen Momenten der Elektronen und Atome im Material abprallen (bzw. gestreut werden, wie Physiker sagen). Wie die vielen Arten der Anregung ist auch die ausgesandte Strahlung extrem unterschiedlich. Alle Bereiche des elektromagnetischen Spektrums tauchen auf, von den langwelligen Radiowellen bis hin zu den sehr energiereichen Röntgen- und Gammastrahlen mit extrem kurzen Wellenlängen. Genauso werden aber auch Teilchen, wie Neutronen oder Elektronen, »abgestrahlt«, deren Energie – die ja auch einer de Broglie-Wellenlänge entspricht – viel über die Materie verrät, von der sie kommen. Schließlich gibt es noch eine Vielzahl von bemerkenswerten Nachweismethoden für die unterschiedlichen Arten der Strahlung und die verschiedenen Wellenlängenbereiche. Alle Methoden aufzuführen und zu beschreiben, wo und wie sie bei der Verbrechensbekämpfung zum Einsatz kommen, könnte ein eigenes Buch füllen und würde hier viel zu weit führen. Die Palette der Verbrechensspuren, die sich spektroskopisch untersuchen lassen, reicht u. a. von Drogen in Transportpäckchen der Schmuggler und den Haaren der Konsumenten über Gifte, die sich in Essensresten, der Blutbahn oder den Fingernägeln der Opfer finden, weiter über Glassplitter, Teppich- und Kleidungsfasern bis hin zu Papier, Tinte und Toner von gefälschten Dokumenten, Bekenner- und Erpresserschreiben. Sogar künstlich hergestellte Edelsteine, die als echte (d. h. natürlich entstandene) Steine teuer verkauft werden sollen, können mit der Spektroskopie entlarvt werden. Überall wo die Spektroskopie in der Kriminaltechnik erfolgreich angewandt wird, entsteht nach einer Weile, ähnlich wie bei der Mikroskopie, der Wunsch, auch immer kleinere Spuren und Proben noch untersuchen zu können. Ein interessantes Forschungsgebiet hierbei sind »elektronische Spürnasen«.

Echte Schnüffler

Gerüche können so einzigartig wie Fingerabdrücke und ebenso verräterisch sein. Auch wenn der Geruchssinn des Menschen nicht ausreicht, um damit Verbrechen aufzuklären, so haben wir doch Methoden gefunden, die uns auf solche Spuren führen. Spürhunde, deren Fähigkeiten wir schon seit langer Zeit nutzen, haben einen mehr als tausendmal empfindlicheren olfaktorischen Sinn (vom lat. *olfacere* für »riechen«, »wittern«) als Menschen. Noch beeindruckender als die Nase eines Hundes sind die Leistungen mancher Schmetterlinge und Motten. Das Männchen des Seidenspinners kann einen bestimmten Lockstoff (Bombykol), der vom Weibchen in die Luft abgegeben wird, noch aus einer Entfernung von über zehn Kilometern wahrnehmen. Die Nervenzellen in seinen Antennen können auf ein einzelnes solches Molekül reagieren. Wenn nur je ein Molekül Bombykol unter einhundert Millionen Milliarden Molekülen der Luft vorkommt, kann das Seidenspinnermännchen noch die Spur des Weibchens aufnehmen. Menschen können immerhin schon ein Milliardstel Gramm Vanille in einem Liter Luft als Geruch wahrnehmen, auch wenn es wesentlich mehr Vanille bedarf, um sie auch als solche zu erkennen.

…n der Vergangenheit Spürhunde eingesetzt wurden, um z. … htige Sträflinge zu verfolgen, kann man dabei nicht unbe-d… n Kriminal*technik* sprechen. Forscher versuchen aber schon l… ittel und Wege zu finden, die Leistung der Hundenase und … tennen der Schmetterlinge auf technische Weise zu kopieren. … otenzial solcher Sensoren z. B. in der Industrie – und damit das … zielle Interesse, das dahinter steht – ist enorm, aber auch für … riminaltechnik wäre diese Technik interessant. Der Geruch, den … Verbrecher am Tatort zurücklässt, könnte ihn unter Umständen … mal genauso überführen wie seine Fingerabdrücke oder DNA. … uch möchte man den »Geruch« von Sprengstoff oder Drogen, der … us Gepäckstücken austritt, sicher nachweisen oder die Überreste von Sprengstoffen oder Brandbeschleunigern an einem Tatort identifizieren können und vieles andere mehr.

Um dieses Ziel zu erreichen gibt es eine Reihe von Ansätzen. Eine Idee geht auf den englischen Lord John William Rayleigh zurück. Er beschäftigte sich 1885 mit Erdbeben, bei denen sogenannte Oberflächenwellen auftreten, die auch eine gewisse Ähnlichkeit mit Wasserwellen auf dem Meer haben. In beiden Fällen beschränkt sich die Wellenbewegung (verglichen mit der Tiefe der Erde bzw. des Meeres) fast vollständig auf die Oberfläche, während die tieferen Bereiche unbewegt bleiben. Solche Oberflächenwellen lassen sich auch auf bestimmten Kristallen erzeugen und haben einige interessante Eigenschaften. Unter anderem ändert sich die Frequenz der Oberflächenwellen, wenn sich Moleküle auf der Oberfläche der Kristalle ablagern. Das entspricht ein wenig der Situation, wenn ein dicker Ölteppich sich auf dem Meer ausbreitet: Auch im Wasser verändern sich die Wellen dadurch deutlich. Bei diesen Kristallen braucht es aber keine solch dicke Schicht, sondern womöglich nur einige Moleküle, um die Resonanzfrequenz des Kristalls messbar zu ändern. Wenn es gelingt, die Oberflächen der Kristalle so zu preparieren, dass sich nur bestimmte »Duft-Moleküle« dort festsetzen, dann lassen sich daraus Sensoren entwickeln, die bestimmte Gerüche auch in winzigsten Konzentrationen noch eindeutig nachweisen können. *Oberflächenwellen werden bereits technisch genutzt, allerdings bisher nicht zum Riechen, sondern zum Filtern von Frequenzen in Handys.*

Anrüchiges

Die technische Möglichkeit allein ist aber nicht alles. Eine Möglichkeit zu haben und sie zu nutzen, können zwei unterschiedliche Dinge sein, in Wissenschaft und Technik müssen sie es sogar sein. Die friedliche und die militärische Nutzung der Kernkraft. Unsere Fähigkeit, das Erbgut von Pflanzen und Tieren zu verändern und es quasi unseren Bedürfnissen anzupassen. Das Klonen von Menschen. Die Möglichkeit lebensverlängernder Maßnahmen, auf die mancher Patient gerne verzichten möchte. All dies wirft Fragen auf, zu denen die Wissenschaftler zwar Stellung nehmen müssen, die aber die Wissenschaft nicht allein beantworten und entscheiden kann. Ähnliches gilt für die Kriminaltechnik, wenn auch in etwas kleinerem Rahmen. Jede Methode, die sich mit der Identifizierung eines Menschen befasst, ist grundsätzlich ein sensibles Thema. Die Aufnahme von Fingerabdrücken in den Reisepass und Personalausweis stößt nicht überall auf Begeisterung. Gegen den Ausbau von DNA-Datenbanken gibt es von verschiedensten Seiten Widerstand. Groß angelegte DNA-Tests, etwa bei allen männlichen Einwohnern in der Nähe des Tatorts nach einem Sexualmord, sind nicht nur bei den Testkandidaten häufig umstritten. Im Fall der elektronischen Spürnasen kommt noch hinzu, dass die Stasi in der ehemaligen DDR bereits Sammlungen mit »Geruchskonserven« von Bürgern angelegt hatte, bei denen die Verantwortlichen staatsfeindliche Tendenzen vermuteten. In allen diesen Fällen konkurrieren der Wunsch nach Sicherheit, die eine effektive Verbrechensbekämpfung erfordert, und der Wunsch nach Privatsphäre und Datenschutz, zu denen Fingerabdrücke, DNA-Muster und Geruchsproben nicht ohne weiteres passen. Wie die Balance zwischen beiden Bestrebungen jeweils aussieht, hängt von der Kultur und Gesellschaft des Staats ab – und von aktuellen Ereignissen. Gerade nach terroristischen Anschlägen oder einer Serie von Sexualmorden an Kindern ist die Bereitschaft vieler Menschen größer, Einschränkungen ihrer persönlichen Freiheit hinzunehmen. Eine generelle Antwort, was in dieser Hinsicht notwendig und richtig ist, gibt es somit sicher nicht. In der jeweiligen Situation wird sich die Antwort nach dem Wertesystem einer Gesellschaft richten, das sich unentwegt ändert. Was im vergangenen Jahrzehnt undenkbar war, kann im nächsten selbstverständlich sein – und umgekehrt. An der geänderten Einstellung zu solchen Fragen lässt sich auch der Wandel der Werte in einer Gesellschaft über die Jahre anschaulich verfolgen. Dieser Wandel wird dabei von der Entwicklung der Naturwissenschaften und der Technik zwar nicht bestimmt, jedoch beeinflusst.

Zukünftiges

Den Umwälzungen in der Physik seit dem Beginn des zwanzigsten Jahrhunderts folgte das Aufblühen der Kriminaltechnik. Ein Teil dieser wissenschaftlichen Revolution war eine wichtige Voraussetzung für den heutigen Erfolg der Kriminaltechnik. Ein wenig sind wir daher in den vorausgegangenen Kapiteln auch den Spuren dieser neuen Physik gefolgt, als wir uns auf die Suche nach geeigneten Werkzeugen machten, um den »Formen des Verbrechens« auf die Spur zu kommen. Sichtbares Licht half uns, solange wir die Dinge von außen betrachten wollten. Mit einem optischen Mikroskop waren auch schon beträchtliche Vergrößerungen zu erreichen, die für die Untersuchung von kleinsten Fasern, Haaren und ähnlichen Spuren ausreichten, und die Fähigkeiten und Grenzen des Lichtmikroskops ließen sich dabei ohne weiteres mit der klassischen Physik verstehen. Mit UV- und Röntgenstrahlen auf der einen und IR- und Radarwellen auf der anderen Seite konnten wir diese Grenzen in der Mikroskopie zwar nicht wirklich sprengen. Wir haben aber ganz neue Möglichkeiten bekommen, Spuren im Inneren von Objekten zu finden, von Gepäckstücken, über Schiffscontainer bis hin zu Schuhen und dem Schaum des Treibstofftanks vom Spaceshuttle. Die Vorstellung von Quanten, die aus den vertrauten elektromagnetischen Wellen plötzlich *gleichzeitig* Teilchen machte, war dabei eine Voraussetzung für die moderne Generation der Röntgenscanner und ihrer Verwandten. Um zu einem noch stärkeren Mikroskop zu kommen, war dann ein weiterer Schritt in der Physik notwendig. Es war de Broglies Idee von Materiewellen, die aus vertrauten Teilchen auf einmal auch Wellen werden ließ und so das Elektronenmikroskop ermöglichte. Als schließlich Heisenbergs Vorschlag aus Teilchen und Wellen etwas »Unbestimmtes« machte, führte dies zu solch merkwürdigen Phänomenen wie dem Tunneln.

Allein an den wenigen Schritten, deren Spuren wir hier verfolgen konnten, fällt etwas auf. Während dieses Streifzugs durch Physik und

Kriminaltechnik kamen wir zwar bei jeder Lösung eines Problems und bei jeder Überwindung eines Hindernisses einen Schritt voran, aber gleichzeitig taten sich immer wieder andere, neue Probleme und Hindernisse auf. Um die Grenzen der Mikroskopie bei den langen Wellenlängen des sichtbaren Lichts hinter uns zu lassen, haben wir uns nach kürzeren Wellenlängen umgesehen. UV- und Röntgenlicht machten zwar im Prinzip bessere Auflösungen möglich, aber in der Praxis fehlten uns wirklich geeignete Linsen. Die Materiewellen eröffneten die Möglichkeit, mit Elektronen zu mikroskopieren, aber auch hier brauchten wir zuerst einmal geeignete Linsen. Selbst mit den Linsen blieb das Problem, die Objekte für das Transmissionselektronenmikroskop in feinste Scheibchen schneiden zu müssen und nur »Durchsichten« wie bei den Röntgenscannern produzieren zu können. Erst mit dem Rasterelektronenmikroskop konnten wir schließlich bei solchen Vergrößerungen auch Oberflächen betrachten. Für die Untersuchung der Schmauchspuren benötigten wir dann zusätzlich auch die chemische Zusammensetzung der Partikel. Eine Form der Spektroskopie (nämlich EDX) musste her. Nachdem bei neuen Munitionen oft selbst das nicht immer zur Identifizierung ausreicht, waren wir gezwungen, nach anderen Lösungen zu suchen – in unserem Beispiel nach einem extrem feinen »Messer«, mit dem wir die Schmauchpartikel aufschneiden und dann (wieder mit dem REM) in sie hineinsehen konnten. Weitere Hürden werden auch in der Zukunft auftauchen. Die Tunnel- und Kraftmikroskope könnten helfen, einige von ihnen zu überwinden, aber auch das wird kaum das Ende sein. Im selben Maß wie die Technik um uns herum sich unaufhörlich ändert, so ändern sich auch viele Arten von Spuren, die Kriminaltechniker zu untersuchen haben. Die Schmauchpartikel der neuen Munitionen haben gezeigt, welche Konsequenzen das haben kann: Bewährte Methoden können auf einmal veraltet sein. Wenn Leuchtdioden bei Autoscheinwerfern einmal die Halogenlampen verdrängen sollten, dann wird es überhaupt keine Glühwendeln mehr geben, die man nach einem Unfall untersuchen könnte. Die Xenon-Lampen, (das wegen seines Blendeindrucks oft gescholtene »blaue Licht«) geben bereits einen Vorgeschmack darauf. Sollten magnetische Datenträger, wie die Festplatten vom Computern, in der Zukunft z. B. durch holografische (also optische) Methoden ersetzt werden, dann helfen auch die empfindlichsten magnetischen Sensoren (wie das MFM) nichts mehr. Die Frage ist nicht, *ob* wir neue Methoden brauchen, sondern *wann* und *welche*.

Diese neuen Fragen und Hindernisse, die unentwegt auftauchen, können sehr nervig sein. Sie scheinen uns immer die abschließende Lösung vorzuenthalten, weil in dem Moment, in dem wir ein Problem lösen, mindestens ein neues auftaucht. Diese Situation erinnert ein wenig an das Schicksal von Sisyphos, der in der griechischen Sage für alle Ewigkeit dazu verdammt ist, einen Felsblock immer wieder einen steilen Berg hinaufzuwälzen, und dann zusehen muss, wie der Felsblock wieder hinabrollt, bevor er den Gipfel erreicht hat. Es gibt aber einen wesentlichen Unterschied zu Sisyphos: In den Naturwissenschaften erreichen wir mit dem Felsblock den Gipfel. Wir finden Antworten, und sie haben auch Bestand. Auch wenn sie vielleicht nur einen Teil des Problems lösen, haben wir dabei oft trotzdem sehr viel gelernt. Allerdings werden von so einem wissenschaftlichen Gipfel tatsächlich immer wieder andere Berge sichtbar, zu deren Füßen ebenfalls Felsblöcke warten. Obwohl das Auftauchen solcher neuen Fragen bei jeder Antwort auf den ersten Blick frustrierend erscheint, ist es doch unentbehrlich für die Weiterentwicklung der Naturwissenschaften. Auch in der Physik machen die besten Antworten immer auch wichtige, neue Fragen sichtbar. Sie geben keine *abschließenden* Antworten. Wenn sie das täten, wäre unser Problem vielleicht gelöst und unsere Suche zwar zu Ende, aber Wissenschaft ist ohne diese fortwährende Suche selbst am Ende. Eine gute Frage ist mindestens so viel wert wie eine gute Antwort, weil sie uns zeigt, was wir noch nicht wissen. Das mag zuweilen schmerzhaft erscheinen, ist aber wichtig. Wer ein Leck in seinem Schiff hat, ist ja nicht deswegen besser dran, weil er noch nichts davon weiß. Das Gegenteil ist der Fall. Die größten Entdeckungen und Ideen der Physik waren nie der Endpunkt einer Entwicklung, sondern vielmehr der Anfang. Quantenphysik, Relativitätstheorie und viele andere – die »Antworten« darauf, ob Wellen (auch) Teilchen sind und ob die Lichtgeschwindigkeit für jeden Betrachter gleich ist, haben riesige Gebiete der Physik geöffnet, die vorher nicht nur verschlossen, sondern völlig unbekannt waren. Auch mit Charles Darwins »Ursprung der Arten« fing die Evolutionstheorie erst an, und die ersten Flüge von Otto Lilienthal und den Gebrüdern Wright gaben zwar die Antwort, dass der Mensch fliegen kann, aber waren doch nur der Startschuss für die Luftfahrt.

Wir haben bei unserer Suche nach einem besseren Mikroskop für die Kriminaltechnik viele Felsen auf Berge geschafft. Einige davon haben uns bei der Lösung unseres eigentlichen »Mikroskopproblems« sehr geholfen, andere freilich nicht. Trotzdem haben wir auch durch sie profitiert und Antworten auf ganz andere Fragen gefunden: Ultraviolettes Licht kann so manches gefälschte Dokument entlarven, Fingerabdrücke sichtbar machen und abgewaschene Blutflecken aufspüren. Röntgenstrahlen lassen uns versteckte Waffen, geschmuggelte Drogen und vieles andere finden. Mit Infrarotlicht und sogar mit Radiowellen können wir ebenfalls in Dinge hineinsehen. Die magnetische Spitze auf einem Rasterkraftmikroskop könnte einmal die Reste von gelöschten Daten auf einer Festplatte aufspüren. Wir haben viel mehr gefunden, als wir gesucht hatten.

Das ist ein ganz wichtiger Aspekt der Naturwissenschaft: Die Augen offen halten für das Unerwartete und Unbeabsichtigte. Zwar von einer Frage auszugehen und mit aller Kraft die Antwort zu suchen, aber trotzdem keine Scheuklappen aufzusetzen. In der Wissenschaft weiß man nie, worauf man stoßen wird. Viele der größten Entdeckungen wurden nicht gemacht, weil ihr Entdecker nach ihnen gesucht hatte, sondern weil er mehr oder weniger zufällig auf sie stieß ... aber begriff, was er entdeckt hatte. In vielen Fällen haben zuvor schon andere an derselben Stelle gestanden, aber eben nicht dasselbe gesehen wie er. Marcel Proust sagte einmal, die Reise der Entdeckung liegt nicht so sehr darin, neue Landschaften zu suchen, als vielmehr neue Augen zu haben. Das gilt zweifellos für die Naturwissenschaften – insbesondere die Physik und die Kriminaltechnik.

Es ist so, als ob ich im Keller oder auf dem Dachboden in alten Kisten und Koffern nach etwas suche. Zumindest mir passiert es dabei selten, dass ich sofort (oder überhaupt) finde, was ich ursprünglich gesucht habe. Stattdessen tauchen aber immer interessante Dinge auf, die ich in den Kisten nie erwartet hätte. Sie allein wären die Suche wert gewesen – wenn ich nur gewusst hätte, dass ich nach ihnen suchen sollte. Die Natur und die Kisten auf dem Dachboden unterscheiden sich natürlich in einem Punkt: In die Kisten hat irgendjemand einmal die Dinge hineingelegt, während die Entdeckungen der Naturwissenschaft schon immer in der Natur »versteckt« sind und darauf warten, erkannt zu werden. Niemand weiß, welche neuen Ideen und merkwürdigen Phänomene in Zukunft in der Physik noch alle aus den Kisten auftauchen werden. Aber sie werden auftauchen und viele von ihnen werden auch ihren Weg in die Kriminaltechnik finden.

Literaturverzeichnis

Zu vielen Themen und Aspekten der Physik, die in diesem Buch auftauchen, sind im Halliday, Gerthsen, den Feynman Lectures und vielen anderen Standard-»Lehrbüchern« ausgezeichnete Erklärungen und viele weitere Informationen zu finden. Wer bereits einige Physikkenntnisse hat, dem kann auch ein Nachschlagewerk wie das Lexikon der Physik bereits ausreichen. Diese vier und eine Reihe anderer, weiterführender Werke zur Physik und Kriminaltechnik sind unten im Anschluss an die Liste der Zitate aufgeführt.

1 Jay A. Siegel, Pekka J. Sauko und Geoffrey Knupfer (Hrsg.). *Encyclopedia of Forensic Sciences*. Academic Press, San Diego, San Francisco, New York, 2000.

2 Colin Evans. *The Casebook of Forensic Detection: How Science Solved 100 of the World's Most Baffling Crimes*. Wiley, New York, 1998.

3 Joe Nickell und John F. Fischer. *Crime science: methods for forensic detection*. University Press of Kentucky, Lexington KY, 1999.

4 Jurgen Thorwald. *Crime and Science: The New Frontier in Criminology*. Harcourt, Brace & World, New York, 1966.

5 Henry C. Lee und R.E. Gaensslen (Hrsg.). *Advances in Fingerprint Technology*. CRC Press, Boca Raton, London, New York, Washington D.C., 2001.

6 Simon A. Cole. *Suspect Identities, A History of Fingerprinting and Criminal Identification*. Harvard University Press, Cambridge, USA, London, England, 2002.

7 Richard Saferstein. *Criminalistics: An Introduction to Forensic Science*. Prentice Hall, Englewood Cliffs, New Jersey, 1990 (4. Aufl.).

8 Brian H. Kaye. *Mit der Wissenschaft auf Verbrecherjagd*. Wiley-VCH, Weinheim, 1997.

9 Eugene Block. *Fingerprinting: Magic Weapon against Crime*. David McKay Co., New York, 1969.

10 Yvonne Deutch (Hrsg.). *Science against Crime*. Exeter Books, New York, 1982.

11 B.S. Chandrasekhar. *Why Things Are the Way They Are*. Cambridge University Press, Cambridge, 1998.

12 E. Roland Menzel. *Fingerprint Detection with Lasers.* Marcel Dekker, New York, Basel, 1999.

13 Christophe Champod, Chris Lennard, Pierre Margot und Milutin Stoilovic. *Fingerprints and other Ridge Skin Impressions.* CRC Press, Boca Raton, 2004.

14 Richard P. Feynman. *QED. Die seltsame Theorie des Lichts und der Materie.* Piper, München, 2000.

15 Ein systematischer Überblick über viele Aspekte der Quantenphysik findet sich in: Hermann Haken und Hans Cristoph Wolf. *Atom- und Quantenphysik.* Springer Verlag, Berlin, 2003 (8. Aufl.).

16 Eine sehr tiefgehende, z. T. auch sehr anspruchsvolle Darstellung der Zusammenhänge und der zugrunde liegenden Ideen findet sich in: Carl Friedrich von Weizsäcker. *Aufbau der Physik.* dtv, München, 1988.

17 Einige allgemeine aber sehr interessante Gedanken zum Thema Wahrnehmung bietet: Paul Watzlawick. *Wie wirklich ist die Wirklichkeit? Wahn, Täuschung, Verstehen.* Piper, München, 1995 (20. Aufl.).

18 Arthur Conan Doyle. *Eine Studie in Scharlachrot.* dtv, München, 1985.

19 Henry Morton Robinson. *Science Catches the Criminal.* Blue Ribbon, New York, 1935.

20 Internetadressen einiger deutscher und internationaler Strafverfolgungsbehörden sind weiter unten aufgeführt.

21 Gute fachliche und rechtliche Übersichten über die Bereiche von Kriminalistik und Kriminaltechnik sind zu finden in: E. Kube, H.U. Störzer, und K.J. Timm (Hrsg.). *Kriminalistik, Handbuch für Praxis und Wissenschaft.* Boosberg, Stuttgart, Bd. 1 1992, Bd. 2 1994 und Z. Zirk und G. Vordermaier. *Kriminaltechnik und Spurenkunde.* Boosberg, Stuttgart, 1998.

22 Eine aktuelle Auflage ist: Agatha Christie. *Mord im Orient- Express.* Loewe, Bindlach, 1998.

23 Wer tiefer in die Materie einsteigen möchte, wird z. B. fündig bei: Charles Kittel. *Einführung in die Festkörperphysik.* Oldenbourg, München, 2002 (13. Aufl.) oder Neil W. Ashcroft und David Mermin. *Festkörperphysik.* Oldenbourg, München, 2001.

24 Athur Conan Doyle. »A Study in Scarlet«. In: *The Complete Sherlock Holmes.* Gramercy, New York, 2002.

25 Frank L. Pedrotti und Leno S. Pedrotti. *Introduction to Optics.* Prentice Hall, Englewood Cliffs, New Jersey, 1987.

26 Es gibt eine Darstellung, wie dieser Satz von Fermat vor einigen Jahren schließlich bewiesen wurde: Simon Singh. *Fermats Letzter Satz. Die abenteuerliche Geschichte eines mathematischen Rätsels.* dtv, München, 2000 (5. Aufl.).

27 Mehr zu physikalischen Geschichte des Lichts findet sich u. a. in: Oliver Morsch. *Licht und Materie*. Wiley-VCH, Weinheim, 2003.

28 Ein Abriss über die Geschichte der Mikroskopie und ihrer Methoden ist z. B. im Internet zu finden: www.mikroskop-museum.de.

29 Ludwig Zehnder. *W. C. Röntgen – Briefe an L. Zehnder*. Rascher und Cie.A.-G. Verlag, Zürich, Leipzig, Stuttgart, 1935.

30 Sehr gute, weiter führende Informationen zu den Nobelpreisträgern und ihren Arbeiten, die hier und an weiteren Stellen im Buch auftauchen, gibt es im Internetauftritt der Nobel-Stiftung, siehe unten: »Internet-Adressen«.

31 www.mi5.gov.uk/output/Page45.html

32 Wendy Nothcutt. *Die Darwin Awards für die skurrilsten Arten, zu Tode zu kommen*. Hoffmann u. Campe Verlag, Hamburg, 2001 oder www.darwinawards.com.

33 Ein guter, wenig theoretischer Einstieg in die Atom- und Quantenphysik findet sich in: Theo. Mayer-Kuckuk. *Atomphysik*. Teubner, Stuttgart, 1985 (3. Aufl.).

34 Für einen tieferen Einblick in die Quantenphysik der folgenden Abschnitte und Kapitel eignen sich außer [15] und [33] z. B. auch die allgemeinen Lehrbücher von Feynman und Halliday, die im Anschluss an die Literaturliste aufgeführt sind.

35 Gösta Ekspong. *The Dual Nature of Light as Reflected in the Nobel Archive*. 1999 (nobelprize.org/physics/articles/ekspong/index.html).

36 Columbia Accident Investigation Board, Report Vol. I, 2003 (www.nasa.gov/columbia/home/index.html).

37 Eine alte aber immer noch gute Einführung in die spezielle Relativitätstheorie mit vielen Beispielen ist: Edwin F. Taylor und John Archibald Wheeler. *Spacetime Physics*. W. H. Freeman and Company, New York, 1966.

38 Agatha Christie. *Der Tod auf dem Nil*. Scherz, 2001.

39 Eine wenig mathematische aber sehr aufschlussreiche Erklärung vieler solcher Aspekte der Quantenphysik findet sich in: John Gribbin. *Auf der Suche nach Schrödingers Katze: Quantenphysik und Wirklichkeit*. Piper Verlag, München, 2001 (7. Aufl.) und in: Robert Gilmore. *Alice im Quantenland: Eine Allegorie der modernen Physik*. Vieweg Verlag, Braunschweig, Wiesbaden, 1995.

Physik – weiterführende Literatur

Ludwig Bergmann und Clemens Schaefer. *Lehrbuch der Experimentalphysik*. de Gruyter, speziell: Bd.2 Elektromagnetismus (1999, 8. Aufl.) und Bd.3 Optik (2004, 10. Aufl.).

Albert Einstein und Leopold Infeld. *Die Evolution der Physik*. Rowohlt Taschenbuch Verlag, Hamburg, 1995.

Richard P. Feynman, Robert B. Leighton und Matthew L. Sands. *The Feynman Lectures on Physics, Band 1 Mechanics, Radiation and Heat, Band 2 Electromagnetism and Matter, Band 3 Quantum Mechanics*. Addison-Wesley, Redwood City, California, 1989.

Richard P. Feynman. *Vom Wesen physikalischer Gesetze*. Piper, München, 1993.

Grant R. Fowles, *Introduction to Modern Optics*. Dover Publications, Mineola, 1989 (2. Aufl.).

Christian Gerthsen und Helmut Vogel. *Gerthsen Physik*. Springer Verlag, Heidelberg, 2001 (20. Aufl.).

David Halliday, Robert Resnick, Jearl Walker und Stephan W. Koch. *Physik*. Wiley-VCH, 2003 (2. Aufl.).

Christian Huygens. *Abhandlung über das Licht (Ostwalds Klassiker der Naturwissenschaften, Band 20)*. Verlag Harri Deutsch, Thun und Frankfurt a.M., 1996.

Lexikon der Physik. Spektrum Akademischer Verlag, Heidelberg, Berlin, 1998.

M.G.J. Minnaert. *Light and Color in the Outdoors*. Springer Verlag, New York, 1995.

Thomas Walther und Herbert Walther. *Was ist Licht? Von der Klassischen Optik zur Quantenoptik*. C.H. Beck Verlag, München, 1999.

Kriminaltechnik – weiterführende Literatur

Colin Beavan. *Fingerprints: The Origins of Crime Detection and the Murder Case that Launched Forensic Science*. Hyperion, 2001.

Francis Galton. *Finger Prints*. 1892, Da Capo Press, New York, Neuauflage 1965.

James N. Gilbert. *Criminal Investigation*. Pearson Education, New Jersey, 2004 (6. Aufl.).

Max M. Houck (Hrsg.). *Mute Witnesses: Trace Evidence Analysis*. Academic Press, 2001.

Max M. Houck (Hrsg.). *Trace Evidence Analysis: More Cases in Mute Witnesses*. Academic Press, 2003.

John F. Kelly. *Tainting Evidence: inside the scandals at the FBI crime lab*. The Free Press, 1998.

James W. Osterburg und Richard H. Ward. *Criminal Investigation: A method for reconstructing the past*. Anderson Publishing Company, 2000 (3. Auflage).

Internet-Adressen

Die folgenden Internetadressen können als Startpunkt für jeden Surfer dienen, der sich im World Wide Web mit Physik und Kriminaltechnik beschäftigen will.

Physik & Naturwissenschaften

Deutsche Physikalische Gesellschaft
www.dpg-physik.de

Weiter führende Links, auch für Nicht-Experten.

Nobelpreis und -Stiftung
nobelprize.org. bzw.
nobelprize.org/physics/educational/

Allgemein verständliche Angebote zur Physik und anderen Wissenschaften, z.B.

Mikroskope:
nobelprize.org/physics/educational/microscopes/index.html

Röntgenstrahlen:
nobelprize.org/physics/educational/x-rays/index.html

Vakuumröhren und die Entdeckung des Elektrons:
nobelprize.org/physics/educational/vacuum/index.html

Energie und Materie (und Einsteins $E=mc^2$):
nobelprize.org/physics/educational/energy/index.html

Die quantisierte Welt:

nobelprize.org/physics/educational/quantised_world/index.html

Hier finden sich auch Reden der Physik-Nobelpreisträger, die oft sowohl für Physiker und für Nicht-Wissenschaftler gleichermaßen interessant sind:
nobelprize.org/physics/laureates/

Auch bei den Preisträgern für Chemie und Physiologie oder Medizin gibt es eine Reihe von Bezügen zur Kriminaltechnik, z.B. wurden Crick, Watson und Wilkins 1962 für die Entschlüsselung der Struktur der DNA ausgezeichnet:
nobelprize.org/medicine/laureates/1962/index.html

Deutsches Museum
www.deutsches-museum.de

Andere
www.weltderphysik.de
www.links.ph
www.pro-physik.de
www.schulphysik.de
www.quantenwelt.de
www.laserphysik.info
www.mikroskop-museum.de

Polizei & Kriminaltechnik

Deutschland, Bundeskriminalamt
www.bka.de
Mit Links auf alle deutschen Landeskriminalämter und viele Polizeibehörden weltweit

Großbritannien, London Metropolitan Police und MI5
www.met.police.uk
www.met.police.uk/scd/units/forensic_services.htm
www.mi5.gov.uk

USA, FBI
www.fbi.gov. bzw.
www.fbi.gov/hq/lab/labhome.htm
www.fbi.gov/programs/lab/fsc/current/index.htm

Australien, Australian National Institute of Forensic Science
www.nifs.com.au

Andere
www.kriminalistik.de
www.crimeandclues.com
www.crimelibrary.com
www.courttv.com

Allgemeines

Internet-Lexika
www.wikipedia.de (deutsch)
www.wikipedia.org (englisch)

Literatur

gutenberg.spiegel.de

Projekt Gutenberg, mit Texten vieler Klassiker, u. a. auch A. C. Doyle und E. A. Poe.

Glossar

Absorption Die Schwächung von Licht und allg. von elektromagnetischer Strahlung beim Durchlaufen von Materie (Gas, Wasser, Glas etc.), z. B. durch den Photoeffekt. (Vgl. →Transmission.)

AFM →Rasterkraftmikroskop

Amplitude »Höhe« der Wellenberge und -täler bei Wellen. Bei Wasserwellen entspricht dies tatsächlich der räumlichen Höhe der Wellen, bei elektromagnetischen Wellen hingegen bezieht sich die Amplitude auf die Maximalwerte der elektromagnetischen Felder.

Auflösung Allgemein die Fähigkeit, zwei Details, Signale o.Ä. räumlich, zeitlich oder auf andere Weise als getrennt zu erkennen. Bei optischen Mikroskopen ist die erreichbare Vergrößerung begrenzt, weil wegen der →Beugung der Lichtstrahlen an den Linsen des Mikroskops und der resultierenden →Interferenz die Punkte des Objekts (bei sehr starken Vergrößerungen) nicht mehr als Punkte, sondern als verschwommene Scheiben zu sehen sind.

Bertillonage Ein System zur Identifizierung von Personen anhand verschiedener Körpermaße. Bis zur Einführung der Daktyloskopie war die Bertillonage weit verbreitet.

Beugung Änderung der Ausbreitung einer Welle durch im Weg stehende Hindernisse. Es entsteht kein scharfer Schatten, sondern die Welle dringt durch Beugung in den Bereich hinter dem Hindernis ein. Der Effekt wird erst dann bemerkbar, wenn die Größe der Hindernisse in der Größenordnung der verwendeten Wellenlängen liegt.

Brechung Änderung der Ausbreitungsrichtung einer Welle, wenn sie von einem Medium in ein anderes eintritt, in dem sie eine unterschiedliche Ausbreitungsgeschwindigkeit besitzt.

Comptoneffekt Bei der →Streuung elektromagnetischer Wellen an Elektronen wird ihre →Frequenz verringert. Der Comptoneffekt lässt sich nur verstehen, wenn man elektromagnetische Wellen (auch) als Teilchen auffasst (→Photonen, →Dualismus), die beim Zusammenstoß mit dem Elektron Energie verlieren.

Daktyloskopie Die Wissenschaft von den Hautleisten auf Fingern und allg. auf Handflächen und Fußsohlen.

DNA Abkürzung für »Deoxyribonucleic acid«, auch DNS für Desoxyribonukleinsäure. Die Trägersubstanz der genetischen Information, die im menschlichen Zellkern zu finden ist.

DNA-Analyse In der →Kriminaltechnik die Untersuchung von organischen Spuren auf genetisches Material mit dem Ziel, die Person zu identifizieren, von der die Spur stammt. Bei der kriminaltechnischen DNA-Analyse werden lediglich Bereiche der genetischen Informationen untersucht, die »nicht codierend« sind, d. h. keinen Einfluss auf den Bau des Körpers haben.

Dualismus auch Welle-Teilchen-Dualismus. Elektromagnetische Strahlung besitzt nicht nur Eigenschaften von Wellen, sondern gleichzeitig auch von Teilchen. Der Wellencharakter lässt sich z. B. durch →Beugung und →Interferenz nachweisen, der Teilchencharakter durch →Photo- und →Comptoneffekt. Auch Materie besitzt sowohl Teilchen- als auch Welleneigenschaften, so können z. B. Elektronen oder auch ganze Atome nicht nur wie Teilchen kollidieren, sondern auch gebeugt werden oder interferieren.

EDX Abkürzung für »Energy Dispersive X-Ray Spectroscopy«, bzw. »Energiedispersive Röntgenspektroskopie". Eine Form der →Spektroskopie, bei der die Energie von Röntgenstrahlen gemessen wird. Damit die zu untersuchende Probe Röntgenstrahlen aussendet, wird sie zum Beispiel mit einem Elektronenstrahl beschossen. EDX wird häufig in Verbindung mit →Rasterelektronenmikroskopen eingesetzt.

Elektronenmikroskope Eine Gruppe von Mikroskoptypen, die im Gegensatz zu den →optischen Mikroskopen Teilchen statt sichtbarem Licht oder allgemein elektromagnetischer Strahlung verwenden, um ein Bild des Objekts zu erzeugen. Sie nutzen den →Dualismus, nach dem Teilchen wie Elektronen auch Wellencharakter haben, wobei die Wellenlängen der Elektronen viel kleiner sein können als die des sichtbaren Lichts. Elektronenmikroskope zeichnen sich daher durch höhere mögliche →Auflösungen als optische Mikroskope aus. Die wichtigsten Typen sind das →Transmissionselektronenmikroskop und das →Rasterelektronenmikroskop. Im weiteren Sinn ist auch das →Rastertunnelmikroskop ein Elektronenmikroskop.

Elektronenvolt (Abkürzung: eV) Einheit der Energie, die besonders in der Atom- und Kernphysik gebräuchlich ist. Ein Elektronvolt entspricht der Energie, die ein einzelnes Elektron gewinnt, wenn es durch eine Spannung von einem Volt beschleunigt wird (ca. $1{,}6 \cdot 10^{-19}$ Joule). Ein sichtbares, »orangenes« Photon mit einer Wellenlänge von 600 Nanometern hat eine Energie von etwa 2 eV.

Elementarwelle Eine Welle, die sich von einem Punkt ausgehend gleichmäßig in alle Richtungen ausbreitet. Auf einer Oberfläche ist die kreisförmig, wie z. B. bei Wasserwellen, und im Raum kugelförmig, wie z. B. beim Schall. Kompliziertere Wellenformen lassen sich aus der Überlagerung von Elementarwellen zusammen setzen (→Huygens'sches Prinzip).

Emission Abstrahlung von Wellen oder Teilchen, z. B. durch Atome. Vor der Emission muss einem Atom die notwendige Energie zugeführt werden, z. B. durch die →Absorption eines Photons (→Lumineszenz).

Fermat'sches Prinzip Nach diesem Prinzip breitet sich Licht zwischen zwei Punkten auf dem Weg aus, auf dem es das Ziel am schnellsten erreicht. Durch die unterschiedlichen Lichtgeschwindigkeiten, z. B. in Luft und Wasser, kommt es so an der Wasseroberfläche zur → Brechung von Licht.

Fernfeldmikroskope Gruppe von Mikroskopen, die vom Objekt ausgesandte Strahlung (Licht oder Teilchen) in einem größeren Abstand von der

Oberfläche des Objekts auffangen, das Feld der ausgesandten Strahlung also aus der Ferne betrachten. Konventionelle Lichtmikroskope sind typische Fernfeldmikroskope. (Vgl. →Nahfeldmikroskope).

FIB Abkürzung für »Focused Ion Beam«, fokussierter Ionenstrahl. Mit FIB-Systemen lassen sich winzigste Strukturen herstellen, indem das Material mit dem Strahl, wie mit einem Sandstrahler, abgetragen wird.

Fingerabdruck Die Struktur der Linien, die die Hautleisten (Papillarleisten) der Finger auf einer Oberfläche hinterlassen. Die Fingerabdrücke eines Menschen sind einzigartig und bleiben das ganze Leben lang unverändert. Sie werden nach allgemeinen Grundmustern (Bogen, Schleife, Wirbel) klassifiziert. Durch die →Minutien kann sich ein Fingerabdruck eindeutig identifizieren lassen, wenn ein Vergleichsabdruck existiert.

Fluoreszenz →Lumineszenz.

Forensik oft auch forensische Wissenschaften. Der Begriff Forensik wird häufig synonym mit → Kriminaltechnik verwendet (insbesondere weil »forensic sciences« im englischsprachigen Raum sehr verbreitet ist), umfasst genau genommen aber einen breiteren Rahmen, so z. B. auch die Gerichtsmedizin, die nicht zur Kriminaltechnik gerechnet wird.

Frequenz Die Anzahl von Wellenbergen (oder -tälern), die pro Sekunde einen bestimmten Punkt passiert. Die Geschwindigkeit, mit der sich eine Welle fortpflanzt, ergibt sich aus dem Produkt von Frequenz und →Wellenlänge. Bei elektromagnetischen Wellen ist die Energie der →Photonen proportional zu ihrer Frequenz, wodurch sich viele der z. T. drastisch veränderten Eigenschaften von Wellen erklären lassen, die sich lediglich in ihrer Frequenz unterscheiden.

GSR →Schmauchspuren.

Heisenberg'sche Unschärferelation oft auch Unbestimmtheitsrelation. Wichtiges Prinzip der Quantenphysik, nach dem es nicht möglich ist, bestimmte Größen eines Teilchens gleichzeitig mit beliebiger Genauigkeit zu messen, so z. B. Ort und Impuls (und damit die Geschwindigkeit) eines Teilchens. Selbst nach einer optimalen Messung verbleibt daher eine gewisse Unschärfe oder Unbestimmtheit bezüglich des Teilchens, sodass seine weitere Bewegung nicht exakt vorherzusagen ist.

Huygens'sches Prinzip Jeder Punkt der Front einer Welle lässt sich als Ausgangspunkt einer →Elementarwelle betrachten. Die Front aller zusammengenommenen Elementarwellen verhält sich dann genauso wie die Front der ursprünglichen Welle.

Interferenz Die Verstärkung (konstruktive Interferenz) oder Schwächung (destruktive Interferenz) bis hin zur kompletten Auslöschung, die durch die Überlagerung zweier oder mehrerer Wellen entsteht. Je nach Wellenlänge und der räumlichen Anordnung der Wellenberge und -täler der ursprünglichen Wellen entstehen unterschiedlichste Interferenzmuster. Interferenz kann bei jeder Art von Wellen auftreten, bei Wasser- ebenso wie bei Schall- und Lichtwellen.

Kriminaltechnik Allgemein im Rahmen der Kriminalitätsbekämpfung die Untersuchung von sichergestellten Spuren durch wissenschaftliche und technische Methoden zur

Verbrechensaufklärung und gerichtlichen Verwendung.

Laser Abkürzung für »Light Amplification by stimulated Emission of Radiation«. Der Laser nutzt eine spezielle Form der →Emission von Photonen, um Licht zu verstärken. Eine besondere Eigenschaft von Lasern ist, dass sie sehr intensives Licht von (fast) nur einer Wellenlänge aussenden können.

Locards Prinzip Nach dem von Edmond Locard aufgestellten Prinzip, hinterlässt jeder Kontakt eine Spur. Die zu einer Straftat gehörenden Spuren zu finden, zu untersuchen und zu identifizieren ist (unter anderem) Aufgabe der →Kriminaltechnik. Dabei können Spuren des Täters am Tatort zurück bleiben, z. B. Haare des Täters, Fasern von seiner Kleidung oder Abdrücke seiner Finger, oder aber Spuren des Tatorts, des Opfers oder der Tat können am Täter und seiner Kleidung zurück bleiben, z. B. Teppichfasern, Blut des Opfers oder →Schmauchspuren eines Schusses.

Lumineszenz Eine spezielle Art von Leuchterscheinung. Bei der Lumineszenz von Licht bzw. allgemein von elektromagnetischer Strahlung verschluckt das Material zuerst Photonen (→Absorption). Danach wandelt es deren Energie jedoch nicht in Wärme, elektrische oder andere Formen von Energie um, sondern gibt die Energie ganz oder teilweise nach einer gewissen Zeit wieder in Form von Strahlung ab (→Emission). Dadurch kommt es zum Leuchten. Im Fall, dass nur ein Teil der Energie wieder abgestrahlt wird, hat das abgestrahlte Licht dabei eine andere Wellenlänge (Farbe) als das absorbierte Licht. Geschieht die Emission weniger als eine hundertmillionstel Sekunde nach der Absorption spricht man von Fluoreszenz; dauert es hingegen länger, bezeichnet man den Effekt als Phosphoreszenz.

Magnetkraftmikroskop →MFM.

MFM Abkürzung für »Magnetic Force Microscope«, Magnetkraftmikroskop. Ein Verwandter des →Rasterkraftmikroskops, bei dem nicht das mikroskopische Aussehen oder die Form der Oberfläche, sondern ihre magnetischen Eigenschaften untersucht werden.

Minutien Die individuellen anatomischen Merkmale eines →Fingerabdrucks, z. B. Gabelungen, Verästelungen oder Anfang und Ende von Linien.

Nahfeldmikroskope Gruppe von Mikroskopen, die vom Objekt ausgesandte Strahlung (Licht oder Teilchen) direkt über der Oberfläche des Objekts auffangen, das Feld der ausgesandten Strahlung also aus der Nähe betrachten. Der Abstand zwischen Mikroskopspitze und Oberfläche beträgt meist nur wenige Nanometer. Dadurch umgeht das Nahfeldmikroskop das Problem der →Beugung, das die →Auflösung und Vergrößerung insbesondere der konventionellen optischen Mikroskope begrenzt. Rastertunnelmikroskope, Rasterkraftmikroskope und →SNOMs sind typische Nahfeldmikroskope. (Vgl. →Fernfeldmikroskope).

NMR Abkürzung für »Nuclear Magnetic Resonance«, Kernspin- oder kernmagnetische Resonanz. Bezeichnung für eine Methode, mit der man mit starken magnetischen Feldern und elektromagnetischen Wellen Bilder z. B. vom Inneren des menschlichen Körpers erhalten kann.

optische Mikroskope Lichtmikroskope. Alle Mikroskope, die sichtbares Licht, oder im weiteren Sinne auch

Röntgen-, UV- und infrarote Strahlung, nutzen, um ein vergrößertes Bild eines Objekts zu erzeugen.

Paarbildung Im ursprünglichen Sinn die Erzeugung eines Elektrons und eines Positrons (das Antiteilchen des Elektrons) bei ausreichender Energie, die z. B. von einem Röntgenphoton stammen kann. Allgemeiner bezeichnet man die Entstehung jedes Paares aus irgendeinem Teilchen und seinem Antiteilchen als Paarbildung.

Phosphoreszenz →Lumineszenz.

Photoeffekt auch photoelektrischer Effekt. Trifft ein →Photon mit ausreichender Energie auf eine metallische Oberfläche und wird absorbiert, kann es dort ein Elektron heraus lösen. Einstein erklärte den Photoeffekt, indem er Licht nicht mehr nur als Wellen, sondern auch als Teilchen betrachtete (→Dualismus), und legte damit einen Grundstein für die →Quantenphysik.

Photon Lichtteilchen, Lichtquant. Das einer elektromagnetischen Welle entsprechende Teilchen. (Vgl. →Dualismus.)

Quantenphysik oft auch Quantentheorie. Der gesamte Bereich der Physik, der sich mit kleinsten Objekten und ihrem Verhalten beschäftigt, das auf dem Welle-Teilchen-Dualismus (→Dualismus) beruht und mit dem Planck'schen Wirkungsquantum zusammenhängt. Dadurch können z. B. Atome nur in bestimmten Energieniveaus existieren und nur Licht bestimmter Wellenlänge absorbieren und abgegeben.

Radar Abkürzung für »Radio Detection and Ranging«. Eine Reihe von Verfahren, mit denen sich die Position und die Geschwindigkeit von Objekten mit Hilfe elektromagnetischer Wellen bestimmen lässt.

Rasterelektronenmikroskop abgekürzt REM oft auch SEM (»Scanning Electron Microscope«). Spezielle Form des Elektronenmikroskops. Beim Rasterelektronenmikroskop wird die Oberfläche des abzubildenden Objekts mit einem feinen Elektronenstrahl Punkt für Punkt abgestastet.

Rasterkraftmikroskop oft auch AFM (»Atomic Force Microscope«). Das Rasterkraftmikroskop, das zur Gruppe der →Nahfeldmikroskope gerechnet wird, bildet Oberflächen von Objekten ab, indem es mit einer feinen Spitze die Oberfläche abtastet. Die Kräfte zwischen den Atomen der Oberfläche und der Spitze erlauben eine sehr genaue Bestimmung der Höhe der Oberfläche. Einige Varianten des AFM nutzen andere Kräfte, wie z. B. magnetische Kräfte beim →MFM.

Rastertunnelmikroskop auch STM (»Scanning Tunneling Microscope«). Das Rastertunnelmikroskop nutzt den →Tunneleffekt von Elektronen, um Oberflächen mit höchsten Auflösungen abzubilden. Es gehört zur Gruppe der →Nahfeldmikroskope und kann im Extremfall Strukturen einzelner Atome sichtbar machen.

Reflexion oft auch Spiegelung. An der Grenzfläche zwischen zwei Medien (z. B. Luft und Wasser oder Luft und Glas) kommt es zur Reflexion eines Teils der Strahlung in das ursprüngliche Medium; der übrige Teil tritt in das andere Medium ein (→Transmission).

REM Abkürzung für →Rasterelektronenmikroskop

Schmauchspuren auch GSR (»gun shot residues«). Schmauchspuren sind die Überreste des Pulvers bzw. der Zündladung einer Patrone, die beim Abfeuern einer Schusswaffe in die Luft gelangen und sich auf der Kleidung und der Haut des Schützen festsetzen.

SEM →Rasterelektronenmikroskop.

SNOM Abkürzung für »Scanning Near-field Optical Microscope«. Ein →Nahfeldmikroskop, das mit sichtbarem Licht arbeitet.

Spektroskopie Untersuchungsmethode, die durch die Erzeugung und Analyse der elektromagnetischen Spektren (→Spektrum) von chemischen Elementen oder Stoffgemischen auf die molekulare Zusammensetzung und die Eigenschaften der enthaltenen Stoffe schließt. Im allgemeineren Sinn auch das gesamte Gebiet der Physik, das sich mit solchen Methoden befasst.

Spektrum Die Häufigkeits- oder Intensitätsverteilung von Bestandteilen eines Gemisches; bei elektromagnetischer Strahlung speziell bezogen auf Wellenlänge bzw. Frequenz. Das Spektrum der Strahlung der Sonne z. B. umfasst (unter anderem) die Wellenlängen des gesamten sichtbaren Lichts, während ein →Laser typischerweise nur Licht in einem ganz schmalen Wellenlängenbereich abstrahlt.

Spin Eigendrehimpuls eines Elementarteilchens mit dem ein magnetisches Moment verbunden ist. Das Elektron z. B. stellt aufgrund seiner elektrischen Ladung und seiner Rotation um die eigene Achse einen winzigen Magneten dar.

STM →Rastertunnelmikroskop.

Streuung Ablenkung eines Teils eines Wellen- oder Teilchenstrahls beim Durchlaufen von Materie. Licht kann bspw. an Staubteilchen in der Luft gestreut werden, ebenso wie beim →Comptoneffekt Photonen an Elektronen gestreut werden. Im Gegensatz zur →Absorption wird das gestreute Teilchen bzw. die gestreute Welle nicht verschluckt, und im Gegensatz zur →Reflexion kommt es nicht zu einer gerichteten Rückstrahlung.

TEM Abkürzung für →Transmissionselektronenmikroskop.

Totalreflexion Spezieller Fall der →Reflexion, bei dem nicht nur ein Teil, sondern die gesamte einfallende Strahlung reflektiert wird.

Transmission Die Transmission durch ein Objekt entspricht jenem Teil der elektromagnetischen Strahlung, der beim Auftreffen auf und Durchlaufen durch das Objekt nicht durch →Absorption, →Reflexion oder →Streuung verloren geht.

Transmissionselektronenmikroskop abgekürzt TEM. Spezielle Form des →Elektronenmikroskops. Beim Transmissionselektronenmikroskop, das nur extrem dünne Schichten von Objekten untersuchen kann, werden diese Schichten mit Elektronen »durchleuchtet«. Diese Elektronen haben als Materiewellen (→Dualismus) eine geringere Wellenlänge als z. B. sichtbares oder ultraviolettes Licht, sodass auch die Beugungseffekte geringer ausfallen. Dadurch lassen sich bessere →Auflösungen und stärkere Vergrößerungen erreichen.

Tunneleffekt In der →Quantenphysik die zwar kleine aber nicht verschwindende Wahrscheinlichkeit, dass ein Teilchen eine Barriere durchdringen und auf der anderen Seite der Barriere auftauchen kann, obwohl es in der klassischen Physik nicht über das Hindernis hinweg oder hindurch kommen kann. Die Kernspaltung (radioaktiver Zerfall) beruht auf dem

Tunneleffekt ebenso wie die Kernverschmelzung (Kernfusion) und somit die gesamte Energie, die die Sonne liefert.

Unschärferelation →Heisenberg'sche Unschärferelation.

Wellenlänge Räumlicher Abstand zwischen zwei Wellenbergen (oder -tälern). Die Geschwindigkeit, mit der sich eine Welle fortpflanzt ergibt sich aus dem Produkt von Wellenlänge und →Frequenz. Wellenlänge bzw. Frequenz haben häufig große Bedeutung für die Eigenschaften der Wellen, so wird z. B. die Farbe von sichtbarem Licht durch seine Wellenlänge bestimmt.

Sachverzeichnis